前瞻人才素養

從組織功能到人才資本，
高階人力資源管理者都在修的七大關鍵職能

王遐昌——著

王冠軍——審訂

本書版稅所得全數捐贈財團法人周祖孝文教基金會

緒　論　企業組織的變動──人才的培育與人力資源管理者的挑戰

第一章　高階人力資源管理者關鍵職能模型

第二章　正直誠信

第三章　精神凝聚──凝聚企業核心精神體系

第四章　知識能力──企業經營管理知識與能力

**第五章　人才策略──傳統性及策略性人力資源
管理專業**

第六章　企業變革──引導企業變革能力

推薦序
人力資源是邁向創新創意創業，
產業升級最重要的關鍵

張光正／中原大學校長

　　職能乃是一個工作所需要的知識、技能與特質，也可以說是一個人在工作有好績效表現時的必要條件。知識指的是該工作所需的理論基礎；技能指的是實務上的操作，而特質則指的是在工作上卓越表現，所需的個性與特色。近來勞動部也在積極推動職能的概念，與職能相關的訓練課程。希望產業界可以列出各個職業與工作所需要的知識技能並具體標準，強化職業訓練之內涵與成效，同時也讓教育界可以有所參考，培養出業界所需的人才，來達到學用合一的目的。

　　在台灣，相對於其他的功能來說，人力資源仍未受到應有的重視。主要原因在於，人力資源的投入往往需要長遠的眼光與持久的投入，並且也無法馬上得到回饋，同時很難立即呈現在營收和利潤的成長。但在地狹人稠的台灣，自然資源不多的情境下，人才仍是我們在邁向未來最重要的資產。相對於財務與設備上的資產，唯有人力資源最可以不會因使用而減少。相反地，愈有經歷的人才會愈多的經驗帶來愈多的價值與貢獻。同時，其教育訓練若能有效投入，人力也可以成為用之不竭的資源。因此，人力

資源也是邁向創新創意創業，進而產業升級最重要的關鍵。

　　台灣現在許多在地企業，都碰到人才斷層的問題。而這個問題，大多會與組織是否願意用長期的眼光和角度來投入人力資源有關。如何讓員工可以在組織裡面，看到自己的職涯與未來，同時還可以因不斷的被訓練發展，潛能得以發揮，是個重要的議題。並且人才若能因認同組織的願景與理念，願意留在企業當中長久投入，才有可能解決這些問題。這些都會需要在管理上更有遠見的眼光，願意在人力資源上用心投入經營，才能看到成效。

　　特別在面對智慧製造與機器人大數據的時代來臨時，我們要用新的眼光和角度，來看待人力資源。個人部分不僅要思考，如何才不會被機器人取代，管理階層更要思考，要如何用更有智慧的人力資源策略，來留住那些機器人無法取代的關鍵人才。

　　另外，從人力資源職能的角度上，機器人可以取代許多單純且重複的行政工作，而大數據可以提供更多有關績效資歷等人的相關資訊，協助人資主管在招募訓練升遷與績效管理上做最佳的決策。但是在職能上，人力資源主管所需的人格特質與人品素養，卻是機器人無法取代的。其中就如作者所提，誠信正直是身為人資主管最重的人格特質之一。因為只有誠信的特質，才能訂定出獲得員工的信任的人力資源策略；只有正直的特質，才能夠做出公平公開公正的人資政策。而當員工覺得自己被公平的對待，才會願意真誠地為組織付出自己的時間、努力與智慧。只有當員工覺得自己被尊重與賞識，並認同組織願景，才會因願意長久留在組織中為其效力。

　　我認識王遐昌先生數十年，並一直有密切互動。從早年他至

外商公司擔任人力資源主管，到他經營精策管理顧問公司，對業界有卓越且重要的貢獻。他在本書中強調的職能，也呼應了中原大學全人教育，強調專業人才道德與個人素養的理念。高階人力資源的職能模型，是在台灣很少人提及的議題。而依王遐昌先生其在人力資源上 40 年的經驗，並以其為志業的角度，來發展高階人力資源人才所需的知識技能與特質條件，我深感佩服，承蒙邀請寫序，甚感光榮，希望本書可以給有志於相關職涯的人才，未來生涯規劃和規劃的參考與模範。

推薦序
以高階人力資源管理者關鍵職能模型之
七項核心素養為主軸

薛光揚／社團法人中華人力資源管理協會理事長

　　王遐昌君是我認識超過二十年的朋友，他的文學素養令人激賞，曾寫過多篇文章出版於報章雜誌，而且也出版言情小說。遐昌兄具有超過四十年人力資源之管理經驗，憂心於我國教育體系之失能及國內企業人才需求失衡之「二失」造成產業及經濟發展之遲滯，且戮力將人力資源管理當作其終身志業，故又嘔心瀝血的將心力放在他的這一項專業—人力資源上面，希望藉其專業之經驗，提供給關注人力資源及管理職能之朋友相關建議，以協助企業增強競爭優勢，共同努力彌補此「二失」缺口，重振台灣經濟發展雄風，其用心真是令人敬佩。

　　「職能」可以規範及建立行為和專業標準，已日益受到政府及民間組織的重視。而政府為了促進產業進步發展，已在勞動部勞動力發展署設有職能標準組，期協助企業提升專業技術。另教育部也推出「大專院校就業職能平台」，協助初入職場者其職業興趣探索及職能診斷，增加對職場的瞭解；並透過職能自我評估，規劃自我能力養成計劃；針對能力缺口進行學習，以具備正確的職場職能，提高個人職場競爭力。其目的都是讓就業者在進入職

場時，了解各式職能所需的知識，減少就業時的落差。國內外政府及專家學者對職能的研究與開發更是不遺餘力，這在本書中也有引述及說明，顯示「職能」已成為行為舉止或專業標準的一項不可忽視的認證。而人力資源工作者，特別是高階人力資源主管在企業經營過程中，扮演引領企業發展方向的重要角色，更令人期待其職能有清楚明確的界定，基於此，作者特別投入此領域的研究，提供其研究成果供各界參酌使用。

本書以高階人力資源管理者關鍵職能模型之七項核心素養為主軸切入，且對於需要建立關鍵職能的環境因素也有充分鋪陳，可謂建構成完整體系。環境因素主要包括：每年進入人力資源管理領域者的分析、人才流失的危機、我國教育體系與國家經濟發展需求的落差、高階人力資源管理專業工作者在職場之地位未受到企業重視等。作者對職能架構有專精又完整的描述，對任何想了解職能架構者，不啻是一項清楚的導入指引。在職能解說及高階人力資源管理者關鍵職能構面，包括有：職能解說、職能類別、構面、項目及等級、職能模型的形成、職能之應用、人力資源管理專業工作之職能等。並以此模型列出七項核心職能：正直誠信、凝聚企業核心精神、企業經營管理知識與能力、傳統性及策略性人力資源管理專業、引導企業變革能力、溝通與協調、自我發展。

職能的運用在企業中越來越受到重視，大多數職能的建立都是透過人力資源單位完成，很少有人去思考這個偉大的人力資源部門的職能該長什麼樣呢？誰來訂定人力資源工作者的職能呢？人力資源人員真的有這麼厲害能決定別的職位的職能？他們

定的對嗎？他們要求別人的標準，那誰來要求他們的標準呢？人力資源部門是否應展現具有說服力的職能表現呢？特別是那些高高在上的人力資源主管，一副道貌岸然很難親近，他們的職能又該如何？誰來決定呢？看來，作者很有智慧的從這個一般人有所質疑，卻說不出口的地方著眼，明確肯定的透過專家學者及企業負責人的意見，規範出大家認同的人力資源人員，特別是高階者的職能標準。

　　作者不僅確認人力資源人員的職能，更進一步，將職能應有的表現也詳加列舉並以案例說明。例如在正直誠信方面，要遵守法令、重視承諾、無私清廉、避免關說、免陷政治、就事論事；在凝聚企業核心精神上面，要能引領企業使命、願景、文化，推動經營理念與工作倫理；在企業經營與管理知識與能力方面，配合各階段企業發展，運用手法與工具，來規劃企業策略，並推動於企業各層次，以導引卓著之績效。在人力資源管理專業的展現於組織、團隊、溝通協調、制度建立、選、訓、育、用、留、激勵措施的運作，甚至員工協助、變革管理、企業併購等，無一不積極發揮專業能力，促進企業永續經營。此外，人力資源人員亦應對自我職涯發展有所規劃，要不斷進步，才能與時俱進，讓企業成長。本書不只是談高階人力資源工作者的職能，更是將人力資源及企業管理的總體做了完整的闡述，它不僅是一本職能的導引書，更是管理的寶典。

導讀
認識自己和自我學習是人資專業人員的關鍵職能

林文政／國立中央大學人力資源管理研究所教授

　　《前瞻人才素養：從組織功能到人才資本，高階人力資源管理者都在修的七大關鍵職能》這本書有作者非常獨到的觀點，和傳統人力資源管理的書籍的選、用、育、留的分析架構，有著截然不同思路和邏輯，作者是從高階人力資源管理者的七項關鍵職能模型作為架構基礎，進而闡述人資專業人員應如何進行自我職涯的發展與學習，作者嘗試從人力資源管理的「組織功能論」轉化到「人力資本論」，這是人資觀點的一個進化。

　　本書的七項職能分別是正直誠信、凝聚企業核心精神體系、企業經營管理知識與能力、功能性及策略性人資專業、引導企業變革能力、溝通與協調和自我發展，涵蓋的範圍相當完整。如果從學習者的學習路徑來看，可將其分為三個層級：正直誠信、溝通協調和功能性人資專業這三項可視為基礎的職能；凝聚企業核心精神體系和引導企業變革能力兩者則屬於進階的職能；企業經營管理知識能力以及策略性人資專業兩項則可歸類為高階的職能。

　　本書最後一項人資職能是自我發展，它屬於一種持續學習、學習如何學習的一種職能，換句話說，我們可以透過這項職能有效學習前六種職能。它有兩層意義，表層的意義是指自己決定如何提

高技能，並採取行動做到這一點的行為，就這層意義上，自我成長在七項專業職能中居於核心地位，因為我們可以透過自我發展習得其他六種職能，在知識爆炸、科技不斷突破的時代，自我導向的學習重要性至關重要，人資專業人員需要設定學習目標（如前述的六項人資職能），找到所需的資源（如本書），創建並遵循學習計劃（如從初階、進階至高階職能的學習路徑），然後再評估自己的學習結果。而深層的意含則如蘇格拉底所說的，人生一切從「認識你自己」開始，因為除非我們真切地認識自我的興趣、動機、價值觀和能力等，否則盲目地自我學習的效果必然事倍功半，甚至自己是否真的適合人力資源管理這類工作，恐怕都很難回答呢！

　　作者將其深邃的人生智慧和豐厚的人資經驗，都寫在本書中了，建議讀者不妨從三個視角來閱讀本書：人生哲學、學習態度以及人資專業。在人生哲學上，我們可以學習到作者在本書中處處充滿睿智的觀點，例如「人才流失比貨幣流失更可怕」，這是一句可以貫穿本書各章核心觀點而發人深省的勵志佳句，從這個視角來閱讀本書，你可以學習到作者的人生智慧和人資哲學。在學習態度上，作者從軍旅退伍到外商「台灣通用器材股份有限公司」擔任人資經理，從職場退休到撰寫這本大作，作者為「自我發展」這項職能做了最好的註解：認識自己和自我學習是人資專業人員的關鍵職能。最後在人資專業上，作者嘗試從選、用、育、留為基礎的「組織功能論」之傳統觀點，轉化到以人資職能為基礎的「人力資本論」之創新觀點，這本書教導讀者如何將人資「職能」和人資「功能」做創意性的連結。讀者若能同時從這三個視角來閱讀本書，便可以快速有效地幫助你打通人力資源管理專業的任督二脈。

出版緣起
前瞻人力資本時代你準備好了嗎？

趙政岷／時報文化出版公司董事長

　　如果你要買股票，你會選擇什麼樣的公司？訣竅是看負責人。看他可以把公司帶到哪裡？如果他是賈柏斯、是祖克伯、是張忠謀、是郭台銘，蘋果、亞馬遜、台積電、鴻海這些都是全球值得投資的企業。

　　如果你要選擇公司去上班，你要怎麼選公司？除了看產業景氣發展，當然也是要看公司領導人。什麼樣的 CEO 勢必改變企業的發展，決定了公司的前途，當然也決定你工作的難易與成就。

　　為什麼選股票如此，選公司也是如此，都因為這完全是一個由人建構的新社會，人力資源決定了世界競爭的新秩序！

　　過去在天然資源短缺的年代裡，石油、煤碳、橡膠是生產的關鍵要素，誰擁有了它，誰就成為全球前幾大首富。接著工業革命與機器的發明，人類進入了資本主義的競爭，自動化、土地、廠房是以生產掛帥的資本主義絕對的要素。但二十一世紀來臨，網路科技崛起、金融遊戲盛行，如今靠人才與人力資本決勝負的時代真正降臨！

　　我在 1998 年，因著主編工商時報《經營知識版》工作的需

要，報考了中央大學人力資源管理研究所碩士班。一面工作一面唸書，兩年紮實的訓練學習，順利通過論文畢業。在校期間最大的發現，就是師長一再強調的「人力資本時代已經來臨」、「人力資源主管將掌管企業」！因著如此信念，所裡規定不管你大學念的是甚麼科系？都必須把管理的各面向學分補足，包括：經濟、統計、財務、行銷等等。所上還要求，畢業前每個人都要通過托福 500 分或當時在台大的語言訓練中心最高六級分的英文程度。所裡開的「企業政策」也是最硬的課之一，所裡還開了「科技人力資源管理」、「資訊人力資源管理」、「大陸人力資源管理」等等，是除了專業人力資源管理核心課程以外的周邊課程。這無非在強調人力資源管理時代的重要！人才將改變這個世界與企業的遊戲規則！

王遐昌先生是我多年亦師亦友的老朋友，他在台灣人力資源管理界是大老級身分。過去他幫我開專欄寫文章，我也多次採訪過他。他幫許許多多國內外企業做顧問與訓練，協助產業與公司發展成就非凡。在半退休之餘，他還願意著書立論，是大家共同的福份與喜悅。

這本《前瞻人才素養：從組織功能到人才資本，高階人力資源管理者都在修的七大關鍵職能》，真正呼應了人力資源管理時代來臨所必備的職能，透過台灣前幾大人力資源管理專家的調查，歸納出高階人力資源管理者所最必須具備的職能，一一加以闡述說明。了解了要掌握企業發展命脈，除了一般管理教科書所強調的經營技能外，更重要的是是否具備相對應的人才關鍵職能。

　　書中開宗明義提到「正直誠信」的重要，這不只是行之於個人，更需要行之於企業各功能；「精神凝聚」定義了企業核心精神與發展內涵；「知識能力」是企業策略與經營管理發展的依據；「人才策略」建立起策略性人力資源的關連與基礎；「企業變革」引導企業組織發展與因應變革的能力；「溝通協調」化解對內與對外溝通與協調的盲點；「自我發展」成就職涯進步與社會發展的動力。這七大職能並不見的是企業原本就有的，尤其在一個汲汲營營於因應變局、追求業績成長的公司裡，這些項目常常會被視而不見，或理所當然的被忽略。這不僅違反了公司治理的精神與要求，這樣的企業縱使短期有所成，也勢必走不長。

　　也許科技日新月異炫目的發展迷惑了大家，也許產業變革世代交替讓我們無所依從，但「人」才是企業的核心不會改變，「人才」是左右世界發展的關鍵力量也不會更迭。新冠疫情衝擊下改寫了地球面貌，當我們為新世界、新企業、新生活，找不出經營管理與工作生活的依據時，看看王遐昌先生所著的這本《前瞻人才素養：從組織功能到人才資本，高階人力資源管理者都在修的七大關鍵職能》，答案都在書裡面。

　　誰說現在只有台灣的國中小學生要學習「素養教育」？當世界變了、企業變了，所有的工作者，不論是上班族、主管、人力資源管理者或老闆都必須重修課程，必須換個腦袋，從關鍵職能開始，重建起「前瞻人才素養」。因為你不主動追求改變，就等著被環境改變、被時代淘汰！

自序
人力資源管理專業工作者的自我成長

　　生於戰亂、長於憂患；經過貧窮、歷受榮景，作者對於台灣整體經濟發展及社會安定特別敏感。因而對近幾年來我們所陷入諸多困境十分焦慮。除經濟連年成長緩慢、國家負債急速高升外，對下面幾項與人力資源管理相關者尤為憂心，深感現在進行式教育體系之失能及企業人才需求失衡之「二失」，對企業經營之衝擊業已漸漸惡化整體經濟成長。台灣天然資源原本缺乏，過去七十年來經濟成長所賴以蓬勃者本為優秀及可塑性特高之人力資源，現在由於二失的結果，形成上班族久居低薪、購屋不易、生活日益艱難，使焦慮更為雪上加霜。為此特參考教育部《108課綱》，以「核心素養」（參閱 039 頁）方式經由「高階人力資源管理者關職能模型」調查，盼能以微薄之力，建議人力資源管理專業工作者如何自我成長，及高階人力資源管理者既已遇此「二失」，縱然無法力挽狂瀾，仍必須盡其專業及發揮其所能面對，期望能彌補此二失缺口，以協助企業增強競爭優勢，重振台灣經濟發展雄風。

　　作者畢業於軍校，在軍中服務十七年後，自任職空總禮賓官時退伍次日，即至第一家來台投資外商「台灣通用器材股份有限公司」，由五位外籍主管面試，只因稍具語文能力，二小時「相談甚歡」後，即當面告知錄用擔任「人事處」經理之一。當時內

心十分惶恐，原因是自己對企業界所謂人事管理完全陌生；諸如勞動法令、勞資關係、員工招募、福利、薪酬、晉升、培訓、退撫等從無經歷。

雖亦感喜悅，但更深感憂心；既無經驗，亦缺乏專業不知如何至公司報到及面對同事及部屬？如何處理人事管理事務？當晚輾轉難眠，真希望能有專業機構或專家，授以相關知識及經驗，以免工作時「漏氣」。

尤為不幸者，當時並無網路、亦無 Google；不獨無法上網搜尋，且不易找尋可資參考人事管理相關資訊。因此，內心惶恐及焦慮與日俱增。

壯膽就職後僅能以睜眼學習，閉口聆聽。後來從友人處獲悉有專門以「人事管理」為定位之企業管理諮詢公司。

於是下班後奔赴鮮有接觸之「人事管理」教室。記得，十六堂課中第一堂講師為台電人事副總陳明漢先生，講題為「企業組織結構與部門職掌」。

十六堂課結束後，對此一專業不但略知一二，而且開始近四十年人力資源管理戀愛之旅。任職第二年，可能公司見作者既用心、又努力，不獨安排赴紐約百老匯大道「美國管理協會」（AMA），接受美國式的「人力資源管理」課程，且於任職第二年帶職、帶薪再度赴美攻讀 MBA，主修「人力資源管理」。回國後，對人力資源管理稍具一些皮毛經驗及一些書本上的理論與未經實踐過的知識，但在主管及部屬面前改為睜眼學習，開口任事。此外，美籍主管對作者十分關愛，常將閱讀過之相關書籍送交閱讀，並以便條約定時間討論；這種討論雖有壓力，但獲益極

多，不僅未局限於人力資源管理，且廣及一般性管理。

四年後，作者接任台灣分公司人力資源管理部最高階負責人。當時台灣分公司有五個事業部（BU），員工人數經常維持約 18,000 人左右。

服務該公司滿十五年後，依法自願退休轉職至另一家美商銷售名牌精品（Duty Free Shop, DFS）公司。此爲早已規劃以製造及服務業二者皆具工作經歷，奠定後來以管理諮詢爲創業定位穩固基礎。在創業期間同時受聘爲「台北醫學大學」護研所及醫管所兼任教職，進一步重溫教材、系統性體認一般管理及人力資源管理理論及受媒體之邀撰寫每週見報一次有關「人力資源管理」專欄。

此段以逾千字敘述個人成長過程，看似十分順遂，其實青少年時期之《悲慘世界》（Les Misérables, 借用英國音樂劇及電影片名，法國作家雨果原著）已被省略，無須贅言。民國 60 年代後之「順遂機遇」亦無意自豪，而在表達作者以 40 年珍貴歲月，投身於人力資源管理家族，且以頗爲珍惜之心情呈現此終身志業之心力，盼能以此書對此志業提供些許貢獻。

企業組織的變動

——人才的培育與人力資源 管理者的挑戰

　　根據英國牛津研究機構和韜睿惠悅、AIG、可口可樂、美國運通等多家跨國企業，早於 2013 年 12 月 28 日所發表的「全球人才 2021（Global Talent 2021）」報告就曾預測，將在 2021 年台灣為人才供需落差最嚴重。另一份知名海德思哲（Heidrick & Struggles）人力資源服務公司發表的「全球人才指標 2015 展望」亦曾指出，兩年後台灣人口老化、高教品質不足將拖累台灣競爭力。根據 IMD 2020 年最新世界人才排名報告，在投資與發展人才、人才準備度及教育評比上目前仍在退步中……。

不憂於國家規模大小，而憂於人才之多少

　　台灣位於東亞、太平洋西北方，為世界第七大島，南北狹長，面積僅有 3.6 萬平方公里，山多平地少；但卻是往來世界各地在亞洲的交通樞紐，航空網路四通八達，旅遊非常方便。雖然土地不大，且至 2020 年 8 月 30 日止，人口總數雖僅為 23,574,334，但由於人文風 、地理位置、觀光極具潛力，自 1960 年代起，在經濟與社會發展上突飛猛進，締造舉世聞名的「台灣奇蹟」，名列亞洲四小龍之首。當時我們有超過 2 兆 5 千多億各種金融資金，真是「台灣錢淹腳目」，為我國最風光時代。但近二十年來，由於教育失能、人才流失、國債高漲、個人所得惡化、貧富差距加大等因素，使得國人面對未來情勢十分憂心；但最關鍵因素，不在於土地之大小，而在於重臣之難覓及人才不足。

　　舉例而言，新加坡、以色列兩國就是最好的典範。新加坡位於馬來半島，其面積為 725.5 平方公里，僅為我國台北市二個半大；其人口 2019 年約為 570.4 萬，華人占 77%，馬來人 14%，印度人 7.6%，其他民族為 1.4%；不獨語言複雜而宗教更是多元。1963 年原為馬來西亞聯邦成員，但因受到某種程度的不公平對待，方於 1965 年 8 月 9 日宣布脫離馬國成立新加坡共和國，並於次月成為聯合國會員國，二個月後加入英國聯邦。

一、新加坡在立國之初物質缺乏、經濟不振，甚多民生需求有賴馬國支援；但由於其立國總理李光耀先生之高瞻遠矚、強化全民團結、國人教育、發展人力資源，使「人類開發指數[1]」（Human Development Index）為全球第九，不因國土狹瘠、資源缺乏而固步自封，反而自立更生，以其地理優勢、中轉貿易、金融中心、發展旅遊、轉口石油、開發交通，2019 年成為世界平均個人所得第八國家（63,987 美元，台灣為 24,827 美元）；更加上位居大洋洲重要國際航運中心，其樟宜（Changi）機場每年可運送 1,600 萬旅客。2019 年以前經由「Skytrax」評比連續七次評為世界第一航空樞紐（Hub），35 年來榮獲 520 各項最佳機場獎，使得新加坡躍升為亞洲四小龍之首，全世界羨慕焦點。

二、以色列：位於西亞，介於地中海東南岸及紅海亞喀巴（Aqaba）灣東岸，連接歐亞非三洲之間，黎巴嫩、敘利亞、

1　人類開發指數，是國際上衡量國家或地區社會經濟發展程度；以出生時預期壽命、平均教育年限、預期接受教育年限、綜合教育年限、人均國民收入五項計算而得。

約旦、埃及、巴基斯坦等國圍繞在其四週。以色列大都以猶太民族爲主，具有 5,500 年以上的悠久歷史，在西元前六百年時亡國，眞正建國是在 1948 年 5 月 14 日，第一任總理大衛・本-古利安（David Ben Guion）開始，至今僅七十餘年，原爲沼澤沙漠丘陵等荒蕪土地，十分貧瘠不堪，更在阿拉伯人常常以武力相逼，及德國納粹在二次大戰大屠殺之下，造成國弱民貧，但以短短近七十年間，在政府努力以及在赴美經商猶太人支持下，現在已變成遍地綠洲、充滿勃勃生機、高樓大廈拔地而起、高速公路四通八達，加上國家教育政策全力配合科技及經濟發展，其結果爲人力資源優秀，科技創新傲視世界。以色列公司在美國上市數量以國家排名爲全球第三、研發人員占全國人口 10%、創新公司世界密度第一，以及獲諾貝爾獎之科學家近百人，約占整體得獎者 20%。以色列政府常常自我警惕：「當世界都拋棄我們，所以我們永遠不會拋棄自己的人民」。至 2020 年 1 月 1 日以色列人口僅爲 917.5 萬，其中大部爲猶太教徒。

以色列目前能控制土地面積約爲 25,740 平方公里（不含戈蘭高地、約旦河西岸以色列非法屯墾區）。2019 年平均個人所得爲 42,823 美元。在一個敵人環伺、半個世紀和阿拉伯聯軍打過三次戰爭、土地十分貧瘠之地，現已成爲已開發國家。雖然，美國歷任總統的支持及華爾街股市猶太富豪的回饋是主要原因，但其對國民的教育、科技、開發、全民團結及自立自強方是最重要關鍵。該國平時後備軍人均配槍，可說是爲了保衛國家，眞正全民枕戈待旦。另一件世界

上很多人不知道的事是以色列不僅擁有核武器，而且儲存量早已超過了好幾個聯合國理事國。

以上二個國家不論原有之土地、人口、資源均遠在我國之下，何以能在 50-70 年之內成為國際耀眼明星；不論經濟、國防、個人均得、教育成果、國家地位皆有驚人成就，主要原因可歸納下面各點：

- 國家不但重視國民教育，且將此類資源妥善與國家願景所需人才配合並規劃。
- 充分開發人力資源。
- 全國國民團結一致。
- 科技不斷創新，力求自我超越。
- 領導者無私、無畏、無懼於天然資源匱乏，充分開發潛在之優勢。

每年進入人力資源管理職場者眾，有待提供成長路徑

2009 年我國原有 164 所所大學、學院及專科學校，之後因新生人口下降，至 2019 年度漸次減少為 152 所，其中共有十一個院校設有名稱稍有差異之人力資源管理及人資發展科、系、所。以往十年（99-108 學年），共有 1,354 位學士、2,826 位碩士人力資源管理與人資發展畢業生；加上勞工系、所 1,675 位，共為 6,009 位。初步估計以每年畢業生三分之二，約為 400 位左右位青年朋友進入人力資源管理及人資發展市場，如再加上其他

相關科系；諸如企管、社會、公共行政、公共關係、諮商輔導、新聞傳播……等科、系、所之畢業生，如以每年十分之二亦投入此一專業職場，可達 4,621 位，加上人力資源相關畢業者 400 位，總共約有 5,000 位左右（參考表 001）。這些人力資源管理工作者，既然投入此一專業，其初願原本希望能在此專業領域內長期發展，滿懷對美好未來之憧憬；但企業內並非桃花源，亦非艷陽永照，而是論功行賞，加以企業內政治人際關係充塞，使得少部分人力資源管理專業工作者在遭受挫折及漸感興趣不符而黯然他就，但大多數這些專業工作者不獨仍堅持所學，且對人力資源管理具有深厚使命感及充滿熱情，盼能雖居滄海桑田之中，為了自己、社會及企業之需而披肝瀝膽以効淺薄之力，勇於將人力資源管理視為終身職志。投入此一領域後雖部分成員可能因各種原因而轉業，而仍然在此一專業內者，無不希望能在此領域內自我成長，但大部分認為缺乏對自我成長路徑認知，而得過且過，走一步算一步。

作者因而認為，如能為其舖陳一條道路、設定一個方向，或者規劃一些努力的重點，對此等人力資源管理重要投入者及國家重要人力資源定有鳴槍點火效果。有些人力資源管理專業工作者對生涯或職涯規劃並不陌生；甚至有些稍較資深者，也已為自己未來進行規劃；惟較年輕及初入此專業不久工作者卻仍在模索，對「具體」該走的路徑及努力方向仍缺乏認知。作者不才，幾經思考，認為較具可行性的方式，即由人力資源管理界先進、學者為這些年輕朋友提供此一「過來人」的經驗、心得、教訓之建議，以及企業界負責人對其之期待，作為這些青年朋友自我成長之路徑

應屬有益，特以「高階人力資源管理者關鍵職能模型」（圖004）調查方式，找出重點，以作他（她）們參考，願能成為較具體成長目標，以減少走錯方向，浪費寶貴青春年華；如能在人力資源管理專業領域，沿著此一路徑順利成長，進而輔助企業增強競爭力及永續經營，超越新加坡及以色列，令世人另一次刮目相看。

表001：可能投入人力資源管理職場大專院校相關科系所十年來畢業生統計

相關科系	系〔科〕所	98學年	99學年	100學年	101學年	102學年	103學年	104學年	105學年	106學年	107學年	總計
人力資源／發展	系〔科〕	122	140	146	146	116	142	137	172	103	130	1354
	所	246	258	225	225	215	205	1140	156	66	90	2826
教育	系〔科〕	656	656	634	534	579	556	579	591	605	617	6107
	所	931	1067	976	976	824	765	751	111	387	386	7174
科技人資發展	系〔科〕	48	47	51	51	53	55	52	54	56	56	523
	所	89	55	50	50	35	41	30	28	25	29	432
心理諮商輔導	系〔科〕	1355	1410	1396	1396	1388	1319	1375	1264	482	1068	12453
	所	528	518	562	372	599	567	558	399	218	343	4664
勞工	系〔科〕	52	48	51	51	160	156	178	158	115	109	1078
	所	57	81	61	61	68	94	73	42	25	35	597
國際／企業管理	系〔科〕	17266	16094	15513	15513	14389	14396	13843	12581	12488	12126	144209
	所	2664	2752	2848	2848	3084	3017	3055	3901	2513	2500	29182
教育公共行政	系〔科〕	203	269	232	285	258	259	260	246	249	533	2794
	所	103	144	115	115	128	99	101	43	74	157	1079
公共關係	系〔科〕	136	128	95	95	41	35	50	161	185	179	1105
	所	29	15	11	11	5	38	49	137	114	121	530
社會	系〔科〕	605	457	492	492	532	541	564	674	511	527	5440
	所	230	155	123	123	120	101	21	133	84	95	1185
工商管理	系〔科〕	247	195	167	60	158	161	147	434	453	453	2172
	所	40	28	22	0	54	63	17	154	146	12	536
新聞／傳播	系〔科〕	785	195	167	705	609	623	655	809	1691	1401	7640
	所	142	159	134	134	158	182	177	741	183	142	2152
小計	系〔科〕	21520	19639	18944	18283	18283	18243	17840	17144	16938	15886	184865
	所	5059	5232	5127	4915	5290	5172	5972	5845	3835	3920	50357
總計	系〔科〕所	26579	24871	24071	24343	23573	23415	23812	22989	20773	20796	235222

資料來源：作者依教育部資訊室提供資料彙總

人才流失比貨幣流失更可怕

　　根據內政部民 109 年七月二十一日公布之人口增減最新統計，一至六月出生人數為 79,760 人、死亡人數為 88,555 人，負成長 8,795 人。更令人關注者，為台大社會學系薛承泰教授於同日面對記者，公布同期移入人口約為 8,900 人，流出 16,000 餘人；僅僅六個月之內，流出人口遠大於流入人口超過 7,000 人，其中甚多為高階管理及技術人才，外流人口速度十分驚人。

　　人才之流失可用拉力及推力來解說。所謂拉力，係他國所提供的精神環境及實質所得，使有些「身懷絕技」人才心嚮往之；實質所得係指薪資給付、居住空間之提供、福利條件之配置等。所謂精神環境，諸如生活條件舒適、就業環境是否友善、政治價值體認、前途發展機會等。而推力則與拉力相反，諸如國內政治環境歧視氛圍、就業機會難找、居住條件欠理想，以及薪資給付欠佳、福利措施不良、晉升機會緩慢、企業人力資源管理制度有欠公平合理等。

　　根據英國牛津經濟研究院（Oxford Economics）調查 352 位人力資源專家研究報告，台灣人才外流 2021 年將占世界第一，其中專業人才占外移人口占 61.1％，且台灣在 46 個評比國家中，人才不足最為嚴重，其次為日本；再根據行政院主計處的調查，2017 年人才外流為 73.6 萬，且以 30-40 歲、大專以上學歷為前往海外工作的主要群體。

　　104 人力銀行所發行之《獵才月刊》108 期，亦曾對企業普遍憂心之人才斷層發表分析報告，其內容共分五項：

一、高達 70％受訪者認為企業內部已有人才斷層現象，且已存在三年以上。

二、越高層人才越顯缺乏。

三、高階主管及關鍵人才從開啟職缺到人才報到時間，分別長達六個月至一年。

四、無法有效遞補主管及關鍵專業人才，造成三項重要結果為：經驗無法傳承、無法布局前瞻性策略、無法培育未來人才。

五、因應國際化趨勢，企業現有人力資源中無法因應海外投資人才需求。

　　人才流出大於流入，且呈現「高出低進」現象；政府對此種差異似視若無睹，連經濟學最基本原理「供需平衡」都置之腦後。如持續如此發展，將導致人才空洞化，影響台灣企業發展至巨；正如柴松林博士在「台北教師會館」一次公開演講中所說過重話：「一個國家如長期人才流出大於人才流入時是沒有前途的」。

　　為了防止人才供需失衡趨勢，2011 年時任中研院院長翁啟惠博士就曾聯合國內各界發表「人才宣言」，希望政府能從改善就業環境、法令、制度、薪資等多方向著手；如此，「我們人才方不會流失，外面人才方會進來」，但成效不彰。2020 年雖因新冠肺炎（COVID-19）台灣疫情管控甚佳影響，少部分人才有回流現象，但此為特殊情勢所造成之短期結果，不足轉憂為喜。

　　在此人才短缺之時，高階人力資源管理者不獨可發揮其專業及智慧，將招募及留住人才提升到策略性層次，更可將其績效專注在此一人才獲得、培育、運用、維護功能性目標上。

教育體系未能配合國家經濟發展需求

　　教育體系之建立，主在優化國民素養及配合經濟發展；而配合國家經濟發展、人才供需預測及人力資源之教育計劃爲「國家經濟發展委員會，國發會」下屬人力發展處（原人力規劃處）職責；在「教育部」則爲「高教司」及「技職司」。依正常功能而言，教育部之二司對各大專院校設立系所及招生人數應依國發會之人力需求預測而作決策，以配合國家經濟發展所需，避免珍貴之人力資源浪費；但實際情況是兩個部會之間似乎各行其事。舉例而言，四十年前《天下文化雜誌》發行人殷允芃女士主持之「國家發展與人才發展」研討會時，作者與甚多參與者大聲疾呼，希望高等教育機構增加招收電子、電機、資訊及生化名額，以因應企業當時及未來之急需，但迄今此一問題仍然存在。此等人才招募不易，影響電子、電機、資訊及生化業之發展既深且巨。再就 2017 年由立法院通過之前瞻計劃而言，總預算八年共 8,824 億 9,000 萬元，包括五大建設計劃：綠能、數位、水環境、軌道及城鄉建設，而人才培育促進就業建設、優質化科技院校環境計劃，自 2017 年度至 2021 四年中，僅編列第一期爲 42 億及第二期爲 88 億，所占比率何其微小；四年分至 152 所高等教育院校眞是杯水車薪，如何強化「人力資源之教育及培訓、國際人力資源及人才之引進」（國發會人力發展處主要職責）。難怪高等教育品質十分低落，以致不少優秀高中生亦紛赴他鄉升學，就連優秀教授也早已開始出走。

　　本書初稿完成之日（2020/12/15）各家媒體均報導，東協

十國與中日韓澳紐五國，完成簽署「區域全面經濟夥伴協定」（RCEP），大約二年後將正式生效。依現況而言，台灣在經濟上將受到衝擊自不在話下，僅就人才的處境自更爲艱難，留才亦將不易，有待我人力資源管理者有智慧及專業地面對現實，使人才仍不離不棄爲我們企業珍貴資源。

　　根據民 109 年 6 月 30 日世新大學客座教授邱天助先生以《台灣高等教育繼續崩解中》爲文，痛惜「這些年來由於大學濫設，加上少子化，以及不良教育政策措施，造成台灣高等教育的災難，二十年前開始『大學高中化』，如今『碩士虛名化』的現象，更深層的裂解教育品質……。每到新學期選課時間，就會出現一些不用上課、不用考試，高分起跳的『好人牌』老師的詢問與推薦……。爲實現『輕鬆入學』、『輕鬆畢業』承諾，有些研究所早已採取『團進團出』的策略。集體包班入學後，教授就給每位學生一項主題，只要照表操課，碩士學位即可輕鬆到手……」。再根據民 109 年 11 月 20 日聯合報報導，教育部職技司楊玉惠司長透露，目前被列爲預警有三十多間高中職和十幾所大專院校。預警原因之一爲五成系所師資質量不符規定。最近新北市勞工局於新店區首次舉辦「青年就業公民審議會議」，會中青年們對於「職場環境資訊不透明與學用落差太大」最有感受，離校就職後才發現學校所學到職場幾乎無用。台灣教育品質之令人憂心已不足以形容。

　　作者曾任教育部大學評鑑委員七年餘，每次赴個別大學目睹甚多學校學生素質低落，心情何止憂慮。

高階人力資源管理專業工作者
仍未受到企業應有之重視

高階人力資源管理者開始受到注意（不是重視），可自 1964 年美商第一家在台投資之台灣通用器材股份有限公司（General Instrument,GIT）起始，接著德州儀器（TI）、美國無線電（RCA）、增你智（Zenith）、杜邦（DuPont）、菲力浦（Philips）、西門子（Siemens）、安迅資訊（NCR）、惠普科技（HP）、勝家（Singer）等世界著名公司相繼湧至，不獨驅動我國經濟快速發展，亦同時引進人力資源管理新的思維與制度，並經由「外商人事經理聯誼會」之組成，使此等思維與制度對國人經營之企業形成擴散性效果。

當時任職高階人力資源管理者，不少為軍方外事軍官退役，因其英文能力與外商溝通品質較佳，容易轉任至外商來台投資之製造業。1954 年中國文化大學所成立之勞工研究所畢業生隨之成長，此兩類成員可稱之為高階人力資源管理者之主要來源。目前，這些高階人力資源管理先驅者大都業已退休安享餘年，幾無仍在職場者。

由於這些高階人力資源管理者之努力及貢獻，此一功能性部門名稱開始有所轉換，「人事」兩字日漸消失，跟隨外商沿用「人力資源管理」。

繼之高階人力資源管理專業工作者漸受關注，可自 1984 年「勞動基準法」立法及同於該年初創會之「中華人力資源管理協會（人資會）」起始。由於企業為因應此一新的法令，加上人資

及勞工科系所畢業生之本業知識頗為專業，致在企業內人力資源管理及高階管理者開始稍受重視；加上政治大學及中正大學先後於 1990 及 1991 年設立勞工研究所、中山及中央大學人資所於 1993 及 1994 年建所，及人資會之傳承與培訓，其他大專院校如雨後春筍般開始成立人力資源管理名稱相似之科、系、所，以及其他有關之科系所畢業同學，配合我們經濟持續成長紛紛加入人力資源管理陣營及成長，為此一專業功能及高階人力資源管理者增加無限美景與光輝前程。

2000 年起，大部分以製造業為主之知名外商雖已漸次撤離台灣，但留下人力資源管理理念與制度卻已生根、發芽，代之而起者為本地中大型製造業之崛起及服務業之快速成長，進而許多優秀高階人力資源管理者帶領每年新進入此一專業者，致力於建立制度、降低勞資糾紛，顯而易見許多中大型企業漸漸將人力資源管理提升為功能性部門，直接向企業高層報告，與生產、財務、銷售、研發等一級主管平起平坐，協力為企業整體績效及永續經營而努力。

即使高階人力資源管理者被推向企業層級應有之位置，但以作者二十年任職經驗及十九年餘對企業提供相關之諮詢服務，深感下述數項尚有待企業負責人及高階人力資源管理者共同努力：

一、讓策略性人力資源管理理念在企業內落實，使高階人力資源管理主管遂行其策略性功能，以經營者的一份子參與企業策略規劃及施行，以使企業、部門與員工績效相結合，進而使企業年度盈餘、員工績效及獎酬具「對價關係」。

二、授權高階人力資源管理部主管，參考 IBM、City Bank 及中國信託 MA（Management Associates）等成功實務經驗，長期（1-2 年）性施行培育人才，配合企業人力資源規劃，進行人才之招募、培育、運用及維護，以激發其潛能，促使企業更具績效。

三、企業負責人應完全信賴高階人力資源管理者，依其年度計劃，不干預其政策之施行及功能之發揮，除非可預見衝擊企業未來發展。

四、面對產品取代性、科技發展之快速及此次職能模型調查受到企業負責人之重視，對高階人力資源管理者賦予企業變革之監測（monitor）、建議、規劃及執行之任務，期使企業至少應能與外在環境同步。

五、建立人力資管理理念及策略，對人才之招募、培育、運用及維護全力以赴；即使因此暫時付出較高成本而在所不惜。

六、企業負責人慎選真正具有專業、才能、智慧、領導、前瞻、服務、正直之高階人力資源管理專業人員，支援其上述五項核心工作為企業建立一個具有創新、盡責、和諧、目標一致之管理團隊。

上述一至五項雖為建議企業負責人及高階人力資源管理者共同努力方向，但值得吾人警惕者為人資界未來發展並非陽光普照。台灣大學著名人力資源管理教授陳家聲博士 2020 年 12 月曾在 FB 線上為文，感嘆「為什麼台灣人力資源管理今日愈做愈小？」雖然個別專業人士表達其對人力資源管理目前所受重視的

程度並不能代表全面，但由於這幾年來經濟成長緩慢、人才供需未能平衡、勞工薪資調升乏力、勞基法一再修訂遭致勞工自主不足、人力資源管理部門預算受限等因素，該功能部門揮灑空間確不如以往，空間明顯受到壓抑卻也是事實。

我們雖然面對「人力資源管理愈做愈小」的可能發展，以及在企業未能全然賦予高階人力資源管理者前一至五項核心工作之際，我們沒有弱化自我的權利，反而應該自省：當別人並不全然重視我們的時候，不要去責怪「別人」，而要自我檢視有沒有別人重視我們的條件；更進一步而言，別人對我們的不重視，不應是基層人力資源管理工作者的過失，而是高階人資管理者應該負起不受重視的責任，因為我們沒有發揮影響力有效輔導部屬及對企業提供專業被利用的價值。

本章重點

及對未來與現在高階人力資源管理者之 啟發

一、國家是否興盛，不在於土地及人口之多少；而在於是否具有
　　所需各領域專業人才。

二、每年進入人力資源管理職場約 5,000 位左右專業工作者，引
　　導其在職場內與時俱進是高階資深人力資源管理者責無旁貸
　　的責任。

三、高端管理及科技人才流失，為國家及企業珍貴資源的致命耗
　　損；防止其流失或引進人才是國家國安問題及企業重要策
　　略。

四、高階人力資源管理者對人才之培育與維護務必有所堅持。人
　　生最遺憾的事是忽略了應該堅持的堅持，放棄了不該放棄的
　　放棄（取材自柏拉圖）。

五、防止人才流失或引進人才既為國安問題及企業生存所繫，各
　　級人力資源管理者應協同各功能部門主管，共同竭盡心力，
　　以擁有及引進企業所需人才。其實「人才」所重視者為滿足
　　其成就感、重視其尊嚴，協助其成長；經濟報酬並非其首要
　　關切。

六、元智大學管理學院副教授李弘暉在《科技報橘》上為文表示，
　　在人力資源管理角色轉換中，很重要的一項自省指標是：你
　　是在做「行政服務」，還是在做「人」的「研究發展」。

七、南非大學門口，標示諾貝爾和平獎得主、令世人尊敬的南非
　　首任黑人總統納爾遜・曼德拉（Nelson Mandela）的名言：「摧
　　毀一個國家，不需要使用原子彈，或遠程導彈……只需要降
　　低教育的素質，降低學生的品德……」。

八、高階人力資源管理專業工作者雖對職涯規劃並不陌生，但對
　　一般專業工作者有待提供其成長路徑。

九、國家教育體系和企業人力資源需求各行其事，未來企業及人
　　力資源管理者只能自求多福。

十、既然改變國家教育體系以配合企業人才需求不易，只能自助；
　　認真規劃企業員工培育需求，使 B（員工現在知識與能力）
　　＋C（員工需要培育知識與能力）＝A（企業所需之人才）。

十一、不是高調：人力資源管理專業全員應有之核心價值，不在
　　　於斤斤計較自己能從工作中得到些什麼經濟報酬；而在於對
　　　提供工作舞台的企業貢獻了什麼。機緣降臨時，貢獻自有回
　　　饋。

十二、危機就是轉機，當我們的教育及人才「二失」之際，就是
　　　高階人力資源管理者顯現其專業、能力、勇於任事之機會；
　　　從危機中為企業提供解決關鍵方案，滿足人才需求；在困難
　　　中為企業提升整體人力資源素質，增強企業爭優勢。

第一章

高階人力資源管理者關鍵職能模型

　　職能係指擔任某一職位所需具備的知識、能力、動機及特質之綜合條件，如此方可充分完成被所賦予之職責，提升其工作績效。工作者對此等綜合性職能應持續自我檢視及提升，否則將逐漸弱化其效能。

職能解說與關鍵職能調查

一、**職能定義**：職能一詞，原文為「Competency（美），Competence（英）」，係由美國哈佛大學麥克倫（David McClelland）教授於 1973 年所著《測試係為了職能而非智力》（Testing for Competency Rather than for Intelligence）一書中提出。初期係針對美國高等教育大都以智力測驗來篩選學生的方式提出異議，認為應該注重學習績效之能力（Competency），而不應專注智商。此一論點，否定早期（1920）美國普林斯頓大學柏瑞漢（C.Brigham）教授主張的工作績效好壞，主要是由工作者先天智力高低而決定。隨後，麥克倫教授提出職能一詞並加以申論，漸為學界及企業界所重視並接受。其原因有二：一是促進員工績效，二是作為員工發展路徑。在國內通常以才能、能力、知能、功能、職能等為譯名，迄今雖無一致性中譯詞彙，但近二十餘年來「職能」漸為學術與企業界所接受及重視。

　　有關人力資源管理專業人員工作職能內涵，國內外相關研究至今尚未有一致性之結論；其實這也十分正常，學者原本大都頗為自信，認同他人者原本鮮有。有關職能之定義，依

　　中央大學管理學院林文政教授綜合許多學者之研究，可歸納
為：「一個人為達成卓越工作績效，所需具備的知識、技術、
能力、特質和態度，不只包含個人目前所具備的知識、技能
與特質，同時還包括未來可能由經驗而發展的潛在能力與可
透過學習而獲得的能力，涵蓋了由外顯的動作技能到內隱的
價值觀、情感或態度」（如附表 002）。簡要具體而言，係
指擔任某一職務的選任條件；另一個角度視之，則是任職者
履行其職務的執行能力，及其工作績效。

表 002：國內外學者對職能意義內涵之研究

學者	年份	職能內涵外顯	職能內涵內隱
S.B.Parry	1999	知識、技能、態度	
L.M.Spencer Jr. & S.M. Spencer	1993	知識、技術	自我概念、特質、動機
D.E. Brown	1993	知識、技術	情意
P.Hager & A.Gonczi	1994	知識、技術、態度	
David Ulrich	1995	知識、技術	
G.E.Ledford,Jr.	1995	知識、技能	
W.C.Byham & R.P.Moyer	1996	知識、技能、能力	
A.N.Raymond	1998	知識、技能	行為
洪榮昭	1997	專業、管理、人際關係、價值觀、心智能力	
李聲孔	1999	知識、技能	
李美玉	1999	知識、技術	價值觀
鄧國宏	2000	知識、技術	人際關係
李樹中	2001	知識、技術	人際關係
林文政	2001	知識、技能、能力	特質、態度
陳志鈺	2001	知識、技能、能力	
張甲賢	2004	知識、技術	價值觀
鄭晉昌：羅慧鈴	2006	知識、技能	特質、態度
林燦螢	2015	知識、技術、特質、動機、自我概念	

資料來源：作者整理

二、職能之重要：職能一詞之所以受到重視，其原因為麥克倫教授後來更進一步發展出工作職能評鑑法（Job Competency Assessment Methods,JCAM），文化大學林燦螢教授在國內推動「管理職能評鑑及發展中心」，立意在找出對擔任某項或某層次工作適任性及擔任該工作後之工作績效關聯性。另外一位學者派瑞（S.B.Parry）更進一步將職能之定義及重要性加以具體化：

㈠職能是影響個人工作的最主要因素，這是一個包含知識、態度及技能之相關群體。

㈡職能可以藉由一個可以接受的標準加以衡量，與工作績效具有密切相關。

㈢職能可以藉由訓練與發展來加以增強。

　　一般而言，不論中外研究者所獲的結果，在「外顯特質」上較有共同性，大都將知識、能力與技術列為職能的內涵，而少部分研究結果亦將「人際關係」列為外顯特質之一。

　　至於「內隱特質」上，各研究結果似乎有較大的差異，包括行為、自我概念、動機、態度、價值觀、特質……等。

　　綜合上項表述各人外顯研究者結果，認為就職能定義與內涵，似僅包括外顯特質，可將內隱特質排除，主要理由為大部分研究者認為職能是可經由經驗及學習而漸漸發展者；部分研究者（如 Spencer & Spencer,1993）認為每項所指內隱特質，是個人較為深層的內在隱藏之特性，就實際情況而言不易改變（參考圖001），因而大多數研究者論及職能內涵，均就能否透過自我或

他方之經驗發展或訓練而強化，應可運用在工作及行為上，以執行其所負職責及任務，進而提升其工作績效。

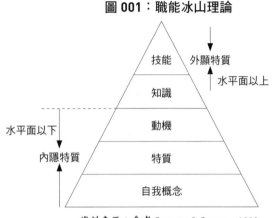

圖 001：職能冰山理論

資料來源：參考 Spencer & Spencer, 1993

三、「職能」與「素養」：職能之定義及重要性已如前兩項所述；至於素養近二十年來一直見之於媒體，各大專院在接受教育部委請「財團法人高等教育評鑑中心」（主要針對一般大學）及「台灣評鑑協會」（主要針對科技大學）評鑑委員進行教育品質評鑑時所重視。2019 年教育部公布「12 年國教之課綱」已於 108 學年上路，所重視之「核心素養」與職能之間的相關性，可能眾多人力資源管理工作在職者及家長頗欲瞭解。

　　職能之內涵整體而言為知識、技能、能力、態度。根據「國家教育研究院課程及教育研究中心」於民國 104 年 7 月 21 日所公布之「核心素養工作圖」中界定「核心素養」，是指「一個人

爲適應現在生活及未來挑戰，所應具備的知識、能力與態度」。
此一界定與職能內涵幾爲一致。

　　至於教育部公布之「108 年課綱」，是每一階段、每一學科
或領域，學生「最低教育內容標準」，以及「至少應具備之知識
＋技能＋態度加總的新學習」（資料來源：國家教育研究院）。
此一說明更強化與職能幾無差異。再根據《天下文化》2019 年
11 月 5 日介紹 108 年國教課綱時，其引用素質英文爲（Core
Competency）亦與關鍵職能完全相同。

　　而「核心素養」強調教育的價值與功能，其三個面向及九個
項目（資料來源：108 課綱資訊網）之內涵同時「可涵蓋知識、
能力、態度等，其理念重視在學習的過程中，透過素養促進個體
全人的發展以及終身學習的培養⋯⋯」（國家教育研究院《核心
素養手冊緣起》首句）。由此可知，職能與素質本爲同根，只是
前者用於職場上之某一職位應具備之綜合性主要條件，而素養爲
台灣全人 12 年教育，努力塑造成世界公民爲「成功地回應個人
或社會要求的能力」（DeSeCo 對素養定義）[2]。

職能類別、構面、項目及等級

一、職能類別：企業內每一職位因其所負比較性職責之複雜度、
工作環境、績效要求、知識與技術需求高低、責任大小與範

2　DeSeCo 由經濟合作與開發組織（Organization for Economic
　　Cooperation and Development, OECD）下的一項研究計劃《關鍵素
　　養的定義與選擇：理論與觀念基礎》（Definition and Selection of
　　Competencies：Theoretical and Conceptual Foundation）。

圍、領導人員多少、內外接觸重要程度等不同，在建立某一職位職等時，通常透過以下三項方式，依職能分析結果之差異予以區隔，此等區隔亦與在企業內之組織層次相關；有時亦可參考「工作分析」、「工作說明」及「工作評價」（參閱第 237-239 頁）予以釐清及建立。

(一)核心職能：主要為企業整體需要之職能；通常與使命、願景、文化相結合，適用於所有層次之主管與員工。

(二)管理職能：管理職能係指擔任管理職務之主管，為有效達成一定管理性工作績效水準，在執行管理職務時所應具備之職能條件。

(三)專業職能：係指依據功能（function）上的需求來建立，諸如銷售、客服、製造、資訊、人力資源、財務管理等；只適用於各該功能層面之員工，而不適用於其他功能員工，因專業之不同。

二、**職能構面**：通常為研究者將眾多職能項目，在研究調查時作必要之群組，諸如：知識、技術、能力、人格特質等加以歸納，使讀者了解職能屬性；或其他原由將職能項目以構面加以分類（參閱圖 003 SHRM 職能模型）。

三、**職能項目**：除上述職能類別、構面外，每一職位應具備之職能項目多少，如參閱中外學者看法並不易斷論；有者建議最多以 12 項為原則，即核心、管理、專業各自可達四項，但如職能項目過多，反而使任職者對自身之職能項目過多而失焦；不妨整體以五至九個項目為佳。三點必須注意者：

(一)企業規模：至於項目之多少，與企業規模具有一定之關係；

如企業規模相當龐大時,其上下類別勢必增多,所謂管理職能就需要分成中高階以示差異。

㈡**上多下少**:當類別如為管理階層時,其職能勢必包括核心職能、管理職能及專業職能;但如為基層員工則不必列入管理職能,僅具有核心職能及專業職能即可。

㈢**職能項目**:似不必平均強行分配於各構面之中;應視實際職能分析結果歸納於各構面,以彰顯各任職者應具備職能項目之歸屬。

四、**職能等級**:每一職位因其所需之知識、技術、能力等級深度及廣度之層次不同,需經由職能評鑑而區隔其等級,至於等級之多少,端視企業規模大小及整體工作複雜度而有所不同。但大體而言,通常以 3-7 個等級為原則,至於等級之間之差異,可依等級工作內容層次描述加以確定。(參考表 003)

表 003:職能項目與等級樣本

職能項目		企業變革
職能項目定義		在快速變遷的企業環境中,能充分體認變革改進的需要,並能在個人的職責範圍內適時的制定 / 完成有關產品、服務及工作方法等改進方案。
等級描述	1	輕忽變革的必要性,並認為現況沒有問題,不能體察總體及個體環境的變化。
	2	體認環境的變遷,並能被動配合各種變革措施的進行。
	3	對變革的需求有較深度的認同,並能推動變革方案。
	4	能主動的帶動變革管理,並積極的支持 / 參與各種改進的計劃
	5	能洞察趨勢的先機先,並主動的提出變革計劃,亦能影響他人共同營造對企業最有利的變革氛圍。

資料來源:某飲料公司

職能建立方法

一般而言職能模型之建立通常以下述方式蒐集資料加以分析：

一、**訪談法**：大多以工作說明書為主，透過事先所設計結構性或半結構性之訪談內容，由專業職能訪談者，對同一職位被選定具代表性 3-5 位標竿逐項提問，以瞭解該工作之內容、需要何類教育、對企業之貢獻、需要何項知識、技能，何種層次、所負責任、是否需要帶領員工及其人數、是否需要內外部溝通、是否需要使用手動或科技工具、工作場所良否等。

二、**調查法**：調查法為大量使用與前述內容相似之問卷，以封閉式較佳，但需注意問卷填答者為擔任該職位人員中具代表性者。在問卷發放或寄送前應與問卷填答對象妥為說明或溝通使其瞭解問卷目的、內容及如何據實回答；最好問卷填答時在同一處所，以避免填答同一問卷者相互交談，使問卷填答失真。調查彙集完成後，仍需由至少三位專業職能分析師進行彙總，以獲至較公平職能構面、項目及等級。

三、**集會法**：通常由一位專業職能主持人及 15-30 位相關職能工作者集體參與座談，首先從職能分析目的、集會分析法如何進行、所分析職位之重點加以說明，然後將成員分成 5-6 個小群組，各自依對職位所需各項條件、責任進行討論；然後匯集成員，由各小組之代表依其所討論之結果提出初步報告，進而由主持人依各小組之報告作成結論，並獲得大多成員之認同，以及與該職位主管確認後，即為該相關職位之職

能。

四、其他方法：其他用作職能分析之方法甚多，諸如功能分析法、德菲法（Delphi）、蝶勘法（DACUM）、觀察法（Observation）等，但業界以上述三種較常使用，並以工作說明作為重要參考文件。

職能之應用

一、人才招募：大部分企業在人才招募均以工作說明（Job Description）、招募指南（Recruiting Guidance）為主要參考；在面談結束後填寫「面談記錄表」，但如確切瞭解應徵者之工作能力、知識及其人際效果，則可以職能分析表以結構式問卷設計作為招募參考檔案之一，更可以確保所招募之人才能否配合職位工作需求，使所獲得之人才適才適用。當然，人才招募除面談外，還應運用其他測驗工具（參考第182頁），以確定應徵者是否為人才。

二、績效考評：所謂工作績效考評係指某一期間內，在執行其既賦予之職責及目標（objective）所獲得之結果而作完成程度之評估，以作重要獎懲依據之一。在進行對其目標完成程度作考評時，應依其既定目標及KPI分別以原先所設定數據化百分比與完成後之程度及結果相比較；根據比較結果之優弱除獎懲外，應視職能項目比較、差異作訓練及輔導。

三、員工發展：職能分析結果之目的，即在瞭解某一職位應具備的條件，對現任該職位之員工，可在績效評估、職能盤點或

人才評鑑中加以瞭解任職者與職能分析之間的差異，對有落差部分加以培訓或自我強化；同樣者，如員工意欲更上一層樓，亦可以同樣邏輯，比較自我職能等級與「更上一層樓」的等級落差，設法自我成長，使有志者在自我驅策下水到渠成；但值得注意者，該上一層之主管在績效評估時下屬從公司網站上查詢其職能等級時，應有足夠雅量及態度協助部屬之上進意圖，並加以尊重並協助。

四、**員工酬勞**：透過工作說明書所進行之工作評價已在企業內施行半個世紀；在工作說明書所提供擔任某項工作之知識與能力較難證明某一項知能不足，如與職能分析結果所獲致之項目與等級相比較，則後者更能彰顯所付給某一職位工作者之酬勞，似更較為公平及合理。為彰顯已由國內外企業界使用多年以工作評價作為員工薪資給付依據不獨費時，且亦不盡合理，作者特提出已有企業「以職能作為薪資給付」之建議。目前施行此類薪資給付方式之企業仍為少數，為使成功增強信心計，可以基層員工做開始，俟執行情況良好，再行向上提升。（參考第 240 頁）

五、**接班人計劃**：依據 2019 年 11 月，104 獵才顧問公司之調查，高達 86％企業面臨人才斷層，70％沒有接班計劃（succession plan），對接班人滿意度僅有 8.6％；尤令人不安者，中高層主管業已邁入高齡化，甚至經營者年齡已超過 60 歲者占 30％，再加上人才流失情形十分嚴重，更顯現企業接班計劃不獨衝擊企業發展，甚至對生存都造成影響。

　　因之，企業接班計劃之危機已近在咫尺。所謂接班人計劃

並非僅為家族成員而係指企業透過關鍵職位之確定、職能模型之建立、內部人才之評鑑、個別人才之職涯規劃、員工培育體系之規劃及認真執行，方不致發生接班人才匱乏，造成員工人數雖多，而能接班者遍尋無著困境。

我國企業之高層接班人才大都以家族傳承為多；但子女較多時，所發生之紛爭常見媒體報導，即以最近數年間而言，已發生多件，有者因之而造成企業之衰敗，有者鬧上法庭，企業何能不慎？

如能對接班者由公正第三者專業經理人施以職能評鑑，而後對照職能分析，以確認其適任性，不但可以減少家族內之紛爭，亦可使非家族之員工信服。

六、**員工輪調與晉升**：企業內員工之輪調及晉升為人才培育常見之措施，但是否適當及公平，亦有待以現在職位與未來職位之職能分析結果作比較；可能發生者為兩者之間常有差異，但差異之間多少方為關鍵。基本答案，除對差異應於輪調前予以培育外，如為不得不情境，常以現任職能項目及其未來項目等級之差異不超過一級為原則；如有差異，亦盡速應以培育增強，以免波及未來企業績效。

人力資源管理專業工作者之職能

一、「人力資源」一詞，為下述四個層次之總稱，而人力資源管理專業者則為對此項資源負有招募、運用、發展、激勵、退撫職責人員。

㈠人口：所謂人口，即是現下「存在」者。

㈡人力：即指具有工作能力，其自社會獲得之回饋（或稱報酬）可能足、可能不足以生存者均屬之。此等人力，社會提供工作機會時，仍能憑其體力或智力，執行其所付予自力更生之工作，無須他人照料及陪伴者。

㈢人力資源：此等資源通常為企業所需者，常以此名稱代表全體員工。他們不僅能自我以及專業完成任務，而且能提供實質貢獻超過所獲得之回報，為企業創造利潤，使企業得以生存，創造永續經營；反之，將經由企業績效考評受到排除。書寫至此，對於少部分同胞之「心有餘而力不足」而未能就業者，深感不捨，有賴企業之訓練及社會福利體系補足其困境。陳明裕則在其碩士論文中明確的指出：「在工作職位上的人，必須具有：1. 工作能力，2. 工作意願，3. 時效內將所訂目標完成，他（她）們即為人力資源。」

㈣人才：此等工作者無意純以教育、學位、體形、面貌作為資源，而以其技術、專業、創新、求好、人際能力做為標的；即因具有此等超常的知識與能力（職能），對企業所提供之貢獻大於或遠大於前項「人力資源」者。所有企業均應有志一同，願能網羅天下英豪為其所有；至於是否能為其「所用」，則端視企業「主公」是否有「三顧茅廬」之胸懷，「上馬一蹄金，下馬一蹄銀」之氣度。因而，此類人才之招募及留任，為我等人力資源專業工作者、各級主管及雇主重要職責之一；亦為作者在本書中強力訴求者。

二、國內、外人力資源管理專業工作者之職能模型研究：

(一)國內：國內對「人力資源管理專業工作者職能模型之研究」日漸增多，除部分大學設有人力資源管理研究所碩士班學生以此為畢業論文或文稿，諸如：王正慧、嚴佳代（2011）；沈建亭（2011）；鍾詩倩（2017）；劉亦倫（2007）；吳政哲（2000）；羅啟誠（2003）；林惠雯（2000）等外，其他知名學者及機構之研究臚列如下：

1. 知名人力資源管理學者，國立中央大學管理學院林文政教授，曾於2001年在《中山管理評論期刊》發表《台灣製造業人力資源專業職能之研究》其職能調查結果項目共有：1）功能性人力資源管理專業、2）進階性人力資源管理活動、3）企業經營管理知識、4）策略性人力資源管理專業、5）協調與溝通、6）診斷與輔導、7）自我發展七項。

2. 另一位知名學者為文化大學林燦螢教授與尤品琇女士共同發表《人力資源策略夥伴職能之研究，2014》，其職能項目分為：

   (1)必要項目：1）分析思考能力、2）組織知識知覺力、3）溝通與協調能力、4）功能性人力資源管理專業、5）概念性思考能力；

   (2)充分職能項目：1）商業敏銳、2）促進革新管理、3）成就導向、4）團隊合作、5）產業專業知識。

3. 國立中山大學教授趙必孝博士指導其碩士生莊雅玲，以《人力資源專業人員之專業職能、勤勉正直性人格

特質與工作績效之研究》為題，其結論為七個職能項目：1）企業管理知識、2）功能性人力資源管理、3）進階性人力資源管理、4）策略性人力資源管理、5）溝通與協調、6）診斷與輔導、7）自我發展。

4. 逢甲大學企管系教授張美燕博士指導其碩士生貝家寶以《探討人力資源專業職能與人力資源管理及策略性人力資源管理之間關係：以台灣造紙業為例》之論文中，所獲得人力資源專業職能研究結論為1）企業經營管理知識、2）一般性人力資源管理能力、3）策略性人力資源管理能力、4）診斷與輔導、5）自我發展、6）策略性思考。

5. 楊平遠在探討《我國績優企業人力資源管理核心特質與人力資源管理專業人員核心能力》時，認知績優製造業人力資源管理工作者之五項核心職能為：1）基礎性人力資源管理執行能力、2）策略性人力資源發展能力、3）長程性人力資源管理規劃能力、4）參與性人力資源管理設計能力、5）和諧性人力資源管理推展能力。

6. 以「人力資源業務夥伴，HRBP」為定位的傑報人力資源服務集團，亦曾對《人力資源管理專業工作者之職能》進行研究，其職能項目為：1）功能性人力資源（管理）專業、2）進階性人力資源專業、3）企業經營管理知識、4）策略性人力資源管理、5）溝通協商、6）診斷與輔導、7）自我發展、8）企業家精神等共八項。

綜合上述論文，表列（參閱表006）各篇論述中，雖文字稍有不同，但語意具有共通性者共有五項，即：1）功能（一般）性人力資源管理專業、2）策略性人力資源管理、3）企業經營管理知識、4）溝通與協調（商）、5）自我發展。

就上述五項共通性人力資源管理專業工作者應具備之職能是否即能涵蓋實際應有職能？讀者諸君可能有不同卓見，作者僅依其個別論述結論加以呈現。

為了進一步瞭解此一職能之其他看法，作者特另行匯集國外對此一職能之研究，以作比較。

(二)國外：國外學者及人力資源管理社團對人力資源管理專業工作人員職能提出之資訊頗多，較為受到重視者，包含個別學者之研究及公共社團之報告。

較受許多專業人力資源管理者重視之大致有二位，其中一位人資大師潘毅仕（David Prince）博士，原生於美國，曾在香港電信工作過十五年，其著名的一句話值得所有企業家三思：「光注重員工效率、產能是不行的，也要照顧他們的心理健康」。另一位為美國人力資源管理大師密西根大學羅絲商學院（Ross School of Business, University of Michigan）教授、RBL 集團（The RBL Group）的共同創辦人、美國人力資源學院（National Academy of Human Resources）院士尤瑞奇（Dave Ulrich）。對我國人力資源管理界並不陌生，他們二位均曾於十年前來台參加自強工業科學基金會主辦之「2010 年全球化人力資本高峰會

議」並發表演講。

　　與本書主題有關者爲尤瑞奇教授，他在二十四本著作中涵蓋了人力資源管理、領導及組織。尤瑞奇教授會同其他二位主持人、五位參與者，共同主持人資職能之研究三十年來共發表七次。在其與人力資源職能研究領域中，從1987年即開始發表產業趨勢與人力資源管理專業職能歷史演進報告，最近一次於2016年發表「人力資源職能模型」（Human Resources Competency, 2016）。此次調查共有來自全球參與者30,227人，其中以美洲（33％）及中國大陸（13.6％）爲最多。因其對人力資源管理深具重要性與影響力，「社團法人中華人力資源管理協會，人資會」特組成專業小組，由陳冠宇先生結合另四位成員將該項研究結果之職能定義、關鍵行爲譯成中文，除舉辦推廣活動外，並提供會員使用。

　　我等既曾爲高階人力資源管理專業工作者，爲深入瞭解此項研究，亦於2019年元月參與由16位現任及　任上市公司人資界最高階主管，與國立大學人資教授所組成之非正式組織「HR精華會」三個月一次專業性聚會中，由前中華人資會理事長王冠軍先生針對此一調查提出專業性、精緻性和與會者對話。除上述對話外，作者並參加2016年7月之人資會主辦、前中華人資會理事長張瑞明先生擔任講師之「2016人資職能調查」（其調查結果項目參閱圖002）三小時研討會。二位主講者皆曾沰任國內、外商上市公司最高人力資源管理者多年；專業、學養、經驗及

表達能力均為業界頂尖者，對本書有關此專題進一層次之探討極具啟發性，亦是引起作者對此筆耕深具引導性原因之一。

圖 002：2016 年人力資源專業工作者職能模型

資料來源：取材自中華人力資源管理協會網站
原作者：尤瑞奇教授等，The RBL Group

除原尤瑞奇教授等之研究報告外，進而匯集其他國外各項研究之資料，諸如「美國人事管理協會」（Society of Human Resources Management, SHRM）所提出職能模型（SHRM Competency Model,2013）同樣深受全球人力資源管理界之重視（其職能構面及項目參閱圖 003）。此一模型含蓋技術、人際關係、商業、領導四個構面及九個項目。

圖 003：2013 年「美國人力資源管理學會」職能模型

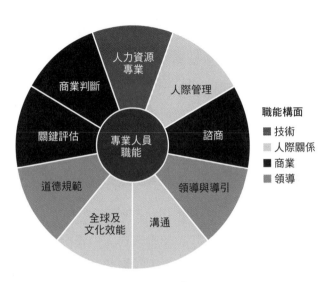

資料來源：Noel Hollenbeck/Gerhart/Wright 所著《Fundamentals of Human Resources Management, 2018》

　　嚴格而言，尤瑞奇為領導人之一及五位專家之研究團隊，為長期、專業性之研究，故然十分受國際人力資源管理界重視；而美國人力資源管理協會亦為美國人力資源管理最重要之人力資源管理社團之一，我們人資會及眾多人資管理者及專業工作者亦每年相約前往美國參加該會年會。在台灣之聲譽似較另一組織成立於 1973 年總部位於華盛頓近郊之「國際公共管理協會——人力資源管理」（International Public Management Association for Human Resources, IPMA-HR）同所重視，亦為所熟知者；考選部且為該會會員。該會亦於 2019 年發表其所研

究之「IPMA － HR 人力資源專業者職能模型」（Human Resources Competency Model），共分 4 個構面 20 個職能項目。構面為：

1. 變革代理人、2. 經營夥伴、3. 領導者、4. 人力資源專家

前述 SHRM 及國際公共管理協會－HR 之人力資源職能模型，均為對全球性企業所進行之調查及研究。

高階人力資源管理者之關鍵職能模型調查

在探討國內外一般性人力資源管理專業工作者之職能模型之餘，深感各項研究及論文作者及專家對人力資源管理專業工作者之職能所投入之心力十分敬佩，因其對此一專業工作者之自我檢視及自我學習十分珍貴，且深具導引作用，引發作者進一步的關注，即：如果一般人力資源管理專業工作者立志於此一職涯，似可以「高階人力資源管理者之職能模型」為焦點，助其邁向進階時提供導引性指標，否則各自「摸著石頭過河」可能耗費較長時間及冤走甚多旅程。

為此，著手從三方向匯集資訊；其一為瞭解國內外對此一模型之研究；其二向相關專業教職及實際高階人資工作者請教；其三再依上述二項努力，透過自身以往工作經驗之體認加以綜合，期望能有具體性結果（並非結論）。

依據此一構思，出入就近國家級圖書館及多次走進「網路大門」，發現雖表達意見者頗多，但較具嚴謹研究者頗為少見；僅美國人力資源管理協會（SHRM）贊助訪問了 20 位 CEO 及 50

位人資專業人士調查結果之「高階人力資源管理者之五項構面」
（5 Competency Clusters for HR Executives），以及參酌羅森（T.E.
Lawson）/ 林柏克（V. Limbrick）二位教授訪問 23 位 CEO 及 30
位高階人資主管所得「高階人力資源管理者職能」（Senior level
HR Competency）如下。但意外發現兩者職能模型結論大致相同，
雖作者寫信至 SHRM 請教原因但未見回覆，致其原因不詳：

- 經營知識（Business Knowledge）
- 影響力管理（Influence Management）
- 功能及組織領導統御（Functional & Organizational Leadership）
- 目標及行動管理（Goal & Action Management）
- 人力資源專業效能（HR Technical Proficiency）

　　（資料來源：《美國經濟，商業及管理雜誌》第 5 卷 12 期
360 頁，2017 年 12 月出版）

　　在瞭解上述各項模型之後；隨於 2018 年邀請資深之國立大
學人力資源管理教授、現職上市公司高階人資長及新近退休之
高階人力資源管理者說明意圖並進行首次焦點座談（group focus
discussion）。座談開始前，作者將獲得之資料提供閱讀，而後
請其表達看法。大都認為因文化不同、企業經營模式差異、人力
資源管理在企業內運作型態有所不同，以及實際人力資源管理途
徑所受重視情境之差距；雖國外研究結果，十分值得參考，但不
宜直接引用，以免降低本書之實用性。繼之進行探討高階人力資
源管理者與一般人力資源管理專業人員之差異，獲至下述結果：

- 決策及授權層次不同
- 管理規模不同

- 參與決策影響力不同
- 思考周延性不同
- 溝通與協商對象不同
- 作為振波不同
- 德能需求不同
- 社會認知不同

在獲至上述結果後，作者並於另一次與高階人資界聚會中請參與成員對調查提供卓見，並由作者加以綜合，設計爲十三項關鍵職能項目，以 Likert 五等量表方式進行調查。預計於回收後，依據調查結果之平均值擷取前七項。高階人力資源管理者之關鍵職能不宜過多，以免失去焦點。

此項調查分二類爲對象，分別以：

一、大學人力資源管理教職及企業高階人力資源管理者從學術觀點（因不少人力資源管理者在大學兼任教職）及就產業需求兩項爲重點，（調查問卷 A，表 004）。

二、企業負責人則僅就產業需求爲訴求（調查問卷 B，表 005），期求在學術與產業專業上有所平衡。

隨之，以信函分別寄給 36 位具有人力資源專業背景之學術界教授與企業界現職或新近退休高階人力資源管理者，及 36 位企業負責人進行調查，從不重要到最重要以 1-5 量表方式表達。前者除五份因地址不詳郵件退回及二份未及寄回外，回收有效問卷 29 份；但其中三份對「就學術觀點而言」未行作答。後者七

份因住址不詳退回、三份未見回覆，有效問卷共為 26 件，其中一件對 11 項次未作答。從調查統計（請參考本章附表 004 及表 005）發現，「就學術觀點而言」及「就產業需求而言」兩者之間仍有差異，達「4」者前者共有九項，而後者為十項，且重要順序亦小有不同。

一、**調查結果**：就前者（問卷 A）而言，達「4」者前七項依序為：1. 傳統性及策略性人力資源管理專業、2. 引導組織變革能力、3. 正直誠信、4. 溝通與協調、5. 凝聚組織核心精神體系、6. 企業經營管理知識與能力及 7. 自我發展。

　　後者（問卷 B）之前七項依序為：1. 正直誠信、2. 引導組織變革能力、3. 凝聚組織核心精神體系、4. 傳統性及策略性人力資源管理專業、5. 人力資源管理制度知識與能力、6. 企業經營管理知識與能力及 7. 溝通與協調。

　　綜合兩者相同職能項目，不同調查對象之調查結果雖優先秩序不同，但前七項構面中有六項看法一致；但企業負責人以「建立人力資源管理制度」次序為第 5，取代前者「自我發展」；顯見企業負責人對人力資源管理制度建立特別重視，而自我發展次序為第 8，僅以 0.03 落後於溝通與協調；但統計兩項調查綜合結果，自我發展仍然超前。

表 004：高階人力資源管理者之關鍵職能項目概要調查問卷統計（A）

（調查對象：人力資源管理教授及大型企業高階人力資源管理者）

職能項次	高階人力資源管理者應具備之關鍵職能項目	就學術觀點而言（重要程度）						就產業務需求言（重要程度）						平均
	重要程度	1	2	3	4	5	TTL	1	2	3	4	5	TTL	
1	瞭解人力資源管理基本概念		0.08 (1)	0.81 (7)	1.23 (8)	1.92 (10)	4.04 (26)		0.07 (1)	1.34 (13)	0.41 (3)	2.07 (12)	3.90 (29)	3.97
2	凝聚企業核心精神體系			0.81 (7)	0.92 (6)	2.50 (13)	4.23 (26)			0.21 (2)	1.52 (11)	2.76 (16)	4.48 (29)	4.36
3	傳統性及策略性人力資源管理專業			0.12 (1)	1.23 (8)	3.27 (17)	4.62 (26)				1.52 (11)	3.10 (18)	4.62 (29)	4.62
4	建立人力資源管理制度能力			0.58 (5)	2.46 (16)	0.96 (5)	4.00 (26)			0.31 (3)	2.07 (15)	1.90 (11)	4.28 (29)	4.14
5	企業經營管理知識與能力			0.69 (6)	1.38 (9)	2.12 (11)	4.19 (26)			0.31 (3)	1.38 (10)	2.76 (16)	4.45 (29)	4.32
6	現代資訊化之體認數字分析與運用			1.15 (10)	2.00 (13)	0.58 (3)	3.73 (26)			0.72 (7)	1.52 (11)	1.90 (11)	4.14 (29)	3.93
7	國際化能力		0.08 (1)	0.81 (7)	1.54 (10)	1.54 (8)	3.96 (26)			0.52 (5)	2.07 (15)	1.55 (9)	4.14 (29)	4.05
8	溝通與協調			0.81 (7)	1.38 (9)	1.92 (10)	4.12 (26)			0.10 (1)	0.55 (4)	4.14 (24)	4.79 (29)	4.45
9	親和力與誠摯度			1.04 (9)	2.15 (14)	0.58 (3)	3.77 (26)			0.52 (5)	2.34 (17)	1.21 (7)	4.07 (29)	3.92
10	自我發展		0.15 (2)	0.46 (4)	1.69 (11)	1.73 (9)	4.04 (26)			0.62 (6)	1.52 (11)	2.07 (12)	4.21 (29)	4.12
11	優化對外企業形象能力			0.72 (6)	2.08 (13)	1.20 (6)	4.00 (25)			0.75 (7)	1.71 (12)	1.61 (9)	4.07 (28)	4.04
12	引導企業變革能力			0.23 (2)	1.54 (10)	2.69 (14)	4.46 (26)			0.10 (1)	0.97 (7)	3.62 (21)	4.69 (29)	4.58
13	正直誠信			0.23 (2)	1.69 (11)	2.50 (13)	4.42 (26)			0.10 (1)	1.10 (8)	3.45 (20)	4.66 (29)	4.54

資料來源：作者調查暨統計

表005：高階人力資源管理者之關鍵職能項目概要調查問卷統計（B）

（調查對象：上市公司負責人）

職能項次	高階人力資源管理者應具備之關鍵職能項目	就學術觀點而言（重要程度）							學術/人資界		兩項調查綜合	
	重要程度	1	2	3	4	5	TTL	序次	TTL	序次	總平均	序次
1	瞭解人力資源管理基本概念		0.31(4)	0.69(6)	1.08(7)	1.73(9)	3.81(26)	12	3.97	11	3.89	12
2	凝聚企業核心精神體系			0.12(1)	1.69(11)	2.69(14)	4.50(26)	3	4.36	5	4.43	2.76(16)
3	傳統性及策略性人力資源管理專業			0.12(1)	1.85(12)	2.50(13)	4.46(26)	4	4.62	1	4.54	3
4	建立人力資源管理制度能力		0.12(1)	0.12(1)	1.54(10)	2.78(15)	4.43(26)	5	4.14	7	4.28	8
5	企業經營管理知識與能力			0.23(2)	1.69(11)	2.50(13)	4.42(26)	6	4.32	6	4.37	6
6	現代資訊化之體認數字分析與運用		0.15(2)	0.35(3)	1.54(10)	2.12(11)	4.15(26)	9	3.93	12	4,04	10
7	國際化能力		0.08(1)	0.58(5)	1.54(10)	1.92(10)	4.12			0.52(5)	2.07(15)	1.55(9)
8	溝通與協調		0.15(2)	0.12(1)	1.23(8)	2.88(15)	4.38(26)	7	4.45	4	4.42	5
9	親和力與誠摯度		0.23(3)	0.58(5)	1.08(7)	2.12(11)	4.00(26)	11	3.92	13	3.96	11
10	自我發展				2.00(13)	2.50(13)	4.35(26)	8	4.12	8	4.31	7
11	優化對外企業形象能力		0.04(3)	0.81(7)	1.54(10)	1.15(6)	3.54(26)	13	4.04	10	3.88	13
12	引導企業變革能力			0.23(2)	1.23(8)	3.08(16)	4.54(26)	2	4.58	2	4.56	1
13	正直誠信				1.69(11)	2.88(15)	4.58(26)	1	4.54	3	4.56	1

資料來源：作者調查暨統計

　　有見於企業負責人對「人力資源管理制度」之期待，本書雖未列為專章，但在「傳統性及策略性人力資源管理專

業」一章中，列為重要一節以回應企業負責人之盼望；惟此一制度內容十分廣泛，如以具體而可用之方式建構及提供相關表單，則本書定將超過二十萬字之巨冊。因而作者僅將理念性之建議及關鍵性之描述，以作讀者之參考。未來如有機會，單以專書為之。

二、**國內外人力資源管理專業人員職能模型調查比較**：綜合本項國內外人力資源管理專業工作者職能模型探討，可獲致下述三項看法：

㈠**一般性人力資源管理工作者職能模型**：

1. 依所引用之國內六件中具有可信度之研究結果，其項目共識度頗高，約有 5 項大致相同。（參閱表 006）

2. 國外二件研究結果，共識度相當分岐，幾無高度共識者。

3. 從上述 1-2 項之初步結論，國外之研究雖具參考價值，如直接引用似較不宜。

表 006：一般性人力資源管理專業工作者職能項目滙總表

職能項目編號	調查者及年份 \ 職能項目	尤瑞奇及其同事 2016	源美管理人協資 2013	楊平遠 1996	林文政 2005	林燦瑩／尤品琇 2014	趙必孝／莊雅玲 2014	張美燕／貝家寶 2016	源傑服報務人集力團資 2020	職能項目小計
1	功能性人力資源管理專業		V		V	V	V	V	V	6
2	策略性人力資源管理專業			V	V			V	V	5
3	協調與溝通		V		V	V		V	V	5
4	企業經營管理知識與能力				V	V	V	V	V	5

										調查者小計
5	自我發展 / 成就導向				V	V	V	V	V	5
6	進階性人力資源管理專業				V		V		V	3
7	組織診斷與輔導		V		V		V	V		4
8	基楚性人力資源管理執行			V						1
9	長程性人力資源管理規劃			V						1
10	參與性人力資源管理設計			V						1
11	和諧性人力資源管理推展			V						1
12	分析與思考能力					V		V		2
13	組織知識知覺力					V				1
14	概念性思考能力					V				1
15	企業家精神								V	1
16	人力資本策進者	V								1
17	整體酬賞管理者	V								1
18	誠信的行動者	V								1
19	科技與社群媒體整合者	V								1
20	數據分析設計與詮釋者	V								1
21	法令遵循規管理者	V								1
22	策略的定位者	V								1
23	文化與變化先行者	V								1
24	人際管理		V							1
25	領導與導引		V							1
26	全球及文化效能		V							1
27	倫理實踐		V							1
28	關鍵評估		V							1
29	商業敏銳度		V			V				2
30	促進革新管理					V				1
31	團隊合作					V				1
	調查者小計	8	9	5	7	10	7	6	7	59

註：因美國國際公共管理協會 -HR（IPMA-HR）為職能構面，因項目過多故未列入滙總。

資料來源：作者整理

(二)高階人力資源管理者職能模型：

1. 由於彙集資訊不足（三件中二件並無差異）（參閱表 007），很難進行比較。

2. 一般與高階人力資源管理職能兩者相比較，如以作者之調查為對象，以表列甚具共識之前 7 項與作者之 7 項相對照，共有 4 項頗為相似；即：企業經營管理知識與能力、傳統性與策略性人力資源管理、溝通與協調及自我發展。相異者為凝聚企業核心體系、引導企業變革能力及正直誠信。其原因應為本章前述一般與高階人力資源管理 8 項差異有關。（參閱第 058-060 頁）

3. 知名學者之慣列在兩至三年修訂其教科書，且提前一年最後一季發表。尤瑞奇教授等在 2016 年新版中提出七個項目，包括：人力資本策進者、整體酬勞管理者、誠信的行動者、科技與社群媒體介整合者、數據分析設計與詮譯者、法令遵循管理者、策略定位者，以及文化與變革先行者，並以拮抗疏導者（Paradox navigator）為其中心主軸；且以全體人資專業工作者均適用之方式為之。而羅森（T.E.Lawson）及林伯克（V.Limbricks）以「高階人力資源管理者職能模型」所作之調查，結果五項為：目標與行動管理、人力資源管理效能、功能性與組織性領導、影響力管理及企業經營知識。因對整體人力資源管理專業工作者及對高階主管之調查針對性不同，其結果且因尤瑞奇教授是以全球 HR 從業人員調查為主，與亞洲人之文化、對人

力資源管理之期待自有差異；但羅森及林伯克項目調查名稱雖有不同，就其五項內涵而言，與作者之調查結果中仍有二或三項（人力資源效能、功能性與組織性領導、企業經營管理知識）頗為相似。

表 007：高階人力資源管理者職能項目滙總表

職能項目編號	調查者及年份　　職能項目	羅森及林柏克 Lawson/ Limbricks（1996）	美國人力資源管理協會（SHRM）（2013）	王遐昌（2019）	職能項目小計
1	經營知識	V	V	V	3
2	影響力管理	V	V		2
3	功能性與組織性領導	V	V	V	3
4	目標與行動管理	V	V		2
5	人力資源專業效能	V	V	（V）	2
6	正直誠信			V	1
7	凝聚企業核心精神體係			V	1
8	引導企業變革能力			V	1
9	溝通與協調			V	1
10	自我發展			V	1
	調查者小計	5	5	7	17

資料來源：作者整理

㈢對高階人力資源管理者職能模型調查之不同看法：此次在對高階人力資源管理者關鍵職能調查進行中，發現有些職能專業者持有另一種見解，認為職能不僅為全體人力資源管理職能模型，已經對各職能項目等級加以描述（參閱表003、008），似可不必另以「高階」作為模型探討。為提

供讀者對此議題之多元思考，特予介紹。

表 008：職位職能等級評鑑表（舉例）

職位：人資副總

項目編號	職能項目	職能等級					
		1	**2**	**3**	**4**	**5**	**6**
1	A					V	
2	B			V			
3	C						V
4	D					V	
5	E			V			
6	F					V	
職能項目評等小計						V	

資料來源：作者繪製

三、**本書架構**：根據此次對高階人力資源管理者、學術界及企業界之調查結果，與其他一般性或單一產業及不同層次之調查，自有其應有之差異，但調查結果與尤瑞奇及羅森／林柏克三位教授調查之比較，即使不考慮文化之差異、企業經營理念之不同、人力資源管理發展之路徑，以及功能實際運行作為之情境，認為此次作者所作之調查結果，就高階（executives）人力資源管理者的所應具備的關鍵（critical）七項職能項目而言，就像一顆橘子，切開來雖看起來各有格局，但合起來才是一個完整高階人力資源職能模型，甚具代表性。至此本書撰寫之架構及各章底定，並與教育部所推行之「核心素養」相結合，以消除對兩者全然不同之誤解。

圖 004：高階人力資源管理者關鍵職能模型

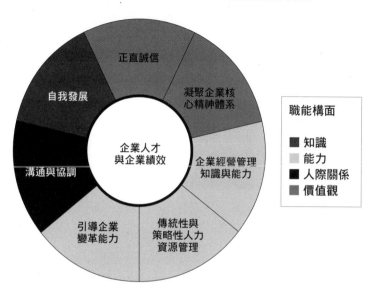

資料來源：作者繪製

　　為了對人力資源管理專業工作者自我成長之實用性，本書之定位雖非全爲學校教學所用，亦引用部分國內外學者及專家之文獻，但其目的除提供人力資源管理專業工作者自我成長之路徑外，亦可作爲相關科系師生之參考。

　　就此項關鍵職能項目而言，因企業內人力資源管理者等級不同，職能項目似以 5-9 項較爲適當；但如以對一般人力資源管理專業工作者提供自我邁向高階之成長路徑爲目的視之，此七項提出之建言，個人認爲應可接受；讀者諸君是否照單全收，可視個別有待強化之處而付出較多心力，以配合個人現已具備之知能層次或工作需求自我決擇。

　　總之對投入人力資源管理專業工作者不久之朋友，你（妳）所選擇的這條路徑、這個方向、這些對未來前程努力重點似可以從此一「高階人力資源管理者七項關鍵職能」來探討，因為甚多研究及實例證明，員工或主管之工作績效及表現與其職位之職能息息相關；尤以現下人力資源管理對企業未來之重要性倍增之際，高階人力資源管理者與企業績效之關聯性將更形顯著。

本章重點

及對未來與現在高階人力資源管理者之 啟發

一、所謂職能係指某一職位工作者能成功扮演其角色所具備的知識、技術及能力（外顯特質）以及態度、人際關係、價值觀、自我概念等（內隱特質）；但因內隱特質較不易改變或開發，故通常以前者為職能之內涵，並廣為學者及企業所重視。

二、職能可分為3-6個類別，基本上分為核心職能（企業整體）、管理職能（視管理者層次多少）及專業職能（某一特定功能內員工之專業）。職能項目之多少，通常為「上多下少」，因一般員工不具管理職能。

三、職能之所以受到學術及企業界之重視，最主要原因有四：1.人力招募；2.驅使員工增進其工績效；3.作為員工發展之路徑；4.可作為付給員工薪資依據。每一職能項目可因其所負職責程度不同而分為3-7等級，與企業之層級具有相對關聯性。

四、國內外學者及機構之調查與研究，大都以整體性人力資源管理專業人員應具備之職能模型較多；且國外與國內調查結果頗多差異，主要原因為國家文化、企業發展歷程、社會價值及員工特性有所不同。

五、以「高階人力資源管理者之職能模型構面」作調查者，可能因努力不足，國內外施行者似乎較少，經蒐集結果，含作者共三件。

六、 此一高階人力資源管理者之關鍵職模型調查,上市企業負責人之回收率逾72%;顯見企業界對人力資源管理漸為重視。

七、 此一高階人資管理者職能模型之調查,為國內首次施行,且作者雖已離開職場,但亦曾置身高階人力資源專業人員之中而作筆耕,盼能對未來及現任高階人力資源管理者能有所啟發,進而驅使人才留任及引進為企業所用,強化國家競爭力。

八、 樂於對見到此次對企業界調查結果:「引導企業變革能力」位列第二,顯示對高階人力資源管理者期待如此之高;任職於此一高階專業職涯者應「投桃報李」,適時、妥善盡其所能為企業擔負起此一重責大任。

九、 期盼企業界高階人力資源管理者亦能盡其培育部屬之職責,以此一關鍵職能模型構面調查之七大項目為重點協助所屬自我發展,盼使我國人力資源管理漸為開發中國家之典範。

十、 調查結果,「國際化能力」雖未進入「七項」內,但其重要性仍不容置疑,吾人仍宜善加重視,方不致與國際社會漸行漸遠。

十一、「凝聚組織核心精神體系」以往較少給予較多關注;但願今後企業皆能付以較多資源與心力,形成所有企業都能成為高效能團隊,增強競爭優勢。

第二章

正直誠信

正直誠信係指人與人、群體與群體之間言論與行為應不畏權勢，不屈於利益，堅持忠於事實、承諾、本份、道德、公正及法律；獨自或面對公眾皆應如此，尤以高階人力資源管理者。正直誠信不該僅是一項認知，而應時時付諸於行；尤不可因事小而違之，否則亦如河堤滲水，一旦開始侵漏，不久自將崩潰而一瀉千里。

正直誠信之定義

正直、誠信分開而言，雖意義頗有差異，但異中有同。就個人而言，正直係指為人公正無私，嚴以律己，凡事無愧於心，絕不招搖撞騙；就企業而言，意為正派經營，不投機取巧，童叟無欺。誠信對個人而言，意為對人凡事以誠相待，信守承諾；就企業而言，即為誠實經營。正直誠信四字相連，就企業而言，方可與利害關係人建立長期互信關係，形成永續經營。簡而言之，就是做人的誠實品質，做事的認真態度；亦是一個人的誠實性和信用度。它既存在於人格特質的價值取向，亦在態度與人及團體相處時的正直和誠信的表現。如係指一個人在學校、社會及家庭中面對任何人，均能以此四字「正直誠信」相待；凡事說實話、做真事、不誇張、不作秀；一旦對他人承諾，絕不反悔，就是俗話所說：「一言即出、駟馬難追」。

在中華民族的傳統文化上來說，正直誠信是人與人之間的可靠性和被信任的程度，也是評論一個人的「品德」最重要素質指標。

所以具有正直誠信的人或員工，一定黑白分明，是非有別；

言而有信、恪遵道德信念、嚴守公司一切制度和規定，表現在行為與職責上是負責盡職，凡事全力以赴及信守組織承諾。

如係指一個企業，則社會及顧客與商譽價值密切結合；具有正直誠信的商譽，是其品牌價值重要一環。如果我們評估一家企業的整體「價值」，除實體的廠房、設備、員工素質、產品前瞻性、行銷通路、存貨等固定與變動資產外；其無形價值甚至超過固定與變動資產，其中正直誠信占有極大部分；難怪張忠謀先生在一次演講時表示：「我們對競爭對手也不會講假話」。

當作者試以 Google 搜尋正真誠信之英文，卻為「integrity」，智者將 integrity 中文解譯為「人的外在一致性或知行合一，顯以後者更好」。劍橋詞典（Cambridge Dictionary）的解釋是「堅持原則、內心道德準則之不動搖」，亦有者以「真善美」為其中文相對譯詞，可見其意義之崇高及所追求境地之莊嚴。

正直誠信之重要

正直誠信是任何領導者最基本的核心價值。古云以德服人，其中的「德」占有關鍵因素，可見其重要性及受社會珍視的程度。現有三個案例：

一、**就政府而言**：台北市長柯文哲先生於 2018 年 8 月 9 日的公開演講中認為正直誠信是台北市政府的文化，在其公務人員培訓中心課程中更列為必備培訓內容。

二、**就製造業而言**：1989 年成立的台灣積體電路股份有限公司

是一家十分成功的企業，其成功的因素固然很多，諸如：產品定位、製程科技、市場開拓、人力資源素質、領導階層適時適當對員工激勵，而各級主管之操守亦與「正直誠信」這四個字息息相關，因為這四個字是前董事長張忠謀先生「隨身攜帶」做人處事的基本原則。

台積電將「正直誠信」列為該公司的四項核心價值及十項經營理念的首項，可見該公司對正直誠信非常重視和要求員工嚴以修身的謹慎。作者將此四字喻為張忠謀先生隨身攜帶並不言過其實，因為在他離開美國德州儀器（TI）公司到通用器材（GI）公司擔任總裁時，亦曾為通用器材建立核心價值，其第一項就是 integrity（正直誠信）。

三、**就金融業而言**：匯豐（HSBC）銀行雖起手於香港，但其所屬市場早已遍布全球。台灣區人力資源管理部陶尊芷資深副總裁在 2010 年 4 月接受《經理人月刊》訪問時，認為正直誠信對企業的重要性無庸置疑，雖然正直誠信的價值觀也許無法讓公司賺錢，但卻是維持永續或者成敗的「關鍵」。該月刊並將誠信正直比喻為領導者的「心臟」，因為正直誠信的價值觀，直接或間接影響到企業的公司治理及營運。

高階人力資源管理者如何秉持「正直誠信」行事

正直誠信，在古今中外名人走卒，皆認其十分重要，但高階人力資源管理者如何方能對此一職能認知、強化及增進其企業自身各級員工、管理者及企業價值，形成為堅固企業文化一部分，

亦如台積電因此一企業核心價值而增益於企業績效，進而各級管理者在工作上藉此增強領導統御之光環，以使員工亦能在此光環下耳濡目染接受並轉化此一信念漸成行爲。

　　就高階人力資源管理者而言，可從下述幾個方向著手，以發揮其感染力與影響度：

一、遵守國家法令：就人力資源管理而言，爲了敦促雇主、保護勞工，國家訂定甚多勞動法令；此等法令，規範了雇主和受雇者雙方的權利與義務（如勞動基準法、勞工請假規則、兩性工作平等法、工作規則審核要點等），提供雇主對勞工應有的福利與未來的生存保障（如勞工保險條例、勞工退休準備金條例等），勞雇之間應有之溝通與協商機制（如工會法、勞資爭議處理法、勞工福利委員會組織辦法等）。

二、重視承諾：高階人力資源管理者應將企業招募、升遷、培訓、績效、薪資與激勵、退撫等相關制度，以合法、公平、合理；對事不對人的理念，透過與相關部門及人員溝通後，加以制定並公諸於企業網站，適時更新；一旦公布即是企業對社會及員工的承諾，即使有所錯植，亦應依承諾加以承擔，形成企業「一諾千金」的文化。諸如：人才招募時對應徵者之職位、薪酬、福利等所作之承諾，絕不可於員工就任時稍有任何更異，千萬不可在勞動市場上形成該企業「勇於承諾，敢於後悔」的企業形象；否則「人才」定必擇優而就，棄該企業如糞土。

　　根據 2020 年十一月八日媒體報導，雲林縣斗六鎮有位女童幫父親賣碗粿，誤把「買十個碗粿送一碗蘿蔔糕」促銷訊

息，鍵為「買碗粿送蘿蔔糕」，如此大為虧本。家境原本有欠寬裕，但父親認為即使賠本也要賣，並藉此讓女兒了解「誠信」的重要，這是一位平凡人物所樹立不平凡的誠信典範，令人肅然起敬。

三、**無私清廉**：人力資源管理部負有企業各項人資功能之職責，應徵者為達目的，可能採取甚多不當方式；諸如運用人際關係、上級壓力、贈送價值不菲禮品、付出個人尊嚴、製造偶遇機緣、邀宴等手段以達所望。再者高階管理者手握龐大年度預算，不肖廠商為達其銷售目的，可能透過各種不當手段遂行其誘貪技倆，高階人力資源管理者均應防之於始，拒之於先。以現今企業付給高階人力資源管理者之酬勞，足符一般國人正常生活條件，不必、不應亦不該有所貪念。印度國父甘地有句名言：「地球上提供給我們的物質財富足以滿足每個人的需求，但不足以滿足每個人的貪慾」，誠然不虛。

四、**萬勿以私害公，避免親友關說**：親情是一種濃度，友情卻有其深度。人生在世，親人之愛、朋友之情，不但難以疏遠，且應時時感念、常常省視，以維情愛之道，亦為華人社會五千年來所珍惜的文化；但應限於私人的情誼，亦應以私人的資源因應面對。如以企業利益而言，高階人力資源管理者在作決策時，應先公後私，不宜以私害公。親人的引進、朋友之請託，現實社會比比皆是；有人認為「事所難免」，但擔任此職位應明辨是非，擇賢而用，不可將引進、請託視為當然而接納，否則自將有損企業利益，傷及個人之形象。在處理此等事件時，宜「禮貌周到、據理相告、立場堅定」。

五、**少涉政治**：古希臘影響後世極深的西方哲學奠基者亞里斯多德（Aristotélēs, BC 322）曾說出過一句名言：「人天生是政治的動物」。但就企業而言，它的管理理念是永續的，政治的轉換卻是短暫的；今年某一政黨執政，數年之後更可能政權更替，朝代換人。高階人力資源管理者通常代表企業對外遂行其公務或公共活動，如涉入政治的偏好，熱衷於支持某一政黨，則可能對企業永續經營的理念有所影響，嚴重者甚至事關企業之發展與興衰，不可不慎。不過，人天生既是政治的動物，作者的看法是：「心中有政治，舉止言行無政治」，以確保企業的正常成長，不受政治干擾；萬一企業負責人無此認知，亦應設法妥勸，以免企業陷入政治漩渦。

六、**落實在於微小行為**：許多管理者在決策及處理問題時，通常抓大放小；但就正直誠信而言，則宜大小事物都有堅持，因為社會人們及內部員工常以小窺大，須知「千丈之堤，以螻蟻之穴潰；百尺之室，以突隙之煙焚」（韓非子・喻老），高階人力管理者萬不可因事小而為之。一頓餐會所費不高，但付出之代價可能超過滿漢全席，請者必有所求，接受邀請者定必有所回報。媒體常將某一政要形容凡事不沾鍋雖頗顯矯情，但赴宴前分析原委及得失是否應屬該為；即使親友致贈禮品仍人之常情，但應以潔身自愛為應有之修為，並作禮尚往來之回饋。

七、**就事論事**：所謂就事論事，白話為「該怎麼就怎麼辦」，套一句公務員常說「依法行事」，即不涉及個人情緒，亦不依個人價值取捨作決定。凡事按照事件本身的原由、性質而決

定是非對錯，不要依個人想當然隨性而言、而做。

高階人力資源管理者如不能就事論事，遇事因人而異，將可能陷入偏執的陷阱，更陷入獨斷專行的決策後果。有時目睹不一定為真；可能因短暫目睹而斷論有失公允；有時聽說者亦非為假，端視誰為傳言者及是否有佐證。身為高階人力資源管理人，所冷觀其行為者何其眾，讚許其所聞者何其多，均有賴其智慧之判斷、經驗之回饋、資料之確認以及多方求證，以達就事論事之目的，以符誠信正直之雅譽。

總而言之，所謂正直誠信就是儒家經典『禮記‧大學』中將我們倫理體系個人三綱八目之修為「格物、致知、誠意、正心、修身、齊家、治國、平天下」中之誠意、正心；誠意而後心正，心正而後修身，不獨確立為高階人力資源管理者極為重要的「內修」；其實亦為現代知識份子應盡心盡力修為之「窮則獨善其身，達則兼善天下」《孟子‧盡心上》。三綱八目不僅是每個人修身的進階步驟，而誠意、正心，更是高階人力資源管理者應有之中心思想；因為其工作關係與「識人」、「知人」、「誨人」、「用人」、「酬人」對企業成敗具正向關係。

正直誠信不僅行之於個人而應行之於功能

高階人力資源管理者之功能範圍頗廣且重，如嚴守個人行為自可達其功能職責，但不應獨善其身；而宜以企業、功能部門整體利益作為其核心作為。

一、**人力資源管理理念及策略之堅持**：本書中一再強調人才之重
要，爲此特建議高階人力資源管理者應爲企業建立此一理念
及策略，向職場就業者明白昭示：對人才而言，我們就是一
個正直誠信的公司，所見諸書面的人力資源管理理念及策略
就是我們的管理理念、就是我們的文化，就如客家人的諺語
之一：「無信非君子，無義不丈夫」，「言出必行」；我們
並不會因爲恐懼於面臨勞動爭議和法律訴訟，而是希望使天
下英豪樂於歸我所用及不致離我他就。如此，雖需付出經濟
代價，但擁有人才和他（她）們的創新和智慧遠高於那些代
價。（參考第 219 頁）

二、**將正直誠信成為所有人力資源管理制度的精神導向**：不論人
才招募、薪資／激勵、績效考評、人才培育、晉升輪調、教
育訓練、員工獎懲等制度，均將其導入爲重要因素，不獨此
等制度本應與企業文化相結合以形成精神體系，而且以此
等制度導正行爲。除制度本身在建立時就應以正直誠信爲基
礎，並以公平、公開、公正爲過程外，在執行時亦應依此一
信念爲起始思維，千萬不可「文字歸文字，現實爲現實」；
必須以「既成制度必須能誠信執行」，以維護制度之尊嚴，
亦如維護高階人力資源管理者之個人信譽；否則其所建立之
制度必然自毀長城。

　　值得注意者雖在執行時「秉公處理」，但在特殊情境下別
忘了「例外管理」，依其「但書」（參考第 231 頁）原則爲
之不應視爲常態，以免非議。

三、**正直誠信之建立，不僅在於某一個人，而是整個團隊**：此爲

正直誠信企業核心價值，各級管理者皆應尊重力行，尤以高階人力資源管理者僅自我身心力行仍嫌不足；而應形成該部門作爲正常而習慣之文化，是員工「做事的方法」。如是方可漸次廣及其他部門、單位、員工，使該企業擁抱「正直誠信」爲全員信念。

四、正直誠信最佳案例－福特汽車與一位小技術員：1923 年福特汽車工廠裡有一部電機設備無法運轉，所有工程技術人員均束手無策。當時有人推薦另一家公司名叫思坦因曼思（Charles Steinmetz）的德籍技術員。他來了之後在電機設備旁傾聽很久，然後在該電機設備設計圖上劃了一條線，用筆寫著：「這裡的線路多了 16 圈」。福特公司技術人員馬上拆開該電機設備，並減少了多餘的線圈後，立即恢復正常。事後，享利・福特（Henry Ford）董事長知道此一事件，不但贈送他一萬美金，且邀請他到福特工作，但思坦因曼思婉拒。他說：「我現在的公司對我很好，我應該忠於公司，不能忘恩負義」。原來，當時德國經濟相當不景氣，他獨自一人來到美國，舉目無親走頭無路，但現在任職的公司老闆提供了工作機會。他認爲在困難的時候，人家幫助了他；現在雖然有機會到知名而宏大的福特工作，且薪水優渥，但他認爲人要忠於良知，不可見好忘恩。福特董事長瞭解後，對他的忠誠與信守承諾十分讚賞。最後決定爲他而併購了這家公司。（資料來源：MBA 智庫）

正直誠信不僅行之於人而應行之於其企業

　　上節所提高階人力資源管理者應將正直誠信引之於自己功能部門，但仍嫌不足；應以其職位的高度及職責的內容，將正直誠信推行至整體企業，形成長期而厚植員工與主管共有價值觀。其方式為：

一、將正直誠信置入企業文化之中：正如台積電以此四字為其核心價值一樣，高階人力資源管理者可將此一重要的價值觀，見諸文字成為企業文化的一部分；且為重要的一部分，並以各種方式強力宣導。不獨使全體員工及主管認同此項核心價值對企業的重要，進一步要使全員落實於行為，力行正直誠信為每個人的必備核心價值。

二、各項教育訓練將正直誠信作為講師或主持人必具的開場白：企業每年應有不同訓練需求而舉辦各項訓練課程，如以此方式對參與者耳提面命，企業內貪瀆事件、偷竊事件必將大為減少；而全員上下、平行之間的互信自必增加，說真話而不會受到秋後算帳，做正事而不會受到排擠。如此，全體員工間不健康的政治行為（politics）自將消聲匿跡（參閱第37頁）。

三、設法促使上級及所有管理者均要以身作則：上級管理者雖非全能由高階人力資源管理者所左右，但可以不同方式加以影響。除自我行正言直、以身作則、建立標竿外，如對其他高階主管購贈相關書籍、剪送相關但不敏感案件之剪報、開會時視時機有意無意重申此一理念，違者可由人力資源管理部

門會同部門主管共同查核有違正直誠信事件等，均可以此形成導正效果。

正者無羞、無憂、無畏；誠者無愧、無患、無憾；正直誠信者，使他人信服、眾人景仰。

四、**美國人力資源管理協會道德守則**：1972 制定了他們的章程和「道德守則」（By-laws & Code of Ethics），2014 年再度重新修訂言明為協會《人力資源管理道德和專業標準守則》，以作「全球超過 300,000 位會員向協會尋求他們的願景和價值。在此角色中，SHRM 承擔了會員和公眾誠信服務的責任」。

有關道德守則之具體條文，共分專業責任、專業發展、道德領導、公正與正義、利益衝突、資訊使用各項；每一項以核心原則、目的、指導方針作條文式申述及明確界定。台灣雖有一些該會會員，均可以上述英文關鍵詞上網搜尋，以作個人素養、職責需求及企業倫理參考。

本章重點

及對未來與現在高階人力資源管理者之 **啟發**

一、人生最大的成就不是被人稱之為最有權勢者，而是廣為他人
　　所信賴。「正直誠信」是任何領導者最基本核心價值。

二、人與人之間交誼，千萬不要拿自以為是之「智慧」，而利用
　　別人的「善良」；那樣，不但有愧於自己正直誠信，更難以
　　面對自己的良知。

三、正直誠信的人從來就討厭虛偽，而虛偽者卻常以誠信面目出
　　現。

四、正直誠信不僅為個人的言行一致，而應為整個企業面對社會
　　及其關係人之堅持不渝。

五、正直誠信不獨為任何領導者最基本修身與治理企業之核心價
　　值，亦為領導者以「德」服人關鍵因素，高階人力資源管理
　　者尤然。

六、言而常信，行無常貞，惟利所在，無所不傾，若是則可謂小
　　人矣。── 荀子。

七、正直誠信應如血液，宜流暢於人力資源管理理念及策略內。
　　見諸書面將此二者昭告社會，以企業具體決策、制度及措
　　施，吸引天下英才為其效力。

八、企業負責人及高階人力資源管理者皆應自許為正直誠信之代
　　表；無論面對者為何人，皆應「始終一致」，不受利誘而動

搖，不因壓力而更改；如因利誘及壓力而更動，則個人人格
破產事小，影響企業永續事大。

九、正直誠信不僅應深植於高階人力資源管理者個人行為；且應
廣及為企業文化。

十、高階人力資源管理者的正直誠信關鍵詞為：遵守法令、重視
承諾、無私清廉及就事論事。

十一、對高階人力資源管理者奉承者眾，讚許者廣；其實此等奉
承及讚許皆為換取其所願之政治技倆，萬勿信以為真，以免
誤信讒言。

十二、雖然正直誠信的價值觀「也許」無法讓企業賺錢，但卻是
維持企業永續或成敗的關鍵因素。

十三、近三十年來經營最成功的企業之一：台灣積體電路公司以
「正直誠信」為其四項核心價值及經營理念之首位。

十四、「正直誠信」原本應為所有企業主管甚至員工應該具備之
關鍵職能；而此次對企業負責人所作之關鍵職能模型調查卻
列為首位；足見企業界對高階人力資源管理者之期待。

十五、一位沒有以正直誠信為核心價值的人，很可能遲早要面對
道德或法律風險。

十六、寧願以正直誠信招致一百位惡人的攻擊，而不屑以偽善獲
得一位友善人的讚揚。

第三章

精神凝聚
——凝聚企業核心精神體系

　　核心精神體系係指企業在經營過程中堅持不變、不懈，努力使全體員工樂於信奉的精神信念；也是企業從上到基層心中重要哲學組成重心。「她」是解決在企業發展過程中對經營關係人的表明現在、未來生存與發展的方向、原則、主張及承諾。

企業核心精神體系定義及其內涵

　　企業核心精神體系，基本上分為二個層面，其一是理念層面，其二是實質管理層面。理念層面包括使命、願景、企業文化及核心價值為企業之精神支柱，亦為凝聚員工認同精神體系及堅實員工向心力之主要依靠，似如個人有形及無形宗教信仰，指導員工努力方向、是非黑白之辨認、對錯與否之取捨，為任何企業重要及永續經營之所賴。高階人力資源管理者為肩負此一精神體系之凝聚與確立者，不可不察。因其與企業經營績效及成敗有密切正向關係。此節分別申述理念層面。

圖 005：企業核心精神體系內涵

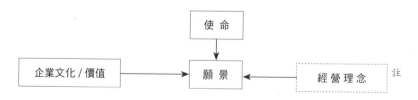

資料來源：作者繪製
註：參閱第 158-159 頁

企業使命

一、**企業使命的定義**：所謂使命（mission），是企業經營的哲學與精神的定位，為確定企業存在基本目的，意指使全體員工亦知道企業存在的理由。簡言之，全體員工可明白「我們現在及未來在幹啥？」其主要意義係為企業確立在經濟發展中所扮演的角色和責任，亦在說明企業經營定位及企業願景與策略提供「定海神針」。因此，使命是一種責任；願景卻是一種期望。

一直拒絕接受「現代管理之父」尊稱而僅自謙為作家和教師的杜拉克（P.Drucker），一生共出版 39 本與「管理相關」作品，最後一本完稿的是在年已 94 歲。在他眾多作品中，有二本中文書名中有「使命」二字：《使命與領導》及《從使命到成效》。除在美出版之作品外，在台灣另行出版了一本《杜拉克精選──管理篇》（天下文化，2001）。在此書所寫導讀中，許士軍教授特別引述作者的話：「在劇變的時代中，今後的經營者最主要的責任，即在為機構創造不同的明天。因此，企業要自此觀點以界說本身的目的與使命……，企業所要達成的『目的』或『使命』，一定要落在企業以外的社會中」。

史東（J.Stoner）及費瑞門（R.Freeman）兩位教授合著《管理》（Management, 5/E,1992）一書企劃形態中，認為「在最頂端（at the top）為使命（mission）的陳述。是董事會根據組織籌劃的定位、關於組織目的的基本設計、價值觀、特

殊技能以及在世界上所居處境的目標。一項使命陳述對組織之長期特質，可能對團結激勵成員深具價值」。

所以就如同阿里巴巴創始人馬雲所說：「企業創立之第一天就該確定其使命」，而並非是在創業的第一天就可以確定明白的願景為何物。

像近來為全球媒體熱門企業華為的使命「聚焦客戶關注的挑戰和壓力，提供有競爭力的通信解決方案，持續為客戶創造最大價值」。此一使命就中美貿易戰爭而言，面對「挑戰」和「壓力」成為該公司的生存與發展而確立了生死存亡的使命。

台北市大眾捷運公司的使命為：「提供安全、可靠、親切的運輸服務，追求永續發展」。如能依其所訂之使命經營，我們雙北市民自甘與其相依為「命」。

二、企業使命的作用：

(一)為企業願景確定方向：企業使命既然在確定存在的目的，那如何才能完成其目的？則將由企業的願景加以延伸，說明依什麼方向方能完成企業存在的目的。以聯想集團為例，其使命「為客戶利益而努力創新」。至於如何創新？創新些什麼？在其願景中表達得十分清楚：「未來的聯想應該是高科技的聯想、服務的聯想、國際化的聯想」。所以，聯想的使命，透過這三項願景的創新來為客戶創造利益。

(二)為全體員工知道大家忙碌工作是在為什麼：不管一家企業有多少主管及員工，每日、每月、每年都在忙於策略、目標、產品、行銷、績效……，但如沒有使命，這些忙碌者不知為何拼鬥。

　　本書中舉例甚多世界代表性企業之使命，大家都可以參閱。再就我們的國營企業台灣電力公司而言，其使命：「滿足用戶多元化的需求，促進國家競爭力的提升，維護股東及員工權益」。所以，台電的員工都清楚知道「我們不能斷電，否則多元的電力需求將無法滿足；台灣競爭力之提升、股東及員工權益亦將難以維護」。因此，不論天候如何惡劣，無論是用核能、水力或者火力等，台電員工都要全力以赴，完成使命。

㈢**為了告知企業關係人我們是在做什麼？**所以，企業使命是在讓這些關係人（stakeholder）知道，此一企業是在什麼產業。例如台積電，他們的使命為「全球邏輯積體電路業中，長期且值得信賴的技術及產能提供者」。清楚自己為邏輯積體路提供者，顧客不必擔心他們將來會製造和其同樣產品而成為其競爭者；同業亦不必懷疑他們會跨足其他不同產業。

㈣**企業的產業定位**：為了明確告知社會，該企業是在什麼產業，也讓「同行」了解這家企業原來是他們的競爭者，大家未來可以「君子雖相爭，但應和睦相處」。

三、**企業使命的主要內容**：杜拉克基金會（Peter F. Drucker Foundation）主席、著名領導大師赫塞爾拜因（Frances Hesselbein）女士在其《我的領導生活》一書中認為：「一個強而有力的企業，需要靠使命來驅動⋯⋯要崇高、明確、富有感動力」。所以，雖然企業界表達企業使命的方式不同，但大體而言，簡明、扼要、易懂，且能為企業關係人樂所認同。至於主要內容，可以下各點為例作為思考方向：

㈠以產業為主體→如台積電

㈡以客戶生活為主體→如迪士尼

㈢以用途為主體→如蘋果

㈣以人類健康為主體→如味全

㈤以科技為主體→如中國移動

㈥以客戶信任為主體→如花旗銀行

㈦以經營團隊為主體→如王品

㈧以客戶利益為主體→如聯想

㈨以服務為主體→如萬科。

表 009：世界具有代表性企業之使命

企業	產業	使命
台積電	晶圓代工	作為全球邏輯積體電路產業中，長期且值得信賴的技術及產能提供者。
聯想集團	電腦	為客戶利益而努力創新。
萬科集團	住宅開發	讓更多用戶體驗物業服務之美好。
味全公司	食品	我們承諾創造健康便利的生活文化。
中國移動	通信	創造無限通信世界，作為資訊社會棟樑、世界棟樑。
阿里巴巴	網際網路	讓天下沒有難做的生意
華為通信	通信	聚焦客戶關注的挑戰和壓力，提供有競爭力的通信解決方案，持續為客戶創造最大價值。
百度網路	搜索服務	讓人們最平等便捷地獲取信息，找到所求 / 用科技，讓複雜的世界更簡單。
騰訊網路	網路	網際網路服務提升人類生活品質。
王品集團	飲食	以卓越的經營團隊，提供顧客優質的餐飲文化體驗，善盡企業公民責任。
通用電器（GE）	電器	以科技及創新改善生活品質。
蘋果電腦公司（Apple）	電腦	藉推公平的資料使用慣例，建立用戶對互聯網之信任和信心。
迪士尼（Disney）	娛樂	使人們過得快活

企業	產業	使命
花旗集團 （City Bank）	金融	以值得信賴的夥伴身份，為客戶提供負責任的金融服務。
微軟（Micro-Soft）	電腦軟體	計算機進入家庭，放在每一張桌子上，使用微軟的軟體。
索尼公司（Sony）	家電	體驗發展技術，造福大眾的快樂。

資料來源：作者整理

企業願景

一、企業願景的定義：前節探討企業使命，本章將申述企業願景（vision），兩者定義和功能並不全然相同。

企業願景在申述為了達到企業存在理由的目標，應該對長期前景及發展之概念加以描述，期能在未來歲月中透過策略規劃，對既定願景能夠完成，企業所訂可以實現之夢想（願景）得以完成到什麼程度。所以，企業願景是在陪伴企業及員工邁向使命的導引者，主要想以其本身既有資源之投入和產出，以經濟為主體，透過策略目標運作下，完成所期許之願景。因而，願景是透過步驟及全員目標的努力，達到最後目標：企業終極使命，就像迪士尼的使命一樣「使人們過得快活」。

如前所述企業願景是透過企業策略和目標作為努力的方向，就如同乘坐商務飛機時，艙務長都會告訴我們飛到何處、經過什麼城市、需要多少時間；飛到何處是航班的願景，而到達目的地後，她（他）們的使命（mission）才算完成。依此亦可瞭解，願景是完成使命之前需要全體機組人員共同努力的方向。所以，使命才是航班的原始動能。因此可知，

願景是由企業依據使命而延伸對未來發展方向的一種定向、一種期待、一種理念性規劃，更是一種可能實現的夢想。

二、企業願景的作用：

(一)**為全體員工提供企業發展方向**：任何有遠見的企業，在確定使命之後，應建立企業遠程發展方向，諸如最近因中美貿易戰爭而成為全球焦點之一的公司聯想集團，其願景為「未來的聯想應該是高科技的聯想，服務的聯想，國際化的聯想」。明白向該公司同仁宣示（不是宣誓），他們公司未來是高科技的、重視服務的、國際化的公司，不會侷限在中國國內；但範疇跨越科技、服務、國際性。這三項元素為該公司的未來做了定向和預期。

(二)**為企業與員工增強關聯程度**：朋友之間的情誼、愛侶之間的熱戀、家人之間的親情，都是受到這份「情」的連結，使他們之間既不是路人甲，也非擦肩而過的陌生者，而是有共同的連結在他們之間，雙方有相互認知相同的信賴和相互密切的依存關係上；如企業願景能在共同努力下依「預期」兌現，則企業與員工均互蒙其利。所以，雙方不僅是依法所存在的勞僱關係，亦是共存共榮的夥伴關係。因而，在溝通與行為上自有一致的大方向，共同全力以赴，任一方均非旁觀者。

(三)**願景為企業訂定策略和目標的依據**：任何企業在訂定短、中、長程策略和目標時，一如我們為自己規劃職涯時，應事先確定生涯主軸，確定自己一生到底從事那一行業；此一主軸確定後，就似樹的主幹，在未來歲月中雖有枝節的

變化，但主幹將維持不變。所謂枝節，即爲企業之短、中、長程策略和目標施行中，遇到內外在環境及競爭優弱勢之變化而做滾動（rolling）式之調整，或作各項變革措施，但此等調整與措施，均以願景爲導向。

㈣**爲內部各部門、各單位及員工之間溝通及協調，提供解決問題大原則及基礎**：此等部門、單位及員工在執行公務時，勢必因個人性格、特質及本位不同而有意見差異；但對願景有了共同理解後，許多個人意見之差異，將會因爲對願景的共同體認而消除、減少或降低。

㈤**爲各功能部門（產、銷、人、發、財、資）建立各自功能性理念與策略的基本原則**：在策略規劃中，其策略層次之一爲功能性策略；但各功能部門建立其理念（概念性思維）及策略（具體性行動）時，均應有所本，而企業使命、願景、文化及核心價值，一脈相連，進而堅定未來、現有之員工對企業功能性理念與策略之信心。

三、企業願景的主要內容：綜觀世界各國著名企業之願景內容雖各自不同，但仍可歸納成下述各點以作爲企業在形成自己企業願景參考：

    1. 能使人類、國家、社會受益者→如微軟

    2. 能使顧客受惠者→如華爲

    3. 能使企業本身形成競爭優勢者→如味全

    4. 能使員工孕育敬業行爲者→如聯想

    5. 能使企業社會責任及企業道德形成導向者→如花旗

    6. 能使企業關係人樂於接受及有益於企業關係人成長者

→如索尼

7. 能使企業及員工致力於社會責任及環境保護者→如 3M

　　正如我國最大國際連鎖飯店集團雲品國際董事長盛治仁博士在 2020 年七月二十三日以〈如何做領導 vs 為何做領導〉在《聯合報》專欄所發表一文中所言：「管理公司的卓越營運能力固然重要，但是領導公司的能力如果被限縮到只剩下運用能力時，就會扼殺一個更重要的元素：願景。一個運作很順暢、更有效率的公司，很可能在原地踏步，甚至被時代變遷淘汰。唯有對宏觀局勢和公司方向有獨特看法，才能開創一番局面」。基於對願景的認知，雲品在近十年來遠赴意大利各重要景點投資了五家深具歐洲文化及高品味的觀光飯店。

表 010：世界具代表性企業之願景

企業	產業	願景
台積電	晶圓代工	成為全球最先進及最大的專業積體電路業者，並且與我們無晶圓廠設計公司及整合元件製造商的客戶群共同組成半導體業中堅強的競爭團隊。
聯想集團	電腦	未來的聯想應該是高科技的聯想、服務的聯想、國際化的聯想。
萬科集團	住宅開發	成為上海房地產行業持續領跑者。
味全公司	食品	成為台灣食品公司的標竿。
中國移動	通信	成為卓越品質的創造者。
阿里巴巴	網際網路	不追求大、不追求強，追求成為一家活 102 年的好公司。
華為	通信	豐富人們的溝通和生活。
百度網路	搜索服務	成為全球知名的搜索服務商。
通用電器（GE）	電器	使世界更光明。

企業	產業	願景
騰訊網路	網路	成為最受尊敬的網際網路公司。
王品集團	飲食	成為全球最優質的連鎖餐飲集團。
蘋果電腦公司（Apple）	電腦	讓每一個人擁有一台電腦。
迪士尼（Disney）	娛樂	成為全球超級娛樂公司。
花旗集團（City Bank）	金融	一家擁有最高道德行為標準、可以信賴、致力於社區服務的公司。
微軟（Micro-Soft）	電腦軟體	為全球科技產業的領航者，提供軟體、裝置及資訊服務解決方案，幫助人及企業實現他們最大的潛能。
索尼公司（Sony）	家電	為包括我的股東、顧客、員工乃至商業夥伴在內的所有人提供創造和實現他們美好夢想的機會。
3M	產品多元化	通過積極致力於環境保護，履行社會責任和實現可持續發展。

資料來源：作者繪製

企業文化

一、**企業文化的定義**：依讀者文摘所出版《文字力辭典》（Word Power Dictionary）解說：「一群特定人的團體及其知識與社會活動的習慣」（The customs as well as intellectual and social activities of particular group of people）；大到一個民族、一個國家；中到一個團體、一間學校；小至一個家庭均有其文化，即使不為目視所見，但卻實際存在。諸如現下的網路文化、詐騙文化、同性相愛文化等。

美國著名麥肯錫（McKinsay and the Company）顧問公司的顧問鮑文（Marvin Bowen）在其《管理意志》（The Will to Manage, 1966）一書中為企業文化所作的定義為：「我們企業

這裡做事的方式」。天下文化公司創辦人之一殷允芃女士在後文中將提及的《追求卓越》（In Search of Excellence, 1983）序文中認為企業文化是「大家共同遵行的價值觀念」。至於所謂價值觀念，為企業文化的核心，甚至解釋為文化源自於價值觀。在企業而言，則是員工對經營理念、行為、做事方法共通性的看法系統化。該公司另一位共同創辦人王力行女士亦在後文中提及之《塑造企業文化》（Corporate Culture, 1984）一書序文中認為，企業文化為「員工在企業內做事的方式」；而這種方式包括有形的特質、規範或無形的認知。簡言之，企業文化是一家企業的員工漸漸形成的行為模型與準則，不管是否為文化化或習慣化的言行舉止，它在無形中影響著員工在工作時的思想、習慣和行為。進一步明確而言：企業文化是員工在企業內接受社會化的一種特定（該企業）結果。

二、**企業文化與企業價值觀的相互關係**：一個人自我對事物有許多看法，有者認為健康最重要，有者認為財富最重要，有者認為朋友最重要，有者認為守時最重要；這些就是價值觀的取捨。任何一個家庭成員，基本上對事物的認知不可能完全一致，但差異可能不會太大；一個正式團體，如果係同一位領導者，原有成員對是非黑白的看法、對錯的分野、正反的接受度雖有不同，但時間久了，自會形成不同程度減少，相同程度增加，原因是「物」（人）以類聚；之所以如此，實因在一個聚落中，日久形成一種相似價值判斷。因而，所謂企業價值觀就是一個企業的員工對工作、行動、作為、看法、認同度的是否一致性；漸漸形成的一致性就是所謂企業文化，也就是本章前

項所引述王力行女士所形容：「我們這裡的做事方式」。

　　舉例而言，基督教派系源自西亞的巴基斯坦，而部分教義卻來自猶太教《舊約聖經》，起始於西元一世紀，迄今已逾2000多年；雖然按歷史分為天主教、東正教及基督新教三大宗派，但在其信仰中共同為耶穌基督並整合《聖經》。作者提及基督教派別的原因是除耶穌基督外不崇拜其他偶像，在其十誡中第一誡即誡命除了祂以外，不可敬拜別的神明。第二誡是不可為自己雕刻偶像；這點與我們華人社會的文化有所不同，是價值觀的差異。我們對祖先或父母跪拜是我們五千年的文化，是我們珍貴的傳統，也是中西文化的差異，這也就是基督教在華人社會無法超越佛教的原因之一。

　　作者之引用此一宗教歷史及在華人社會無法取代他教，主要在申述一個團體、企業、國家就和宗教的宗派一樣，有其各別文化與價值觀的差異；可以融合但無法全然代替、抄而借用。企業文化及價值觀亦復如此。

　　所以上述這些文化也就形成了各自價值觀的差異，因為他們各自認為自己的文化是對的；其實這與對錯沒有絕對性，只是相對文化的不同。

　　再舉一個例子。德國及日本在二次世界大戰（1939-1945）投降後，在領土內各地幾乎一片廢墟，但他們在短短十年內開始重新屹立於世；三十年後，二者更為世界經濟強權。

　　二次大戰後，德國除背負巨額賠款外，還得面對嚴重戰時的破壞；但因民間工業恢復極快，第一任總理艾德諾（德語：Konrad Hermann Joseph Aderiann）政府徹底改革，建立現代

化民主制度，在 1950-1965 年間由於經濟自由化的推力，加上認眞、求實、勤奮的文化，德國經濟開始高速發展，今日之德國更爲歐盟的領頭羊。

二戰三十四年後（1979 年），哈佛大學教授傅高義（Ezra Feivel Vogel）寫了一本名著《日本第一》；1985 年同樣看好日本，再出版《再論日本第一》；2000 年又以《日本還是第一》（資料來源：日經中文綱），其主要原因在二戰之後雖然戰敗，但其原有的「求認眞」、「求儉樸」、「求品質」、「求更好」文化特質並未散失，原有文化亦沒有被摧毀。所以，一家企業即使遭遇挫敗，但只要對核心價値（文化）沒有懷憂喪志，仍然可以重新挺直腰桿，屹立於世。不過，近十年，由於貧富差距日增、原有日式終身僱用關係改變、國家治理受到「境外」操弄，似乎原有日本人的特質及文化正在日漸稀釋之中，令人憂心。

總而言之，價值觀是企業文化的基石，是公司邁向成功的護身符。正如杜拉克所言：「企業文化把策略當早餐」，意指企業策略只是早點；企業文化才是影響成敗的午、晚正餐。

三、企業文化的重要性：

(一)立下員工行爲準則：企業文化的代表性文字，就是清楚地告訴員工，何者爲該爲、何者爲否，亦是明白提醒各級員工具體的行爲準則。諸如：「不要把對手當作敵人」（台積電張前董事長忠謀）、「我們只可宣揚我們產品的優點，不可指控競爭者缺點」（IBM），不獨很清楚地指出和競爭者之間爲君子之爭，進而獲得對手的尊重。

㈡**企業意見容易整合**：基於企業成員包括行為、信念、取捨、立意的價值觀近似，所以對問題的看法基本上較能一致，管理者與員工間之溝通與協調可縮短時間，增強問題的結論及施行的速度與成效。

㈢**人際較為祥和**：很多企業內部分派、分系，企業內的政治行為（organizational politics）通常十分普遍；在溝通和協調時，各方均有所堅持，許多創新及待辦事項可能因此而形成延宕，甚至因而失去商機。對企業經營而言，失去商機就可能失去競爭優勢。現今科技發展、市場變化、行政規範更動、產品代替、國際條約等之變異非常快速及多元；如企業內文化的共通性、人際關係因價值觀之近似性而沒有心結、沒有恩怨、沒有本位、沒有為反對而反對，則企業的氛圍，自會由個體利益轉為企業利益，團結而祥和；雖然意見不同不可能完全消除，因為各有其職責立場；雖執著不可能完全不再發生，因為對問題的看法不可能完全一致，但可能在使命、願景及文化大原則下，減少此等情緒，增加理性討論而獲得共識。

㈣**企業績效可能因而改善**：企業如有較多較快的共識，其發展自會提升、其決策自有較佳品質、其組織體自不會成為「不會跳舞的大象」（葛斯納，Louis Gestner）著《誰說大象不會跳舞？》（Who Says Elephant Can Not Dance？）（時報出版，2003），不論研發、製造、產品、行銷，通路商自然地會形成「統一戰線」，如此，其經營績效自易強化。

㈤**企業形象遠播**：二十年前，「中華人力資源管理學會」成
立十週年回顧大會，特邀請海爾集團負責人張瑞敏先生來
台作主講人。在其留台二天中，作者奉大會之命陪同參觀
台積電，並由時任人力資源管理部李瑞華副總經理（現任
國立政治大學專任、北京清華/上海復旦兼任教授）接待。
在中午回到台北時，請其至君悅（Hyatt）飯店便餐。張
先生對台積電以「晶圓代工者」為其企業核心價值令其十
分敬佩；因為較少企業以產品作為企業價值，以免弱化了
未來其他產品開發，雖然企業價值觀是「可變」，但並不
「常變」。據說張先生後來常在演講中提及此一看法，足
見他對台積電文化之認同。

㈥**凝聚向心力**：一家企業文化，不論由下而上，或由上而下，
如能透過參與、宣導、各級主管身體力行，自可漸植人心，
驅使全員認同，形成員工價值觀之特性、看法、做法、行
為較一致性，其結果是凝聚了員工向心力，同步向前。

㈦**有利人才招募與留任**：企業人才之招募過程中常用的工具
頗多，其中二類為人格特質測驗（personality test）及職業
取向測驗（professional test）。企業可將自己已塑造而成
的文化內容請專業人員設計調查問卷，經過效度與信度測
試後推廣，定可招募到與企業特性相似之新進人員，減少
人員流動。

四、**企業文化與工作倫理**：工作倫理係指員工在企業內對權責的尊
重、工作態度之認真，及人際關係與行為之自我導正。工作
倫理為形成企業文化元素之一，亦是企業員工價值觀重要的基

石。通常進入企業之員工均會透過社會化的程序而具有該企業特定文化中之工作倫理。本書第097頁曾引用《文字力辭典》為企業文化的定義作了解說：「一群特定人的團體及其知識與社會活動的習慣」，而工作倫理可由上述解說中得到一些延伸性的看法，即：工作倫理可視為在一群特定團體中的工作者共同相互尊重的理念，可對這團體的活動形成紀律性的精神約束及共識而漸漸滋長為道德觀。最近幾年來，許多管理者感嘆員工的工作態度與忠誠度惡化，以致不獨影響到管理者與員工間的人際與工作關係，更使企業生產力受到挫傷。這種現象使企業的勞雇雙方，都應在就業倫理或工作倫理上共同探討原因及因應之道。工作倫理之形成應具以下要點：

(一)**工作倫理要以企業倫理做基礎**：許多企業一方面感嘆員工工作倫理淡化，另一方面卻有意與無意漠視企業家所該重視的企業倫理。所謂企業倫理應包括對投資人的責任、對社會國家的責任、以及對員工的責任。如企業主凡事都與員工斤斤計較，時刻都在員工身上打負面主意，怎能期待員工「以德報怨」？

(二)**工作倫理要從透明式管理做起**：現在員工沒有一個是「低能兒」，不獨企業所做、所為看在眼裡，明在心裡；而且總希望企業能將經營目標、業務狀況、管理制度，均能透過溝通使員工清楚瞭解。如此作法，不但使員工有被尊重的感覺，而且由於這種透明式管理，使員工知道公司盈虧的狀況。盈，固應讓員工獲致其應得的成果；虧，員工亦不會因少發些許年終獎金而「集體休假」。這種透明式管

理自會使員工對企業有較佳的認同，進而培養其對企業工作倫理的接納。

㈢**工作倫理不應有層級之分**：所謂工作倫理是受雇者因工作而獲致報酬對工作的投入及敬業態度。現在一般人所談的工作倫理似乎注重於低層的勞工，高層主管似乎可以我行我素。公司在勞基法規定員工應在 65 歲退休，但當許多高階主管早超過退休年限，卻仍一再申請延退。高階主管具有如此的「敬業」精神，如此不尊重自己，如何要求員工？

㈣**工作倫理要透過企業文化塑造**：工作倫理不是一句口號，要上下一體培養、透過文字、語言、行動塑造「倫理」；要上下一體點點滴滴塑造，因為現在的學校及社會十分多元，剛進入職場不久之員工，更需要由企業文化加以「感染」，形成與其他成員一致的文化特性。但塑造不易，如高階主管不能言行一致，疏散卻快。

㈤**工作倫理既要重視軟體、也要重視硬體**：上面所談及舉例，似乎仍以軟體為主，諸如敬業精神、尊重長上、公司形象的提升、對企業管理理念的認同、企業文化的接納、規章制度之遵守。其實工作倫理亦應包括對機具的維護、產品品質的提升、設備的愛惜、廠房的整潔、工業安全規則之遵守等。

㈥**工作倫理是有「報酬」的**：也許一些勞工認為，「工作倫理」是企業主加諸員工的枷鎖，員工只盡「工作倫理」的義務，企業主卻享其利。其實勞雇雙方都在盡其「義務」及應享有其對應的權利；因為當每一員工均樂於重視工作

倫理時，企業自有其經營成效正面結果，而此一「結果」自應為員工帶來應得的「權利」，而具有實質事實者，還可列入績效評估或特案獎勵。

五、**企業文化與經營理念**：如本節第一段所言，企業文化是企業員工在企業內以核心價值觀為主軸漸次形成的行為模式與準則，而所謂經營理念最核心的部分亦是價值觀，兩者本是同根生。但經營理念和企業文化仍稍有不同之處；前者通常是經營者對企業相關想法、看法、做法的理念，而企業文化卻全非企業主個人的想法、看法、做法、理念，應是由形式上或實際上員工參與企業主共同孕出的這些想法、看法、做法、理念，透過各級主管在企業主身體力行的影響下強力宣導、慶典儀式、標竿人物表揚、典型故事的流傳等方式，漸次形成，猶如社會化相似的結果。就因為如此，大部分企業在兩者之間擇一而深耕，鮮有並存。舉台積電而言，他們雖將核心價值及經營理念分列，將誠信正直、承諾、創新、客戶信任四項核心價值先行確立之後，仍詳列在經營理念之中，並用堅持、專注伙伴、鼓勵等對核心價值加以強化，而由員工認同及接受。由此可見，以核心價值為主體之企業文化和經營理念本是「同根生」，沒有必要彼此「另立門戶」。MBA 智庫曾用這句話來描述兩者之間關聯性：「企業文化是在經營活動中形成經營理念」。

六、**企業文化的主要內容**：

㈠為了驅使員工堅持努力向前→如微軟

㈡為了提高產品形象→如萬科

⊜爲了強調企業特性→如王品

㈣爲了鼓勵企業團隊→如通用電器

㈤爲了激化拼鬥精神→如華爲

㈥爲了重視科學與創新→如索尼

㈦爲了倡導顧客爲尊→如騰訊

㈧爲了以服務爲中心→如迪士尼

表 011：世界具代表性企業之文化（價值觀）

企業	產業	文化
台積電	晶圓代工	正直、誠信、承諾、創新、客戶信任。
聯想集團	電腦	成就客戶、創業創新、誠信正直、多元共贏
萬科集團	住宅開發	讓建築讚美生命
味全公司	食品	全心承諾、創造健康、便利生活文化
中國移動	通信	追求卓越、承擔責任
阿里巴巴	網際網路	客戶第一、團隊合作、擁抱變化、誠信激情
華爲	通信	狼性精神
百度網路	搜索服務	容忍失敗、鼓勵創新、充分信任、平等交流
騰訊網路	網路	用戶爲本、科技向善
王品集團	飲食	龜毛家族
通用電器（GE）	電器	團隊智慧、崇本務實、群策群力、合力促進
蘋果電腦公司（Apple）	電腦	用戶至上
迪士尼（Disney）	娛樂	優質、高效、細緻的服務
花旗集團（City Bank）	金融	核心：以人爲本；靈魂：客戶至上
微軟（Micro-Soft）	電腦軟體	永不放棄對技術的激情
索尼公司（Sony）	家電	重視科學技術、人盡其才、不斷創新、互敬互愛、互相尊重
3M	產品多元化	支持設想、注重行動、尊重個性、知識共享、鼓勵嘗試、容忍失敗、開展競爭、倡導合作、物質支持、精神激勵

資料來源：作者繪製

本章重點

及對未來與現在高階人力資源管理者之 啟發

一、企業核心精神體系之定義為企業精神支柱，是凝聚員工認同企業理念，及為堅實員工向心力之主要泉源。

二、企業核心精神體系，大都源自企業負責人的核心信念，所以企業負責人應充分認知及重視其重要性，方可協同及尊重高階人力資源管理者凝聚全員強而有力的核心精神體系，鼓舞員工穩健邁向其使命。

三、企業核心精神體系包括使命、願景、文化。此一體系不獨與永續經營息息相接，且與經營績效牢不可分。

四、大陸阿里巴巴創始人馬雲曾說過：「使命是第一天成立組織就要做的事情」。這句話是否為其創業成功的因素之一，不應驟下結論，但可確定他的體認，帶給我們明顯的啟示：企業使命是如此重要。

五、部分企業對建立使命及願景先後及內容混淆不清。其實中外學者及成功企業家均認為企業應確定其存在目的，再依此探討企業未來的前景、發展路徑，及前瞻性短、中、長期策略，以免本末倒置，形成錯置精神體系內涵，有損企業長期發展。

六、企業核心精神體系不在文字多少、詞彙是否優美；而在於對企業精神體系實際申述，為全體員工易懂、認同及奉為自我

共同追求之未來。

七、企業核心精神體系不應孤獨地懸掛放於牆上、或顯示於紙頁上，而在員工心中及行為上；因而除去相關有形配套措施外，亦應根植於企業制度、主管行為、日常決策及工作之中，方能真正落實於全員認同。

八、企業核心精神體系為任何企業的無形資產。除去引導全體成員努力方向以達成目標外，亦能孕育成員內、外在企業的特質。如 IBM 人的藍色西服、藍色領帶、產品知識、彬彬有禮、始終微笑、談吐不俗、舉止有方。經常與 IBM 人有往來者，在人群中一眼就可推測誰是 IBM 員工，因為他們全身都散發其企業的精神表相。

九、有了企業堅固核心精神體系，員工在工作時自然會依其「該」與「不該」之分辨；有了是非、黑白、對錯取捨的相對標準。

十、所謂使命，意指企業存在的目的，亦在使全體員工知道「我們現在及未來在幹啥」？

十一、企業願景為企業使命之延伸，對全體員工提供發展方向；本章為企業建立使命和願景提供了 7-9 項主要內容及相對指出代表性企業。

十二、文化依《文字力辭典》解釋，是「一群特定人的團體及其知識與社會活動的習慣」。美國著名顧問公司麥肯錫為企業文化定義為「我們（企業）在這裡做事的方法」。

十三、企業文化是員工在企業內承受社會化的一種感染結果；感染的強弱，將形成所謂強與弱勢企業文化。

十四、企業文化的精髓為企業核心價值，等於企業的 DNA。

第四章

知識能力
——企業經營與管理知識與能力

　　企業經營與管理係指以充沛的市場資訊、明確的產業使命與願景、配合需要的產品技術、優於競爭範疇的人力資源、合理平衡的資源槓桿、客戶組合、生產或服務的經濟活動，透過有效管理程序使經營活動均有績效，得以達成目標，創造盈利，增進社會福祉。

企業經營與管理概述

　　凡是讀過《管理學》相關書籍或修過管理課程的朋友都知道，管理理論不獨十分豐富（不敢說複雜）而且派別甚多，令人目不暇給，如欲過度深入探討，可能無益於對管理之運作。本書僅從重要及有助於管理人員真正需求加以申述。

一、**企業定義**：所謂企業一詞，依據《企業概論》（司徒達賢，空大出版，1995）之定義為「人類為謀求生存，並追求美好生活的一種活動」。其中所謂美好生活，作者認為就現今情境而言係指「社會」運行中，人類正常生活不慮精神與物質之匱乏。所謂經營管理，其實亦為現代科學之主要一環，諸如「中華民國管理科學學會」即以「發展管理科學及技術」為其宗旨。因此，任何企業負責者在其經營與管理作為時，應以科學方法與訊息、數據檢視企業內外（含國際）部各項相關資料及所需資源，驅險避弱，發揮優勢以獲致競爭成效。

二、**管理淺說**：所謂管理，乃是企業有系統性地運作既有及可能取得之各項資源，諸如物力、財力、人力、科技、網路、通

路等，以完成企業所規劃目標之行動過程；此一過程，不僅可運用於企業，凡是透過各項資源之運用，以逐行其目的者之團體、機構，甚至國家均適用。總而言之管理存在的目的是在透過管理程序確使既有資源極大化（maximization）。

三、**企業經營與管理之多面向及洞察力**：從下頁所述兩位「管理之父」的卓見中，我們知道企業經營不僅是管理而已；而需多面向的知識、能力及經驗的脈絡。即使單從費堯（Henri Fayol,1916）所遺留給世人的管理程序而不觸及其十四項管理原則而言，就可知道企業經營管理不是一件容易事；它是商業行為的綜合體。需要的不是單一的專業，而是管理與經營整體的洞察力（business acuman）（參閱圖 006）；其領導者必須具有這種商業頭腦，因為企業成敗沒有公式，而需智慧。所以：「創業非易事，老闆不好當」。希望這二句話，不會嚇阻了許多位郭台銘；追求自我實現仍為人類最高需求。

圖 006：企業經營管理商業洞察力

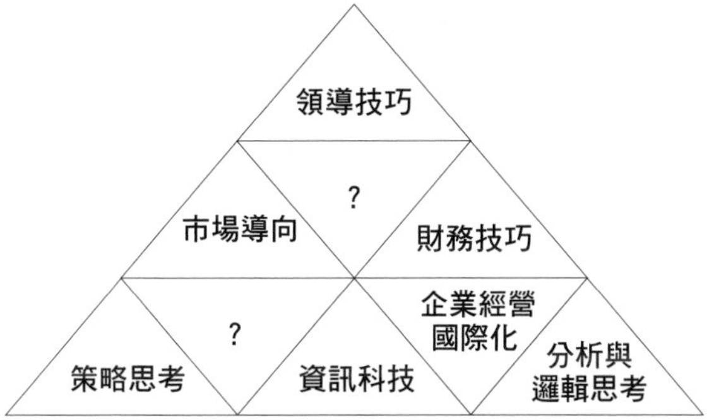

領導技巧

?

市場導向　財務技巧

?　企業經營國際化

策略思考　資訊科技　分析與邏輯思考

資料來源：王冠軍

四、**管理五大程序**：管理者的職責在制定決策（政策或策略）、訂定目標、分配資源，以及引導他人行動完成目標。為了完成此等工作，亨利‧費堯首先倡導五大管理程序。即指計劃（Planning）、組織（Organizing）、指揮（Commanding）、協調（Coordinating）與控制（Controlling）；但部分學者將其歸納為四大管理程序即規劃、組織、領導、控制，省略協調，而協調本為領導職責，差異有限。因為這些管理程序原為一般管理者逐行職責應該深入瞭解及施行工作過程之活動，本章稍加描述，以瞭解如何方能順利完成經營與管理所計劃方向及達到績效目標之過程。

五、**管理原則**：

㈠**泰勒科學管理的原則**：最早被稱為科學管理之父泰勒（Fredrick Taylor），在他《科學管理原則》一書中提出，後人將他歸屬管理技術學派。科學管理四大原則為：

　1. 動作科學化原則（Principle of Scientific Movement）

　2. 員工選擇科學原則（Principle of Scientific Worker Selection）

　3. 合作和諧原則（Principle of Cooperation and Harmony）

　4. 責任劃分原則（Principle of Responsibility Division）

　　此四項原則雖於 1911 年以後方漸為一門科學，但以今日企業界及管理界仍視為歷久彌新，對管理者而言亦應視為金科玉律。

㈡**費堯管理的原則**：對管理者亦十分重要者為法國工程師亨利‧費堯，後人將他歸屬為一般管理理論（General

Management Theory）學派代表，並被尊稱爲「現代管理程序學派之父」。以其35年工作歷練，就《一般管理及工業管理》（Adminstration Industri'elle et G'ene'rale,1916）提出與前述四項稍有差異之14項管理原則爲管理者在進行任何一項作爲，均應遵行此一管理原則及各項工作機能。時至今日此等原則爲後世企業立下重要管理思考方向，亦仍爲多數企業運作遵循歷久不衰。費堯十四項管理原則爲：

1. 專業分工（Specialization/Division of Labor）：專業派任，期能各適其職。

2. 權責相符（Authority with Corresponding Responsibility）：權力來自企業、組織、制度，而非個人；如依權責接受理論，權責來自下屬之樂於接受，而非全然來自職位。

3. 遵守紀律（Discipline）：不論成文或口頭約定，任何成員皆應遵守，以免企業內耗及失控。

4. 統一指揮（Unity of Command）：原則上依組織體系由誰指揮即應向其報告。

5. 統一方向（Unity of Direction）：爲免力量分散，高層應整合一致方向目標，全體團結以赴。

6. 犧牲小我（Subordination of Individual Interests to the General Interest）：匯集個人努力，成就整體利益。

7. 報酬對等（Remuneration of Staff）：以被衡量的事和酬勞成正比，才能激發成員動力。

8. 分權管理（Decentralization）：中央與所屬各層，依決策及執行權予以劃分。

9. 交流網路（Scalar Chain / Line of Authority）：透過向下進行指揮，上行報告，以確保企業穩定運作；現今，雖可斜行交流，但凡事不可越權。

10. 常態管理（Order）：凡任何例行日常管理（Ongoing Management）皆有規範，如有異常、偶發、個案、短期……應予層別彈性管理。

11. 三公一合（Equity）：公平、公正、公開、合理管理，避免內鬥；再佐之以全員參與，開發無盡成員腦力和潛力。

12. 維持穩定（Stability of Staff）：維持改善成效，累積經驗，使企業保有持續成長，方能暢通升遷管理，培育全方位人才。

13. 主動自發（Initiativeness）：以激勵啟發成員主動，自動自發進行改善、求新、求變；勇於承擔、挑戰高標。做多、做好、主動、積極，宜有明確分辨。

14. 團隊合作（Esprit de corps）：內部不爭排名，攜手挑戰同業；以產生團隊精神，爭取業界領先，利害與共同舟共濟。

企業策略規劃

一、企業策略淺說：企業策略管理（Strategic Management）有者稱為企業政策管理，為企業最高管理層次一項驅動引擎，

始自西元四十年代，迄今已發展成許多流派，以著名學者明
茨伯格（Henry Mintzberg, 1985）等三位，在其《策略管理》
（Strategic Management）中將策略分為十大派別（Schools）
稱之為：設計學派（The Design School）、計劃學派（The
Planning School）、定位學派（The Positioning School）、
企業家學派（The Entrepreneurial School）、認知學派（The
Cognitive School）、學習學派（The Leaning School）、
權力學派（The Power School）、文化學派（The Cultural
School）、環境學派（The Environmental School）和結構學
派（The Configuration School）。近年來因為社會網絡之興
起，又形成了策略網路學派（資料來源：《企業策略管理》
宋雲、陳超編著，2003）。本書所申述者以「設計學派」為
理念進行討論。所謂設計學派，亦為應用較多之學派。基本
模型為外部評估，包括環境中的威脅、機會、關鍵成功因素；
內部評估，包括企業的優勢、劣勢及競爭力；然後兩者組合
一起，再加上兩個要素：管理價值觀及社會責任後，進行策
略 SWOT 分析、評估、選擇，形成企業策略，最後以策略
管理完成企業總目標。

策略（Strategy）一詞原為羅馬軍方所用，譯成中文之原
意即為戰爭和謀略之簡稱，猶如中國春秋時代《孫子兵法》
對用兵之籌劃。後來策略一詞漸被政治、商業、經濟甚至任
何有組織團體對其未來發展一項達成作為，致勝道路上領導
先機，超越他人之努力方向。

最早用在企業經營上的代表人物，是美國管理學家安索

夫（I.Ansoff）博士所出版之《企業策略論》（Corporate Strategy, 1988），後來學者尊稱其為「策略管理之父」。策略分析另有一項分析工具稱之為「安索夫矩陣」（Ansoff Matrix），將市場和產品分為「既有」和「新有」兩部分，其相對及新增加的危機，組合成一個矩陣，協助我們建立產品與市場關係，以瞭解企業該採取什麼策略。美國學者湯姆笙／斯克藍博士（Thomson／Strickland）在其《策略管理──觀念及個案第 4 版，1987》（Strategic Management：Concept and Cases）著作中為策略管理下了定義：「策略為管理者根據所有相關內外部情境，建立一個企業體長期經營方向的程序、訂定具體績效目標、規範為完成此等目標，承擔並執行所選定之行動方案」。即自「安索夫矩陣」以後，策略就開始在管理科學上運用，意指「任何組織及企業，於某種發展與開創意義，作為一位領導者在起始點上，不管開始創業及以後歲月中，每一年為這個企業體應有針對外在整體市場、內在產品開發、競爭形態、資源整合訂定方向和目標，作長遠的規劃。所以，策略係指一個企業透過此一規劃，協助高階管理者依據企業外在環境分析及內部優勢及劣勢分析提供諸多可行之機遇加以選擇」（資料來源：湯姆笙／斯克藍）。就台灣而言，以確定未來一年、三年、五年；國外大型企業甚至為 10-15 年努力的方向。

至於企業經營究竟先有策略構想再訂目標？還是先有目標再來考慮策略？2011 年 4 月 13 日《天下雜誌》第 370 期，刊出了國立政治大學司徒達賢所給的看法：「當然是先有

大致的策略構想，評估其可行性後，再訂具體可行的目標水準」。

二、**企業策略模型與人才資源管理**：下述兩個主要模型概述了什麼是策略以及應該如何制定該策略的過程。

　　㈠**第一個是產業組織（Industrial Organization ,I/O）模型**：在整個 1980 年代的策略管理中，都是由這種「傳統」模型為基礎。產業組織策略的主要決定因素是企業運營處所的外部環境，而這個因素的考量對績效的影響大於管理者的內部決策。產業組織模型假設環境帶給企業威脅和機會，而這個在產業中的企業控制或擁有平等的資源取得權，並且這些資源在公司之間具有高度的流動性。產業組織模型主張，企業應該選擇投身於有最大機會的行業中，並且學習利用其資源來滿足環境的需求。這個模型進一步建議，企業的成功，可以由提供比競爭對手更低成本的商品和服務，或者將自己的產品與競爭對手的產品進行區隔，達到使消費者願意支付更高的價格來購買。

　　㈡**第二個主要模型是以資源為基礎的模型**：有時也稱為企業的「資源基礎觀點」（RBV）。以資源為基礎的模型主張，企業決策的基礎應該是本身的資源和能力，而不是環境條件。這些資源中自然包括企業的人力資源。企業因此經由取得資源和進行資源價值評估而獲得競爭優勢。這種方法與人力資源管理的投資觀點一致，因此有人認為，企業的資源基礎觀點形成了策略性人力資源管理的基礎，因為在工作場所實施策略性人力資源管理概念時，必須了解

這個理論基礎。資源基礎觀點對產業組織模型的假設提出質疑，並且假設隨著時間過去，企業會識別並找出關鍵且有價值的資源，並且取得這些資源。因此在這個模型中，一旦取得特定資源後，資源就不可能在整個企業間快速移動，因為取得資源的企業會試圖留住這些有價值的資源。但是這些對企業而言具有價值的資源必然具有難以複製以及不可替代。

將這兩種方法進行比較，產業組織模型顯示企業的策略受到外部因素的驅動；資源基礎觀點主張策略應由內部因素驅動。產業組織模型主張策略會推動取得資源；資源基礎觀點主張策略是由資源決定。真的非常有趣，而這兩個觀點立場都受到研究者的支持。

然後企業所做的策略選擇需要融入一般的人力資源策略中，理想情況下，這個人力資源策略可以作為企業制定一套一致且有目標的施行方針架構，以及讓員工可以實現企業目標的計劃。人力資源策略可用於確保企業策略與個別的人力資源計劃和企業方針之間的「契合」。重要的是要記住，由於每個企業都是不同的，因此沒有一種策略性管理人力資源的「模型」方法。一個企業不必複製另一個企業的管理系統—即使是在同一產業中運作成功企業也是如此。每個企業都是獨一無二者，因此不論考慮哪個計劃或想要採用的「最佳實務」都應把這些計劃與實務在要實施的特定企業的背景下進行評估。

不同類型的企業策略需要不同類型的人力資源計劃。本質上，有三種不同的基本企業策略，每種策略都需要一種截然不同的人力資源管理方法。

(一)第一個策略是成長：成長可以讓企業從規模經濟中受益，從而提高企業在產業中相對於競爭對手的地位，並為員工提供更多專業的發展和晉升的機會。成長可以由內部或外部達成；可以經過進一步在現有和／或新市場中銷售，滲透現有市場、開發新市場、開發新產品或服務來實現內部成長。與成長策略相關的主要策略性人力資源議題涉及適當的計劃，以確保應對市場需求及時招募並培訓新的員工，且提醒現有員工有關晉升和發展機會的訊息，確保在快速成長期間能保持品質和績效標準。

外部成長來自於併購其他企業。這通常是指併購競爭對手、提供企業材料或是企業行銷鏈中的一部分的其他企業（稱為垂直整合）。與外部成長相關的關鍵策略性人力資源議題有兩個。首先，關於併購來自不同企業的不同人力資源系統，因此可能存在兩個不同的員工薪酬、績效管理和員工關係系統，適當的新系統可能是也可能不是以前的系統之一，甚至不是這些系統的混合體。過程中可能需要從頭開始為「新的」企業建立全新的人力資源策略。其次，要考慮者關鍵因素是，併購或收購是否改變企業整體的策略，以及這些策略如何改變。併購和收購往往會造成解雇員工，需要做出關鍵性的決定，決定誰可以留任，而誰應該被解雇，並且應該制定完善的留任計劃，以確切了解企

業對員工應該承擔所有法律義務。

㈡**第二種企業策略是關於穩定性或簡單「維持現狀」**：採取這項策略的企業可能在其環境中看到非常有限的商業機會，因此決定繼續維持運營。對於這類型企業而言，關鍵策略性人力資源議題是，事實上一個不再繼續成長的企業，往往能提供員工的機會也相當有限。由於向上升遷機會可能會更少，因此員工可能會離開，以尋求更好機會。因此對於雇主而言，重要的是找出關鍵人才，並制定特定留任策略以協助留住這些員工。

㈢**第三種整體策略是轉虧為盈策略或緊縮策略**：在這時，企業決定縮小規模或簡化運營，以強化企業的基本能力。因為通常不斷成長的大型企業會發展到效率降低，尤其相對於較小型的競爭對手而言，可能發現自己無法快速回應市場變化，因此決策者應看到整體環境的威脅遠多於機會，而企業的弱點卻超越自身優勢。因此企業會試圖進行變革重組，以達到運用現有能力維持企業生存進而發展。在緊縮策略中，需要解決的關鍵議題是削減成本。在許多企業，尤以服務業薪資是主要支出項目，因此與併購策略一樣，企業在選擇裁員時必須謹慎遵守所有雇傭關係的法規。同時，企業還要制定策略來管理「留任者」。毫無疑問，這是精簡中最經常被忽略的。管理者總認為，這些留任者會因為仍保有工作而感到放心，因此會心存感激地留在崗位繼續積極於具生產力的工作。但事實恰好相反。

許多企業往往在實際宣布裁員名單、通知受影響者前，

就已經宣布將要裁員資訊，因此許多這些「留任者」可能已經好幾個月擔心會失去工作情況下工作。答案揭曉，他們保住工作後，發現許多與他們一起工作多年的朋友和同事卻已消失，這些留任者通常亦會被要求額外承擔離職者職責，且通常不會有任何額外的調薪，他們也會覺得自己會是下一波裁員的目標，不會像這次地「幸運」。提高這些員工的士氣是一項人力資源的重大挑戰。這些留任者中有許多人都士氣低落、沮喪、感受到壓力，對雇主的忠誠度也較低。然而企業現在比以往任何時候都更依賴這些員工提升績效，因為這些人將直接影響企業是否能繼續經營。（註：前二、段作者取材自麥洛《策略性人力資源管理》，J.Mello, Strategic Human Resources Management,5th/E,2018）。

三、企業為何需要策略規劃：

(一)**為了完成企業願景努力方向的選擇**：企業在進行策略規劃過程中，為了完成在產品定位、研究開發、行銷通路等均有很多選擇，但這多種選擇，決定了企業生存與發展的未來。所以企業需要一種機制，用以依據自己既定願景及已有優劣條件、外部機會與威脅的情境而決定未來可走、能走、該走的道路，以避免選擇錯誤，對企業生存與發展形成不利。重要的是此一規劃，不是依據企業負責人的「天資聰穎」，更不是由於資源無限，即使策略決策錯誤，導致企業年年虧損亦在所不惜；但企業的經營有股東、員工、顧客、供應商等關係人，經營的成敗與此等關係人的

權益息息相關，進而形成諸多社會問題。2019 年 9 月，大同集團子公司中華映像管宣布破產倒閉，不再堅持申請重整。當時帳面虧損高達 888 億元，不僅立即使近兩千餘位員工失業，各自家庭隨之受到波及，而其母公司大同家電、中華電子及股票持有人、貸款銀行均受到衝擊；甚至國家「積欠工資墊償基金」亦需代墊遣散費，有待華映未來出售固定資產方能回收。

中華映像管公司在九十年代曾是全球最大彩色映射管電視機（CRT TV）廠，1997 年在蘇格蘭投資設廠時，英國女王伊麗莎白二世還親臨剪綵，當時真是風光無限，榮耀福滿。1999 年華映大尺寸 TFT-LCD 面板新廠落成及量產時，李前總統登輝亦蒞臨主持開幕。當時該公司還送給來賓一個仿青銅材料的鰲形印泥台，銘牌上刻有「獨占鰲頭」四個大字，不但是產業英雄更是國家之光。

但好景不長，2006 年創辦人林挺生先生辭世，在步入二十一世紀開始，華映的策略規劃原是要切入背光板的自主零組件開發，以避免受制於日、韓競爭者對面板技術的掌控，但由於同時研發工程人員有多組進行，卻未能在策略規劃即時選擇那一種技術應為開發方向，以致延誤商機，被競爭者友達、元太、群創等後來居上；同時家族之內爭，海外投資亦無人能對開發產品上的策略適時決定，再加上集團連年虧損，致時不予我，終致華映關廠，甚至最後使百年老店大同母公司失去經營權，令人不勝唏噓。

(二)**為了資源分配的選擇**：企業經營所需資源十分廣泛，包括：

有形資源之廠房、設備、資金、人力資源、產品等；無形資源則包括企業形象、行銷通路、研發能力、員工素質、創新能力、企業文化、團隊精神、成員組織認同、行政支援、供應鏈連接度、上下游之整合；甚至高階主管的專注力、管理技能、時間分配及產業了解深廣度等。

　　所以，企業在策略規劃時這些有形與無形的資源均應加入考慮。諸如，在新竹科學園區某一家知名電子公司在進行規劃前，擬開發半導體上游矽晶圓之製造，但經評估結果，上述各項資源皆在掌握之中，卻在策略規劃時，設計部門提出晶矽供應商可能無法按時提供足夠原料，勢必造成產量之不穩定，未來勢將難以向客戶承諾穩定供應產品──矽晶圓給下游 IC 封測廠實施封裝與測試。為了此一資源之不足，只好改變策略製造其他產品。

　　在作者執筆之際，見新聞報導，針對目前南韓設置篩檢「新冠病毒」的防疫措施「檢得速」（drive-through），廣增檢驗範圍、速度、廣度，只要有疑似案例就加以採檢。台灣近期境外移入確診個案漸增，國人開始擔心社區傳染是否愈來愈近，記者會中有人發問有無必要比照南韓普篩？中央流行疫情指揮中心指揮官陳時中表示：「兩國防疫『策略』不同，無症狀帶原者的病毒量不足，出現偽陰性風險高，普篩後失去警覺心，反而會造成防疫破口」。陳指揮官指出此一策略，既是基於重點的選擇，「民眾出現症狀後再採檢」；也是資源分配的選擇，要做大量篩檢，就要能夠執行大量的隔離，以當時負壓隔離病房只剩四百

餘張空床位，就「資源」分配而言，實際難以師法南韓普篩；況且我國疫情亦遠較南韓爲輕。同理，任何企業，在決定使命、願景、文化、策略及發展目標之後，對於完成策略有許多選擇，但應念及資源限制，不論財務、人力資源、設備、核心技能、資訊、物力、市場等，應量「力」而爲，如果僅憑一時之衝動，或向社會大眾顯現其旺盛企圖心而好大喜功；或爲了向其競爭者擺出資源豐富的架勢，而作擴張型策略之選定，最終所付出的代價將是企業終結其命運。所以，任何企業在規劃其策略時，必需考量其合理、合法、可調動之資源，以成可行性之規劃決定。

(三)**策略規劃與企業層次**：一個集團，可能是多角化經營，上面有一個總公司，下面可能有一些事業部；除了這二個層次外，各事業部還有功能性部門。所以，要談策略，就必須確定是在討論那一個層次。

1. **就總公司策略及人力資源管理策略而言**：其下面有很多不同的事業部。每個事業部（single business unit）可能都在不同的產業，而這些事業部都各自有其發展空間與機會；亦可能有不同產品及市場，專注其自己的產銷。所要關心的是現有幾個事業部？現在經營的是那幾種核心產品？未來應該是否還保有那些事業部？哪些需要減少或併出？現在各事業部所製造的核心產品（廣意含服務）是否需要檢討其存留或併出？在考慮這些策略時亦應檢視在總公司之下之各事業部是否具有彼此綜效（synergy），不應完全依其盈虧而作決

定。如果某一事業部及其核心產品，雖然目前績效不彰，如檢討結果，並非人為之故；如果併出，對集團而言可能對其它幾個事業部營運之平行整合有所不利；或者這個事業部（或產品），亦應視市場預測是否可能具有未來性；如二者皆否，自可不必保有。

　　不管保有與否，就總公司而言，最值得重視者為人力資源管理策略是如何保有、分配、運用具有知識與能力之人力資源及人才，使其在併入（spin-in）及併出（spin-out）時不致流失。

2. 就事業部策略與人力資源管理策略而言：通常在總公司整體策略決定其方向後，隨之進行策略規劃。依據政治大學策略大師司徒達賢教授在《擁抱策略、管理未來》一書中，認為事業層面的策略制定，應想到你的企業今天長得什麼樣子？你希望將來長得什麼樣子？你為什麼希望長那樣？如果要這樣，今天要採取什麼行動，才可以變成將來理想的樣子？你可構想很多策略方案（alternatives），來讓你從現在這樣，變成未來理想的樣子。這幾句話的關鍵詞是「樣子」，一個事業也有描述其形貌的構面，這就叫做事業策略形態。企業事業部的策略形態可以用六大構面來描述（參閱圖 010）。不過，各事業部雖應自有其策略規劃及管理，但仍應由總公司依綜效的必要性加以檢視。

　　但是策略不是在問你今天的樣子，除了瞭解今天的樣子，領導人還要知道未來的願景（vision）是什麼樣子。

著名管理學家波特（Michael Porter）認為策略的基本
上選擇有三種，運用於事業部策略規劃：

(1)**成本領導策略**：人有，但我強，在業內所累積的經
驗技術及使用材料對成本的控制佳於競爭者；

(2)**產品差異化策略**：人無而我有，不以價格競爭，而
以創新設計、功能、輕薄短小等生產出差異產品，
如成本增加，可以售價轉嫁予顧客。有些顧客願意
為產品差異付出較高代價；

(3)**聚焦集中策略**：以客戶為導向，將資源集中在特定
群體、市場或產品種類，即所謂產品定位。

　　當然，上述三種策略自有其風險，因此在分析時
不應僅看到相應的效益，亦應詳細分析其風險。此
即為本書特提供相當多文獻作為分析之用。

　　麥洛（J.Mello）進一步認同大型企業有一個顯著
且不斷成長的趨勢，就是將運營分解為更小、更易
管理和回應市場更快的小單位。這些小單位通常是
按照產品、服務、客戶群或地理區域進行劃分。除
了前面介紹基本公司層級策略外，許多個別的事業
單位或產品、服務或客戶部門會制定更具體的策略，
以因應市場和競爭環境的需求。因此，他認為波特
的三種不同的事業部策略，人力資源管理亦需要有
不同的因應策略，以資配合。

(1)**成本領導策略**：遵循這項策略企業會試圖提高效率、
削減成本，並將節省下之成本轉移給顧客，因為這些

企業以為產品需求的價格彈性很高，其實價格些微變化可以對顧客需求造成極大的影響，並且消費者對價格的忠誠度比對品牌忠誠度來得高—他們認為不同企業提供的產品或服務差異性不大。美國 Suave（台灣有代理商）在洗髮精市場中成功地採用這個策略，由於 Suave 知道有很大一部分的消費者對洗髮精的購買決定是價格敏感型，因此 Suave 能在這個競爭激烈的產業中成功地競爭。這類企業會將其人力資源策略的重點放在短期而不是長期，績效的衡量著重在結果上。因為以效率為準則，所以工作分配更加專業。

(2)**產品差異化策略**：以這個策略為訴求的企業，將其產品或服務與競爭對手進行差異化，至少試圖使消費者認知到差異。因此企業能有比競爭對手高的價格，並試圖獲得消費者對特定品牌忠誠度。Nike 就成功地利用這個策略，因此擄獲大量客戶忠誠度。不論是否帶給運動員實際或感覺上優越的性能、或是品牌帶來的身份表徵，許多消費者都忠誠地絕不穿用其他品牌運動鞋。使用這種策略，產品設計或服務上具有創造力和創新力，對於建立產品差異化非常重要。因此使用這種策略的企業相當重視創造力，也因此會對創造力提供激勵和獎賞。至於建立品牌，企業績效結論可能需要更長時間。至於人員配置側重於外部招募，這些人員為企業帶來了新鮮、獨特、外部的理念，而不受現有工作方式的束縛。

(3)**聚焦集中化策略**：採用這一策略的企業意識到市場的不同區隔、各有不同的需求，並試圖滿足其中一個特定的群體。例如：針對家庭的餐廳、針對身材較高大者的服裝或針對特定種族的零售業務。美國 Big & Tall 男裝服飾店和女裝的 Dress Barn（台灣均有代工及銷售公司）就成功採用這種策略，因此在經常被忽視的消費群體中贏得了忠實的追隨者。

這裡關鍵性人力資源策略議題是確保員工非常了解此一特定市場之所以獨特的原因。培訓和確保客戶滿意度是採取這項策略的關鍵因素。因此企業往往會傾向於招募屬於同一目標市場者的員工，如此比較能對顧客有同理心。在服裝店裡，一個身材高大女性可能會覺得接受一個同樣身材高大的員工服務會比接受一個苗條又瘦小的員工服務更舒服。

另一個為了檢視事業部策略而開發出的架構，是以「控制邏輯」來描述策略，並且確立了三種不同的策略：投資邏輯、誘因邏輯和參與邏輯。關心因應市場變化能力的企業會採用投資邏輯。與產業組織模型一樣，投資邏輯的策略決策是以外部因素為考量制定，而對於日常營運採用非常鬆散的控制，企業正式規定和程序維持在最小限度，以幫助企業有能力在所處的環境中適應並採取應變，以工作與職掌的定義寬鬆、薪酬計劃來鼓勵獎賞主動性和創造力。

當成本和效率是企業所關心的重點時，會採用

誘因邏輯。嚴格預算和特別報告等控制機制管理日常決策。工作執掌定義明確，目的在達到營運效率最大化。為了減少離職率，因此會獎勵盡忠職守員工。著重成本控制和創新雙重策略的企業會採用參與邏輯。這類企業傾向採用投資和誘因邏輯，系統與投資邏輯一致。上述許多策略中，創新常常扮演了跨越主題的角色，確實是成長動力之一，甚至可以在企業試圖找尋新的經營方式以求生存時，成為轉虧為盈策略或緊縮策略的關鍵組成部分。創新本身就經常被視為是一個策略，但往往常作為實施上述策略一時的驅動力或手段。寶僑公司（Procter & Gamble）在各項業務中就以大量創新而聞名，因此將創新視為一種動能，在招募員工時應試圖衡量員工創新能力。一家居於領先地位的管理顧問公司認為，有感於當今世界變化的速度，未來「沒有一家公司的運作能夠選擇不創新」。

3. **就功能性部門策略而言：** 功能性部門策略，係指企業各功能部門進行其策略規劃。此一策略不獨依企業使命、願景、文化、管理理念之內容及精神而作延伸，更為完成其企業及部門職責目標作方向。諸如生產策略、行銷策略、財務策略、人力資源管理策略等。就此等功能性策略而言，在建立之前，宜先構思各功能性及概念性理念為何，以作具體而可執行功能性策略之精神基礎。（參閱第 219-221 頁）

四、策略規劃可參考之專業建議：企業在作策略規劃時，最少有二種策略規劃架構與分析方法可資選擇，其一爲企業多年來所運用姑且稱之爲傳統式（SWOT）及策略管理新論（司徒達賢）。資訊匯集與分析時，除參考內外部之優勢與劣勢及機會與威脅外（參閱表 012），最好應選擇幾位頗受企業界重視策略規劃專家之卓見。

(一)波士頓矩陣（Boston Consulting Group Matrix）：此一矩陣針對集團之規劃策略爲原則，是波士頓諮詢集團對 57 家企業及 620 項產品以三年時間進行有規劃的調查，將所調查之產品分爲四個象限：

圖 007：波士頓矩陣

		高	低
市場成長率	高	明星產品（Star）	問題產品（Question）
	低	金牛產品（cash cows）	落水狗產品（Dogs）

市場占有率

資料來源：波士頓諮詢集團

1. **明星產品**：是指市場占有率及成長率年平均高的產品，可以加大投資以支援其快速發展。
2. **金牛產品**：爲獲利能力甚高，市場占有率雖高，但成長率卻低，表示其產品已居於成熟期；雖爲該企業提供財務支援，但未來市場占有率難以長期維持，似可

不必增加投資。

3. 問題產品：是高成長率，但低市場占有率；自有資金不足，負債比率較高。此種產品在進行策略規劃時宜慎重取捨。

4. 落水狗產品：指在衰退中之產品，市場成長率及占有率低，加上利潤率低、虧損率高、負債比率亦高；因而不宜投資，但該產品如為集團中一份子，因產品平行或上下整合具有綜效，則可另作考慮，否則可考慮併出。（資料來源：湯姆笙／斯克藍《策略管理—觀念及個案》）

(二)《競爭大未來》（**Competing for the Future**）：哈莫爾（Gary Hamel）和普哈拉（C.K.Prahalad）教授合著，為較常用於競爭策略，指出企業不應該只是配合環境改變，而要勇於思考及創造未來以作為企業重要思考方向，於是提出企業在策略規劃下面幾項重要思考：

• 貴公司現在服務顧客是誰？
　未來五～十年貴公司服務的顧客是誰？
• 貴公司現在是透過何種通路與顧客接觸？
　未來五～十年貴公司將透過何種通路與顧客接觸？
• 貴公司現在競爭對手是誰？
　未來五～十年貴公司競爭對手是誰？
• 貴公司現在的競爭優勢基礎何在？
　未來五～十年貴公司的競爭優勢基礎何在？
• 貴公司現在的獲利來源為何？

未來五～十年貴公司的獲利來源為何？

- 貴公司現在與眾不同是什麼技巧及能力？

未來五～十年貴公司與眾不同是什麼技巧及能力？

- 貴公司現在處於哪種產品市場？

未來五～十年貴公司將處於哪種產品市場？

上述所提「獲利來源」，很多企業似未重視。意指企業年終結算時如為獲利，應檢視獲利來源係本業內？還是本業外？如為前者，則香檳可開，否則無由可賀。

(三)五力分析（**Porter Five Forces Analysis**）：波特於八十年代提出對事業部策略規劃的另一項貢獻，即五力分析。就傳統式策略分析（SWOT）而言，在規劃前一個簡單而有力的分析模組，也是策略分析一項資訊來源的延伸；延伸到企業自身內外在競爭條件及能力，不管是即將進入一個新的產業，或是對既有產業的重新定位，都有實際參考價值，深切影響了企業服務客戶及獲利能力。此一模組包括：

1. 供應商的議價能力。

2. 現有競爭者之間的競爭程度。

3. 替代品的威脅。

4. 買方整體議價能力。

5. 新加入競爭者可能對市場造成的威脅。

在進行策略規劃時，對此五力加以個別分析，以確知自己具有的優勢與劣勢；弱勢與機會，而後找出自己的市場定位，有助於策略的形成。

五、企業如何進行策略規劃：進行策略規劃方式端視企業內專案

小組、專案委員會、主持策略規劃者對所需資料之彙集、整理、大數據運用等所具專業性而有所差異，但一般而言，可依下述方式施行：

(一)**先成立專案小組**：假設某一企業以前從未進行過策略規劃，此時宜先成立專案小組，規劃如何推行。小組成員不僅應具有策略規劃之專業，且應考慮其專業度是否成熟，否則「原料品質欠佳，成品自難優良」。簡言之，成員之選定最好是大學企業管理研究所或相關系所畢業之成員，因其在學時必修課程均已包括「策略規劃」或「企業政策」；萬一企業內並無此等人才，可由己決定之小組成員聘請外界專業人士，對規劃施行專業上加以協助而非決定，因為對企業瞭解最深者仍為企業自身成員而非外界專業者。

　　如內部專案小組成員想從專業書籍上尋求資訊，除前述及其他相關出版品外，司徒達賢教授之《策略管理新論》及吳思華教授之《策略九說》均為學術與實務界所公認較專業著作。

(二)**成立策略規劃委員會**：此一委員會以一級功能部門主管為成員，並由企業最高負責人所指派之高階主管為召集人。成立後宜在開始規劃前施以深度教育訓練及預習，以彌補成員專業之不足。

(三)**進行策略規劃宣導**：如企業經由審慎思考而決定進行此項規劃，應使各級主管及員工能較深度瞭解為何做、如何做、做什麼，及做的結果對企業及員工有何影響。

　　此一宣導方式，除企業最高階層宣示、各項會議，較有

效之方式除工作小組成員及策略規劃委員會成員外，分層次、不同時數，但相同架構及內容進行深具說服力之教育訓練，使全體員工有參與感，其目的在使全員認同此一決定，使之深植人心，漸漸形成企業文化，如此方可增強成功機率，進而在企業內普植策略規劃專業知識。

(四)**由專案小組收集及彙整策略規劃相關資訊**：除專案小組外，此等所需資訊亦由各相關功能部門提供，但對所提供之內外部資訊，專案小組應予過濾，或由大數據或數位分析，以確定其可用性。資料以內部競爭優勢與劣勢及外部機會與威脅（SWOT）分析為主軸。包括前三項及表012自應為資料收集重要參考。

(五)**策略規劃委員會研擬下年度及未來年度策略**：此一委員會委員，在聽取企業負責人之願景描述後，依據專案小組所提供企業已經過分析之前述資訊，在安靜及不受干擾情境中，在深具專業人員導引與成員參與下，進行未來 1-3 年策略規劃，以後視需要每半年或一年進行滾動式修訂。規劃過程應充分討論及反覆研商後，以共識最高者擬定 3-6 項企業策略，在提請最高負責人認同或調整後，經由工作小組成員之協助，依事業部所訂目標向下展開，由各功能部門依職掌及策略規劃訂定年度目標、工作計劃、行動規劃、KPI，形成企業下年度企業目標，然後送由其直屬上司或策略規劃委員會審可。如企業擬以「平衡計分卡」（Balance Score Card）為工作計劃架構，自為另一項很好的選擇。

表 012：SWOT 分析──需要何等資訊檢查表

（S）潛在內部優勢	（W）潛在內部弱勢
某項特殊能力？	缺乏明確策略方向？
足　財務資源？	衰退競爭地位？
優良競爭技巧？	過時的設備？
顧客良好思維？	由於……原因致獲利能力欠佳？
眾所週知的市場領導者？	缺乏管理能力及人才？
胸懷甚佳可行之領域策略？	漸失任何關鍵技術或能力？
具有規模經濟？	執行策略欠缺追蹤資訊？
對來自競爭壓力有所阻隔（至少到某	內部運作問題持續難解？
一程度）？	面對競爭壓力束手無策？
專屬技術？	在研發上居於殿後？
成本優勢？	生產線難以擴充？
競爭優勢？	競爭缺乏優勢？
產品創新能力？	行銷技巧難以與他人競爭？
成熟管理？	難以獲得支援策略改變？
經驗曲線居前？	與競爭者相較單位成本過高？
其他？	其他？
（O）潛在外部機會	（T）潛在外部威脅
對新增客戶能提供服務？	可能有新的競爭者進入？
進入新的市場或市場區隔？	可取代性產品銷售增加？
擴充生產線以服務較廣泛客戶需求？	市場成長緩慢？
相關產品多樣化？	政府改變不利政策？
使產品類別更完整？	漸增競爭壓力？
垂直整合？	客戶或供應商增強議價能力？
改變至更好策略組合能力？	買方需求及品味改變中？
在同行企業中頗為自豪？	不利人口統計改變趨勢？
快速成長市場？	其他？
其他？	

資料來源：作者譯自湯姆笙 / 斯克藍《策略管理─觀念及個案》

應予注意者，策略規劃委員之事前訓練及模擬十分必要，以精緻化策略規劃之「成品」。

㈥**訂定各級員工年度目標與工作計劃、行動規劃、KPI**：依各部門之年度目標與工作計劃、行動規劃、KPI，以「瀑布式」垂直依各部門職掌，會同各級成員共同訂定各下屬單位或個人年度目標與工作計劃、行動規劃、KPI。至於目標及工作計劃是否以滾動式加以調整，端視定期檢驗結果而決定。

如依上級目標及工作計劃按職掌訂定目標及計劃後，心有餘力時，各部門、單位、個人亦可增加額外者，完成時自亦為額外績效給予激勵。

㈦**定期作績效檢驗**：設定部門、單位、個人之年度目標、工作計劃、行動規劃、KPI 不是目的，定期檢驗其成果才是目的。一個企業應在定期及年終前關注下面幾件事：

1. **所謂定期檢驗**：可視其產業特性對績效追求之急迫性、各項可用管理工具所能提供資訊之必須性，以決定所謂定期之長短。可能為每月、雙月或每季、半年甚至年度；但大多以季為績效檢視週期，有者以半年為週期，但如與獎懲掛鉤，則一年週期似嫌稍久；因為立竿見影式之獎懲較具效果。

2. **依所訂目標檢視績效**：目標檢視固然重要，協助各級員工成長更為重要，因為經由此一檢驗激勵優者，鞭策改進者；自可由長官與部屬雙方約定改進方式及進程，以協助其迎頭趕上，而改變其工作計劃及行動規

劃而能達到目標。但同樣重要者為對兩者之激勵與改進之經驗，可透過企業知識管理，使該等員工或未來接任者在工作上更為精進。（參閱第 352 頁）

3. 定期檢驗別忘了修訂其策略及目標：企業經營時時刻刻面對內外在環境的變化；當環境變化時，企業自不可一成不變，而應隨之作滾動式調整；但對已訂定之目標及工作計劃必須具有充分合理性方可為之，如修訂策略更應慎重。

六、**二種策略規劃程式背景說明**：其一傳統策略制定程序，即為前述中外許多企業、管理諮詢公司及大專院校過去近半個世紀所用及所教，從環境分析而作內部優勢（S）、劣勢（W）；外部機會（O）、威脅（T）進行（SWOT）分析（參閱前揭及表 012）所得到的參考資訊，經由討論及規劃作成四種可能選擇（參閱表 013）。依整體事業策略規劃流程（參閱圖 008）討論爾後作成策略規劃結論。其二樂於看到者，為 2018 年自國立政治大學退休之司徒達賢教授對策略規劃與管理之創新，以其個人所具有的「內隱的知識」轉化為「外顯的知識」之「智慧知識化的過程」（引用許士軍教授《策略管理新論》序言），於 1995 年首次出版《策略管理》（遠流出版公司），提出《策略形態分析法與策略矩陣分析法》，後經近三十年在個案教學中之深度討論及錘練，經實務界嚴格考驗深具可行與專業性。2019 年 9 月，司徒教授在其增訂《策略管理新論—觀念架構與分析方法》（智勝出版社）三版五刷一書中，對傳統策略規劃之模式，認為「策略制定

的傳統程序，簡明易懂且合乎常理，故爲大家所習用。然而如果我們眞正切實去施行，深入去思考，似乎也有許多不盡合理，甚至窒礙難行之處。」因此，以其創意設計出一套更爲實用而合理的思考程序，以供實際負責分析策略、制定策略者參考運用。所以，對此兩類策略制定程序均加以申述，以供讀者之思考。

表 013：SWOT 分析後四種可能選擇

		外部分析	
		O	T
內部分析	S	前進	維持
	W	改善	撤退

資料來源：王冠軍

㈠**傳統策略規劃程序**：首先爲企業現況分析，以瞭解企業使命、願景、文化，繼而進行內外環境分析，包括前揭各類資訊、產業分析及主要競爭者分析（參閱表 014）；然後經由上述各項分析，確定前述 SWOT 策略構面，透過 S/W 及 O/T 矩陣檢視，以瞭解市場、顧客、產品之競爭機會及優勢與威脅及弱勢，以及回顧組織、資源管理及核心能力，進而確定企業策略之選定。（參閱圖 008、表 015）

圖 008：事業策略規劃流程

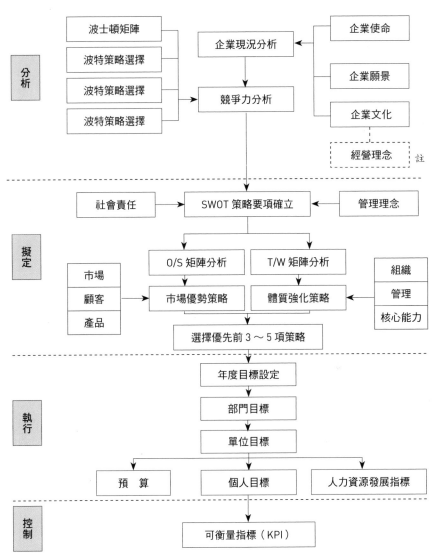

資料來源：作者繪製
註：參閱第 158 頁

　　策略規劃選定之後，確定依總公司或事業部之年度經營策略所延伸之目標相整合；進而將年度經營目標依功能向下展開，成為部門、單位目標、個人目標。

　　在各項目標向下展開後，由各層次執行者擬定工作計劃及目標；然後以可衡量指標（KPI）（參考圖表016、表017）作為每季、半年、年終績效考核的基準，以及依此基準對優劣者進行績效結果之處理。

表 014： SWOT 基本要項研擬

SWOT	基本要項	主要競爭者	備註
機會（O）	1.LED 快速為光源主要元件 2. 晶片散熱需求快速成長 3. 輕薄短小之電子光電產品快速成長 4. 台灣電子光電產業結構穩定且快速成長		
威脅（W）	1. 專利的限制 2. 競爭對手已全球布局 3. 工業發展趨勢的改變（LED 封裝方式改變） 4. 市場削價競爭 5. 客戶外移	00、00、00、00	
優勢（S）	1. 完整的品質管理系統 2. 穩定且低成本的整合型技術平台 3. 高精度模具設計與製造能力 4. 金屬與塑膠的微成形技術整合能力 5. 世界級 SMD LED 量產能力		
弱點（W）	1. 行銷能力不足 2. 高附加價值產品少 3. 製造成本高 4. 開發新產品能力不足 5. 設備稼動率低	00、00、00、00	

資料來源：00 股份有限公司

表 015：策略矩陣分析手法
（O/S）矩陣分析法

O（機會）基本要項 ＼ S（優勢）基本要項	LED 快速成為光源主要元件	晶片散熱需求快速成長	輕薄短小之電子光電產品快速成長	台灣電子光電產業結構穩定快速成長	重要程度
完整的品質管理系統	4	1	2	0	7
穩定且低成本的整合型生產技術平臺	1	1	5（2）	2	9
高精度模具設計與製造能力	2	4（3）	1	2	9
金屬與塑膠的微成形技術與整合能力	2	3	1	2	8
世界級 SMD LED 零組件量產技術能力	0	2	2	5（1）	9
重要程度	9	11	11	11	42

（T/W）矩陣分析法

T（威脅）基本要項 ＼ W（弱勢）基本要項	專利的限制	競爭對手已全球布局	工業發展趨勢的改變（LED 封裝方式改變）	市場削價競爭	客戶外移	重要程度
行銷能力不足	0	6（4）	2	1	0	9
高附加價值產品少	4（6）	2	1	1	1	9
製造成本高	2	0	1	3	2	8
開發新產品能力不足	2	2	0	5（5）	0	9
設備稼動率低	2	1	1	1	2	7
重要程度	10	11	5	11	5	42

資料來源：00 股份有限公司

註：S/O 及 W/T 矩陣中橫向及縱向交叉，依策略規劃委員書面選投重要程度相加票數，即為競爭優勢（機會／優勢）、強化體質（威脅／弱勢）策略。遇有票數相同時依橫及縱向交叉最高分者，並於策略規劃委員會議討論後決定。如有爭議，將由企業負責人取捨，但較少見。

表 016： 經營策略與目標整合
（O/S）特性要因分析

	經營管理策略		經營管理目標
競爭優勢策略	加速投資 SMD LED 零組件之研發及量產能量，搶占快速成長之市場	競爭優勢目標	2021 年投資研發與生產設備新台幣一億兩千萬，達成新台幣四億之營業目標，成為台灣最大之 SMD LED 零組件供應商
	提昇現有生產平臺能量與效率，提高附加價值及營業目標		1. 2021 年投資嘉興○○公司新台幣三千萬，達成新台幣二億之營業目標。 2. 2021 年投資新台幣三千萬於生產設備，提昇既有產品（不含 SMD LED 組件）達成新台幣八億之營業目標。
	加速投資提昇高精度模具研發設計與製造能力，創占晶片散熱零組件市場		1. 2021 年投資新台幣八千萬於晶片散熱模組研發與策略聯盟，成立新事業。 2. 2021 年投資新台幣兩千萬於散熱片零組件生產設備，達成一億之營業目標。

（T/W）特性要因分析

	經營管理策略		經營管理目標
體質強化策略	強化國內外行銷能力，擴充海外據點，就近服務客戶。	體質強化目標	1. 2021 年 Q1 建立國際行銷團隊 2. 2021 年 Q1 建立 4 個行銷據點以上 3. 2021 年海外營收占總營收 25%
	提昇新產品開發能力，避開市場削價競爭。		1. 2021 年 Q1 建立產品應用工程團隊 2. 2021 年總體毛利率提高至 25%
	開發合作夥伴，共同開發高附加價值專利產品。		1. 2021 年開發光電及半導體合作夥伴每年取得專利 4 件以上 2. 2021 年高附加價值專利產品營收占總營收 10%

表 017：年度工作計劃(1)、(2)與不同策略要項之連結（舉例）

年度工作計劃(1)

策略要項	工作計劃主題	工作項目	具體目標	績效指標	規劃進度				負責人/部門
					Q1	Q2	Q3	Q4	
加速投資SMD LED零組件之研發及量產能量，搶占快速成長之市場	4.1 增建生產設備以提升生產能量		2021年達成新台幣四億營業目標	營業額目標達成率（%）					林副總/TM
		4.1.1 建置生產線	提昇產能達1000KK，平均稼動率達85%	產能提升達成率，平均稼動率達成率（%）					
		4.1.2 建置研發實驗室	建置20條	生產線建置達成率（%）					
		4.1.3 建置廠房	2021年Q4完成	建置進度達成率（%）					
			2021年Q1完成	建置進度達成率（%）					

年度工作計劃(2)

策略要項	工作計劃主題	工作項目	具體目標	績效指標	規劃進度				負責人/部門
					Q1	Q2	Q3	Q4	
提升新產品開發能力，避開市場削價競爭	2.1 提高整體產品毛利率		2021年總體毛利率提高至25%	總體毛利率提升達成率（%）					研發部門
		2.1.1 分析各項高營收產品年利率	30%以上毛利率產品至少占50%	高毛利產品占率達成率（%）					
		2.1.2 開發應用性產品	分析80%營收生產共6種	分析達成率（%）					
			開發共8種	開發產品率（%）					

資料來源：00 股份有限公司

(二)**策略管理新論**：此為司徒達賢教授，在其新版《策略管理新論－觀念架構與分析方法，第三版》中介紹了「三種層次的策略，分別代表不同的思維及策略內容，包括『網路定位策略』（產業上下游價值鏈關係，以利益及非利益與政經、社會關係之決策）、『總體策略』（強調多角化整體布局及事業單位間相互綜效有關之決策）以及『事業部策略』（單一事業體的產品或服務價值創造與市場競爭優勢方法作選擇）」。

1. **策略形態分析法相關概念與步驟**（參閱圖 009）：他認為：由於傳統策略規劃程序有所不足，乃提出以下的架構與思考程序。此一程序的最大特色是先從描述現在的策略形態開始，然後再進行環境偵測與條件評估，並進一步以未來的策略形貌為努力方向，擬訂並選擇具體的策略方案及設計行動計劃。

2. **事業策略分析的幾項因素**：司徒教授在此創新策略規劃之分析事業策略「操作手冊」中，特別提出幾項因素，以作為對事業策略的分析、制定與執行，進行全面思考，以注意各因素間相互呼應和配合。此等因素之解說，包括司徒教授書中之創意用語。在圖 010 中，位於中央者為「事業策略之策略形態」。此圖左上角為「環境」，是企業策略有關的產業特性與趨勢，「競爭環境」是直接競爭對手，任何策略規劃均為主要因素。上端為「條件」包括了此一事業前一段之策略、資源、以及企業所具有之其他條件；此一條件為傳統

圖009：策略形態分析法相關概念與步驟

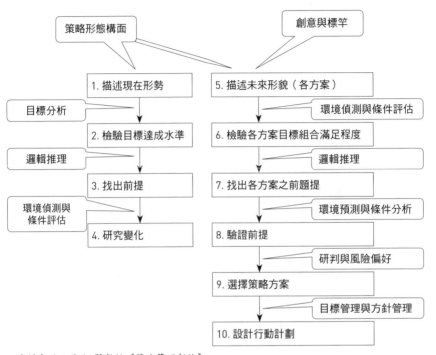

資料來源：司徒　賢教授《策略管理新論》

策略規劃中優劣勢息息相關。右上圖是「目標組合」，利益相關人對此企業的期望。如果企業策略屬於多角經營集團內之事業單位，此一目標組合中當然必須包括總公司集體策略下所需求績效水準。左下角是「功能政策」，即是為了配合事業策略各功能部門的政策或策略，諸如行銷、生產、研發、人力資源、財務、資訊等。右下角是「組織方式與結構」，意指此一事業結構及權責，可由管理制度中詳加規範。最下端是

「行動與績效」，說明策略行動與績效（KPI）之連接，此點與傳統策略規劃之「結果論」一致。

圖 010：事業策略分析之幾項因素

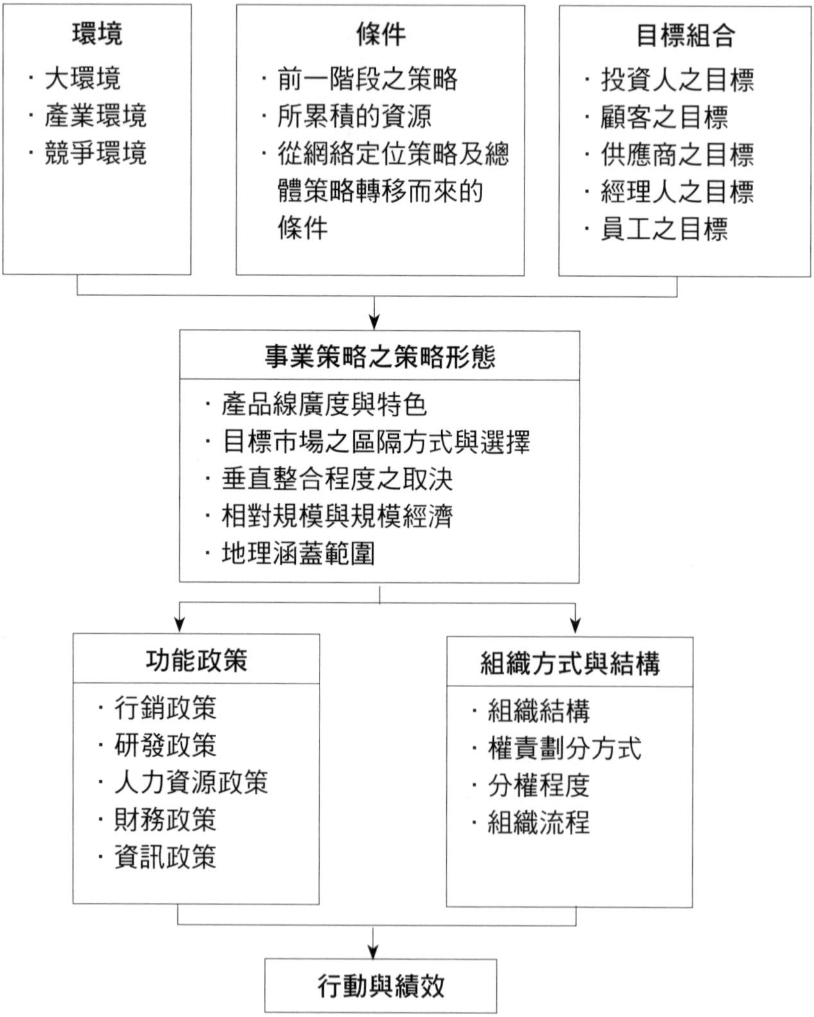

環境	條件	目標組合
· 大環境 · 產業環境 · 競爭環境	· 前一階段之策略 · 所累積的資源 · 從網絡定位策略及總體策略轉移而來的條件	· 投資人之目標 · 顧客之目標 · 供應商之目標 · 經理人之目標 · 員工之目標

事業策略之策略形態

· 產品線廣度與特色
· 目標市場之區隔方式與選擇
· 垂直整合程度之取決
· 相對規模與規模經濟
· 地理涵蓋範圍

功能政策	組織方式與結構
· 行銷政策 · 研發政策 · 人力資源政策 · 財務政策 · 資訊政策	· 組織結構 · 權責劃分方式 · 分權程度 · 組織流程

行動與績效

資料來源：司徒達賢教授《策略管理新論》

146

3. **策略規劃矩陣與策略點**：司徒教授之論述，在圖 011 基本之策略定位圖中之矩陣創意來源為產業價值鏈（軸）與策略六大形態構面（縱軸）作交叉分析中，所顯示的策略意義在策略矩陣的每一方格（該書稱之為「策略點」），顯示每個點均加編號，都有其獨特的意義，條理分明且不複雜。為便於讀者較易了解策略規劃矩陣及策略點實際組合，根據該書案例加以引用說明。

圖 011：T 公司的基本策略定位

設備製造	原料	製程研發	IC設計	線路IP	IC製造	封裝	測試	主導權責	PC製造	電玩製造	手機製造	PC產品	電玩產品	手機產品	
A01	A02	A03	A04	A05	A06	A07	A08	A09	A10	A11	A12	A13	A14	A15	產品線廣度與特色
B01	B02	B03	B04	B05	B06	B07	B08	B09	B10	B11	B12	B13	B14	B15	目標市場區隔與選擇
C01	C02	C03	C04	C05	C06	C07	C08	C09	C10	C11	C12	C13	C14	C15	垂直整合程度之取決
D01	D02	D03	D04	D05	D06	D07	D08	D09	D10	D11	D12	D13	D14	D15	相對規模與規模經濟
E01	E02	E03	E04	E05	E06	E07	E08	E09	E10	E11	E12	E13	E14	E15	地理涵蓋範圍
F01	F02	F03	F04	F05	F06	F07	F08	F09	F10	F11	F12	F13	F14	F15	競爭優勢

資料來源：司徒達賢教授《策略管理新論》

案例為新竹某一家晶圓代工公司（T 公司）。在圖 011 中，垂直整合程度方面，T 公司專注於「IC 製造」（C06），其他僅「製程研發」（C03）這也是 T 公司基本策略定位。其特色是規模大（D06），不僅在成本上有相對利益，在排程與交期亦具優勢（D06→A06）；

在製程研發上能力不錯，對「IC製造」的品質與成本極有貢獻（F03 → A03 → A06）。

在圖012中看出IC的盈虧與風險「主導權責」在於IC設計者（C09 ←→ C04），表示負責此二價值單元者係同一主體。

因此「IC製造」業者所提供的服務（A06），其針對的客戶或目標市場是「IC設計」業者（B04）。而IC設計業者並非終端市場，還要設法滿足系統製造者，如「PC製造」業者（B10），協助他們產銷優良的產品（A13），以滿足其市場（B13）。

圖012：主導權責與目標市場

設備製造	原料	製程研發	IC設計I	線路I	IC製造	封裝	測試	主導權責	PC製造	電玩製造	手機製造	PC產品	電玩產品	手機產品	
A01	A02	A03	A04	A05	A06	A07	A08	A09	A10	A11	A12	A13	A14	A15	產品線廣度與特色
B01	B02	B03	B04	B05	B06	B07	B08	B09	B10	B11	B12	B13	B14	B15	目標市場區隔與選擇
C01	C02	C03	C04	C05	C06	C07	C08	C09	C10	C11	C12	C13	C14	C15	垂直整合程度之取決
D01	D02	D03	D04	D05	D06	D07	D08	D09	D10	D11	D12	D13	D14	D15	相對規模與規模經濟
E01	E02	E03	E04	E05	E06	E07	E08	E09	E10	E11	E12	E13	E14	E15	地理涵蓋範圍
F01	F02	F03	F04	F05	F06	F07	F08	F09	F10	F11	F12	F13	F14	F15	競爭優勢

資料來源：司徒達賢教授《策略管理新論》

此外還有地理環境與互補產業的問題（參閱圖013）。T公司位於台灣新竹（E06），在一小時車程

方圓之內（E04），就有許多 IC 設計業者（B04），以及封裝與測試廠（B07、B08），其地理位置（E07、E08）與規模（D07、D08）亦甚良好。此等周邊廠皆對 T 公司提供支援與協力，形成依存或互補功能。

在台灣（E10、E11）為數眾多的 PC 業者（B10）與消費電子業者（B11），產銷能力不錯（A10、A11），所生產的產品（A13、A14）也能滿足世界（E13、E14）市場需要（B13、B14）。

圖 013：上下游產業結構、規模及地理群聚

設備製造	原料	製程研發	IC設計	線路IP	IC製造	封裝	測試	主導權責	PC製造	電玩製造	手機製造	PC產品	電玩產品	手機產品	
A01	A02	A03	A04	A05	A06	A07	A08	A09	A10	A11	A12	A13	A14	A15	產品線廣度與特色
B01	B02	B03	B04	B05	B06	B07	B08	B09	B10	B11	B12	B13	B14	B15	目標市場區隔與選擇
C01	C02	C03	C04	C05	C06	C07	C08	C09	C10	C11	C12	C13	C14	C15	垂直整合程度之取決
D01	D02	D03	D04	D05	D06	D07	D08	D09	D10	D11	D12	D13	D14	D15	相對規模與規模經濟
E01	E02	E03	E04	E05	E06	E07	E08	E09	E10	E11	E12	E13	E14	E15	地理涵蓋範圍
F01	F02	F03	F04	F05	F06	F07	F08	F09	F10	F11	F12	F13	F14	F15	競爭優勢

資料來源：司徒達賢教授《策略管理新論》

在此產業中由於市場需求與產品規格變化快，上下游之間的協調配合很重要，若分散到不同地方則可能發生策略要素「不同地區價值單元之介面」問題；因為

價值單元間的介面管理，已是一個重要的策略課題和策略要素。而當需要密切互動的價值單元分處不同地區時，潛在介面管理問題就更值得重視。換句話說，策略點 E04、E06、E07、E08、E10、E11 這些地方最好能相互接近，以發揮「群聚」的效果。這些產業都頗為完備，是 T 公司策略成功的前提。

以圖 011、圖 012、圖 013 一起來看，可以如下方式說明 T 公司策略成功理由：「規模大、製程能力好，台灣地區有完整的產業環境及完整體系，包括IC設計、封裝、測試，以及 PC 或消費電子這些系統廠商，形成群聚效果。T 公司既支持了大家的成長，也從整體產業的成就中，得到獲利與成長的機會」。

以上㈡所陳述之策略形態及矩陣分析方法，大都引用自司徒教授《策略管理新論》中；而該書所舉 T 公司案例亦環環相扣，頗具說服力。作者在此引用其著作內容及案例，特向司徒教授致最深謝意。

4. 兩項策略規劃之理論基礎及在實用價值：對兩者之策略構面及施行時對企業經營之成效，謹作如下分析：

(1)就前者（以 SWOT 分析作構面）而言：自美國著名學者張德勒（A. Chandler）發表其《策略與組織結構，1962》之後，五十餘年以來，此一設計學派之策略規劃構面一直深受國內外學者重視及企業界採用，且諸多管理諮詢公司亦作為輔導企業達成其策略與目標的重要工具，至於是否具有成效，很難作確定性結論，

原因在於企業所提供之各項分析資訊是否完整？是否針對該企業特性？規劃時企業負責人及高階主管（策略規劃委員）對各項要因之瞭解及取捨是否具有深度？至於在施行時，面對企業內外在愈來愈不確定之環境及趨勢未來變異，所採取因應速度與方式以及策略管理之適當性，均為影響此一政策成效之結論。亦如前提《追求卓越》一書中當時所述之「卓越」公司現在大都黯然退場相似（僅作說明，並無惡意）。

(2)至於後者《策略管理新論─觀念架構與分析方法》而言，雖為「創新」，可行性不應置疑，因為該作者：

1）以四十餘年嚴謹教學研究經驗，及與「企業家管理發展進修班」近千位學員於上課時雙向溝通所得之資訊及實務案例；

2）該作者在其新著《策略管理新論》中，所申述理論架構邏輯十分清淅、合理；尤以細讀其兩個向度產業價值鏈，及針對事業的策略形態，他歸納出「策略形態之六大構面」之創見所形成之策略架構深具專業；再從 T 公司案例來看亦具成功結論。

　　本書所推薦之前二者策略規劃並無偏好，仍有待企業界之取捨。

5. 精實帆布商業規劃─另一類策略規劃：在克拉克 / 歐華特 / 培耐爾（Tim Clark/Alex Osterwalder/Yves Pigneur）所著《一個人的獲利模式》（Business Model You）及歐華特（Alex Osterwalder）等所著《獲利世代》

（Business Model Generation）兩本書中創造了一種新型企業規劃模式：精實帆布（Lean Canvas）。而後又由精實執行《Running Lean》作者阿什・毛瑞亞（Ash Maurya）加以精進。此一新型模式僅用一張九個宮格圖紙，透過平台以下圖所述九個步驟，邀請他人共同為新創及微型企業探討與思考商業模式。

台灣使用此一商業模式者仍較為少數，如欲進一步詳加了解，可上網查閱。（https：//railsware-com/blog/lean-canvas-a-tool-your- startup-needs-instead-of-a-business-plan/）

圖 014：精實帆布商業模式宮格圖

Problem 1. 問題 Top 3 Problems	Solution 4. 解決方案 Top 3 features **Key Metrics** 8. 關鍵指標 Key activities you measure	Unique Value Proposition 3. 獨特價值主張 Single,Clear, Compelling Message thatStates why you Are different and worth paying attention	Unfair Advantage 9. 不公平競爭優勢 Can not easily copied or bought **Channels** 5. 通路 Path to customers	Customer Segments 2. 顧客區隔 Target customers
Cost Structure 7. 成本結構 Customer Acquisition Costs Distribution Costs Hosting People, etc.			**Revenue Streams** 6. 收益來源 Revenue Model Life Time Value Revenue Gross Margin	

PRODUCT   MARKET

資料來源：阿什・毛瑞亞（Ash Maurya）

企業策略管理

一、策略管理功能：企業經營亦如人生經營，均需要管理以免失

控。而企業策略為企業經營重要抉擇，事關企業未來之存續。因此，本節將特別申述所謂管理程序，其目的即在為企業經營設計一套管理功能工具，引導企業負責人用此工具，使企業一切活動能正常運作。

　　管理程序不是各自單獨存在，而係一種週而復始的循環，而且環環相扣。策略管理亦復如是，其主要方式係在管理之執行過程及各項活動是否合乎原始策略規劃？是否達到原始的目標？如有差異，其原因為何？是否有採取因應之策？否則亦需以管理程序中的控制，以避免失去控制；而以管理循環的方式對變異程序加以導正。

圖 015：管理程序

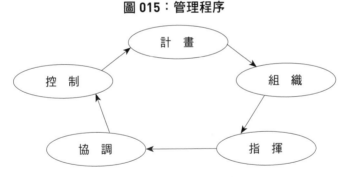

資料來源：費堯：管理程序

除去前述管理程序外，現任美國阿拉巴馬大學湯姆笙／斯克藍教授所著《策略管理——觀念及個案》第一章亦提及「策略管理程序」，其內容大致與上圖管理程序相似，但所設計的步驟與循環頗為細緻，特加以引用，以方便表明策略管理之功效及進行程序。

圖 016：策略管理程序

資料來源：作者譯自湯姆笙／斯克藍《策略管理－觀念及個案》

　　至於如何執行此一程序，可參考下述各項細部建議，逐步進行應可使企業所規劃之策略竟其全功。

㈠**訂定企業年度目標**：除去前述企業短、中、長期目標外，依據企業策略規劃之短期目標，以滾動式視每年內外在環境之變化，不獨慎重微調其策略，亦隨之修訂其年度目標。如該企業為一集團，則該集團下之單一事業單位如為不同產業，亦應在總公司之大目標下，規劃其本身策略，及依同樣方式規劃其年度目標。在訂定企業及其下屬各功能部門之目標，宜依杜拉克所著《管理聖經，1957》建議：以具體（specific）、可衡量（measurable）、可達成（achievable）、與企業目標相關（relevant）及有時限（time related）之 SMART 為原則。

㈡**建立責任中心**：如企業組織架構及職責區隔明確，生產不同產品、不同零組件、最終可裝配為成品，而內部會計系統完善，亦可依外部銷售及內部計價方式建立責任中心，其中包括成本中心、收益中心、利潤中心及投資中心。

㈢**各功能部門年度目標**：各功能部門在訂定年度目標及行動
規劃時，應承先（依事業部）及啟後（與下屬單位連結）；
雖可增加心有餘力個人目標及工作計劃，但在執行時不應
有所缺失。

㈣**各單位目標**：各功能部門之下屬各單位亦應與各功能部門
相同，訂定其年度目標及行動方案。

㈤**員工個人**：依其上級單位之目標及行動規劃，訂定其個人
之目標及行動規劃。

㈥**平衡計分卡之運用**：平分計分卡（BSC）的功能在驅使企
業平衡長期成長的四個重要構面：財務、顧客、工作流程
及成長與學習，使企業不致如以往專注於財務，僅追求短
期利益而忽略其他能驅使企業永續經營的因子。所以在設
定企業及各級主管與員工目標時，可以四項作為構面，財
務與非財務平衡、企業與員工追求平衡（績效與學習）、
短程與長程績效平衡，再以 KPI 為 BSC 作目標管理之工具。

㈦**建立可衡量指標（KPI）**：在為事業體、功能部門、工作
單位，及員工訂定目標時，應依前述目標管理（MBO）
或 BSC 平衡計分卡四個構面及原則而為，仍然依該事業
體之特性及獎懲辦法，進行每月、每季、半年或一年依可
衡量指標（KPI），進行績效評估並隨之及時予以激勵；
但在績效評估時，對上述各階層及員工之職涯發展亦為評
估之重要一環，不可忽略，使公（企業績效）私（員工發
展）兼顧。有時各事業部（BU）、功能部門、單位及員工，
在承接上層與其所訂之目標外，亦可增訂個人目標，如能

達標應依達標百分比，加成其績效獎金。

二、**常見十項策略陷阱**：（資料來源：湯姆笙／斯克藍所著《策略管理－觀念及個案》第三章）經驗業已顯示，有些策略措施失敗多於成功的原因：

㈠當市場已無模仿空間及與競爭者有相似產品時，仍然效仿領先及成功競爭者。

㈡投入更多經費在市場及促銷上，試圖繞過原本既有待解的品質及功能問題。

㈢建立許多弱質市場定位，而取代少數強質市場定位。

㈣試行以巨額投資在新的設施及裝備上，期望達到較高生產力及降低單價成本（其危機在難以預測產業需求的轉弱，將提高產能閒置及造成公司盲目投資，而致面對高固定成本及債務償還的義務）。

㈤對研發努力分配較多成本，以致弱化而非強化生產力。

㈥嚴厲批判市場負責者，而不去增強優質競爭優勢及建全適當財務結構。

㈦極力試圖提升市場占有率，以致激怒競爭者強式報復，形成巨額成本「武力競爭」局面（此種戰爭很少產生市場占有率實質改變；通常的結局為增加成本及無利潤的銷售額）。

㈧在弱化中產業內併購一家營運不佳的企業。

㈨在新的事業中沿用舊有的策略，別處曾經有效的策略也許此處不再管用；即使在相似產業環境中，因為產業關鍵成功因素及競爭力常常存在敏銳差異之中。

㈩對成本降低賦予高度重視，而非在選擇市場區隔建立強勢

定位。

三、高階人力資源管理者在企業策略規劃與管理中扮演的角色：

(一)是策略規劃資訊提供者：高階人力資源管理者應為企業策略規劃成員之一，對其所提供功能性資訊；以及其他功能部門均應依其專業及所知予以確認，以免損及策略適用與可行性。

(二)是企業策略忠誠傳播者：各項企業整體集會及各級教育訓練通常為人力資源部職責，高階人資管理者應對教育與訓練參與者，將企業策略規劃依層次及對象將規劃內容以不同方式予以宣導，盼能獲得全員瞭解及支持，以鼓勵全員之認同及投入。

(三)是企業策略相關資訊持續彙集者：在企業各功能中，高階人力資源管理者，大都與企業外之機構、團體、個人接觸較多，應利用此機會彙集各項對企業發展有利之資訊，其中有關策略者所需自為重點之一，因而持續彙集相關但合法之資訊，為其對外關係必要任務。

(四)是進行企業策略變革建議及執行者：因應內、外界環境急速變化，高階人力資源管理者雙眼、雙耳，應不斷閱讀、聽取及思考有關企業變革資訊，以便適時、適當向企業負責人以邏輯性之分析，可行性之建議，進行企業略策變革。

(五)是對企策略管理結果之績效進行運用者：策略管理通常以定時對規劃之施行結果予以追蹤及評估。高階人力資源管理者應依制度所訂，以客觀數據、法理情來確定企業功能、單位、個人之績效予以獎懲；獎者宜足，懲者視情境

宜輕並施以教導。

企業三層次理念

一、**三層次理念之定義**：顧名思義即因企業各階層因其層次不同，以各自運作及活動之重心而形成。

　　㈠**企業經營理念**：其內容以企業文化與核心價值為主軸。MBA 智庫曾解釋：「企業文化是在經營活動中形成的經營理念」，因而當企業已建立其企業文化時，通常可不必再行強調經營理念。

　　㈡**企業管理理念**：管理理念雖亦與企業文化息息相關，但其層次為管理位階；為彰顯管理層次的價值重點，其內容以各功能工作為聚焦，以理性文字為宣示、承諾、企盼。諸如人才是其他任何資源無法取代、培育是投資不是費用、品質是生產而不是檢驗出來、變革是發展不是陣痛、運用大數據落實求真、員工是伙伴不是雇傭、商場不是戰場而是競合生態系統、管理是服務不是控制、重視同業合作爭取更大營運空間、加強成本管理節省無效支出等。

　　㈢**功能部門理念**：諸如行銷理念、生產理念、研發理念、財管理念、人力資源管理理念。（參閱第 219-221 頁）

二、**管理理念目的及其重要性**：其目的在向外顯示該企業在管理階層實際管理的決策和措施是依據什麼理念為重點，也是對內提醒員工，這是管理階層對他們所作的宣示及企盼。舉例而言，成長快速的阿里巴巴管理理念十分簡單，僅有三項：

㈠尊重內行；㈡薪酬及獎金鼓勵；㈢人才培養。這三句話與使命、願景及策略方案並無直接關係，但卻清楚地向管理階層及各級員工表明：大家要尊重專業，不要「官大學問大」；大家只要對公司有貢獻，公司就會提供經濟報酬；大家要明白：阿里巴巴是一家重視人才、培養人才的企業，以獲取全員的信賴，促使企業創造成長與績效。

三、管理理念具體實踐：讀者朋友中在製造業或服務業工作者甚多，所服務之企業稍具規模者，均會在其辦公處所或廠房懸掛或貼上該企業管理理念；如果多去參觀幾家，應可發現其「牆上宣導」的管理理念大都包含「客戶第一」、「品質至上」、「尊重個人」、「追求卓越」、「創新求變」、「誠信無欺」、「服務為樂」等四字訣；至於是否深植人心，真正做到「誠信無欺」則有待驗證。

其實管理理念不在文字之優美、音韻是否動人，（阿里巴巴的管理理念文字既不優、亦不美）；而在於企業從上至下各階層，均應深入瞭解其含義、時時提醒其價值、真正深植於人心，感染到相關人員的體認中，或置入產品內，是每位員工之日常工作行為。

所以，不獨高階人力資源管理者應協助企業，其他功能部門均應自行塑造此一適當管理理念，進而依此理念，延伸出具體可行之功能性策略。人力資源管理更應於培訓與重要集會時「溫故而知新」。任一功能性部門主管亦應對下屬耳提面命，使這些理念上行下效，以形成全員共識、共行、共用其成果，創造出企業整體績效。

圖 017： 企業管理整體運作思考架構

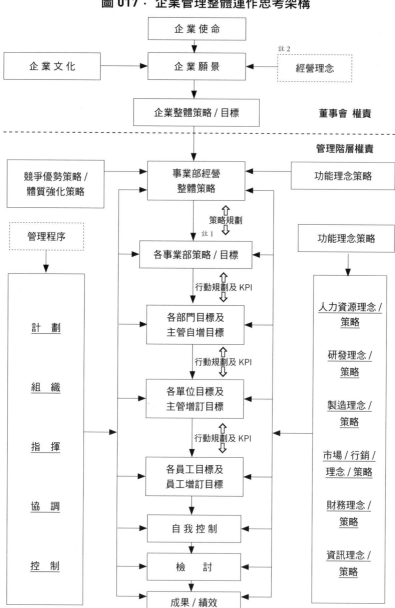

註1：如為單一策略性事業部，則由該事業部規劃策略及目標
註2：參閱本章前兩頁資料來源：○○工業有限公司

本章重點

及對未來與現在高階人力資源管理者之 啟發

一、所謂企業是人類為謀求生存，並追求美好生活的一種活動。
　　此一活動需要透過經營管理。

二、管理之施行，乃是有系統地適法、適當、適時運用既有及可
　　能取得之各項資源，以完成企業所規劃策略與目標之行動過
　　程。

三、不論「科學管理之父泰勒」及「現代管理程序學派之父費
　　堯」，均為一個世紀前的人物，但其論述至今仍歷久彌新；
　　而有一些「創新觀念」卻「稍縱即逝」，其原因在於能否為
　　企業帶來實用性及長期利益。

四、前項所述的行動過程，稱之為管理程序，包括：規劃、組織、
　　領導、協調及控制。雖有部分學者認知對此一程序之內容稍
　　有不同，但對規劃、組織、領導及控制並無異議。

五、科學管理之父泰勒早期曾提出以下科學管理四大原則，此等
　　原則就現代管理而言仍然廣為運用。

　　1.（管理）動作科學化原則；

　　2.員工選擇科學化原則；

　　3.誠心合作原則；

　　4.責任劃分原則。

六、企業經營必須理性。凡歧視、急躁、衝動及感性決策者均非

企業之福；應以科學之分析、理性之思考來作規劃，隨之以團隊之運作方有成功機率及持續經營機會。

七、策略規劃之目的有二：

1. 為了完成企業願景努力方向的選擇；

2. 為了資源分配之選擇。

八、除內外部數據外，策略規劃甚多分析資訊可用：表012波特之五力分析、波士頓矩陣分析、及普哈拉等《競爭大未來》之七問，均可用於策略規劃時之參考，或作策略規劃後之檢視。

九、策略規劃不在於是否有此一規劃，而在於規劃所根據之資訊是否針對該企業特性彙集和分析，以及具有規劃執行及管控能力。

十、所謂領導與管理並不相同。職權不是來自於職位名稱是否顯赫，而在於職位持有者本身所具有「令人佩服」的要件；如果以職位名稱迫使部屬遵從，則該職位持有者僅為職稱的施壓者，不應稱之為領導。有些管理者在無法使部屬信服時，常以「你該知道誰是你的主管！」如是，他已將其僅有的「主管尊嚴」使其部屬屈從。

十一、除去不要侵犯他人既有領土（空），人力資源管理疆域裡仍有甚多未開發之處女地，需要我們「勇於投資」。

第五章

人才策略
——傳統性及策略性
　　人力資源管理專業

　　傳統性人力資源管理，係依據組織結構及職掌，執行其組（織）、選、育、用、酬、退等行政性與傳統行政性活動，以配合企業經營。策略性人力資源管理：係指除上述功能活動外，對企業提供更具宏觀及前瞻性活動；雖兩者同為企業功能性部門之內涵，但後者重點在協助企業負責人進行組織轉型及人才擁有，比前者更具高附加價值之貢獻。

傳統性人力資源管理專業及內涵

一、傳統性人力資源管理定義：所謂傳統性人力資源管理，並非有意與策略性人力資源管理施以二分法加以區隔，其功能層次及目的在認知上兩者確有差異（參閱圖 031），意指企業人力資源管理運作及活動，均在執行其「行政性」工作，且為十分重要的工作。如依人力資源管理發展路徑來看，可分為執行人事行政及從人事管理提升到策略性人力資源管理（參閱圖 018）。近年來大都仍以「傳統性」方式執行各項職責及活動；雖與企業策略相結合，但結合程度並不密切相扣，旨在履行「本份」功能，遂行其人力資源組織、規劃、招募、任用、薪酬、福利、績效、協助、留任、退撫之定型各項人事行政與管理活動。

　　人力資源管理部門主管通常向企業 CEO 報告，稍具規模大型企業或重視人力資源管理之中型企業通常均如是；因為只有在平衡四肢（企業內各功能部門）接受大腦（CEO）之意旨，全然能發揮其「功能」下，方能團結一致，顯現其效

能。可見二者功能理念雖有不同，但其目標卻一致。

圖 018：人力資源管理發展路徑

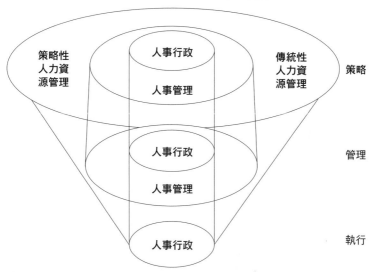

資料來源：王冠軍

二、**統傳性人力資源管理內涵**：人力資源管理部的職責，雖然各
企業因其整體組織結構及對人力資源管理功能重視程度而有
其差異，功能位階稍有不同，但以現今各企業對人力資源之
認知，人力資源管理部大致具有下述職責與內涵：

㈠**企業組織設計功能型態**：組織設計時，其原則為：組織結
構為組織層次之橫向與縱向指揮與溝通之動向流程；組織
圖係採此一流程形之於圖面。組織結構表示企業策略需求
環境對應人力資源正式組成體系；而此一體系繪製於圖面
即稱為組織圖。

- 部門設計
- 層級（layers）多少
- 工作流程
- 管控幅度
- 分權而合作

所謂功能（function）形態，係指企業組織結構，各部門依其職責發揮不同運作及綜效，可分為三種不同報告形態，功能性直線報告為其形態之一；且是大多數企業所採用，即對各功能部門分別賦予名稱，尤如人體之四肢。諸如生產部、行銷部、財務部、企劃部、資訊部、研發部等。人資部為其中之一，在擔負人資各項職責與活動。

其二為虛線報告，即除向其直屬主管報告外，另以虛線向其平行之上司報告。其三為向矩陣式組織之二位、甚至三位主管直線或虛線報告，端視企業某一功能或單位對某項專案之相關程度。

功能之形成，其組織成員大都具有各自不同的專業知能。如此，雖各有專精，但因各行其「事」，且能在事權統一的機制下、專業領導的信任下、良好溝通及協調下，將各功能發揮至極大化，使企業形成一體，邁向企業整體目標：績效。

1. **組織結構之規劃與建議**：現行企業將此一職責列入人資部之下，可能有不同看法，因為有些企業可能將此一職責置於企劃部。但作者認為，組織與人員任用及人員配置有密切關係，而就知人任用而言，以人力資

源管理部為佳。

人力資源管理部雖近二十年來因國內人才匱乏及有賴人資部之努力，比前時稍受企業負責人之重視，但如由其「主導」企業組織結構卻仍難使其他功能部門樂於接受，因為與「人」的職位權力分配有關。所以可先行扮演幕僚角色，依策略規劃提出改變及必要建議，而由企業負責人決定及公布施行。

(1)**組織結構功能**：所謂組織，巴納德（C. Barnard）認為是指兩人以上的合作團體。基本上組織具有這幾種要素：組成人員、追求達成的目標、責任分配、人員配置、必要活動的範圍及具體工作區隔。就組織設計而言，魯森斯（F. Luthans）教授在其《組織行為》第七版中認為「結織結構絕非僅為將一些框框繪製在圖紙上；它是一種相互交流，在技術上、任務上企業成員中一項協調的機制，確使企業完成其目標」。作者在多年擔任教職時所使用羅賓司及章琪（S. Robbins/T.Judge）所著《組織行為》第12版中提及組織結構時他們認為：「在設計組織時有六個要項必須重視，即：工作專職化、部門化、命令系統、管控幅度、中央集權或分權正式化」。

因此，組織結構的基本功能在完成企業策略所需設立功能報告系統、管控幅度、賦予每一部門主要職掌、顯示出各部門間彼此關係，並給予每一位主管及員工個別而明確之職稱，形成分層卻能達到負

責效果，進而確保整個企業體均能經由此一管理工具，透過資源的統合、工作的協調，而達到企業的經營目標。因此，組織本身並非目的，只是達成企業經營策略的一項綜效性管理工具。

(2)**組織結構與組織圖**：組織圖並非始終「處變不驚」，而是隨著內外在環境之改變而改變經營策略需作調整。所以，一張組織圖，是一個組織體在某一經營時期階段性而非一勞永逸性的結構。因此，組織圖，除了可使組織內員工及外界相關人員，瞭解該企業階段性的組織「全貌」外，更具下述功能：

1) **標明每一部門主管之正式職稱**：企業內各位主管之正式職稱，固可從任命中確定，但任命並非每一員工均可人手一份，隨時參閱；組織圖卻可為另一正式文件，標明每一部門及單位主管之正式職稱，層級分明、相互關係，易於瞭解及溝通。

2) **簡述各部門主要職掌**：許多企業體在繪製組織圖時僅以方格表明其組織結構，其職掌另以文字敘述：其實每一方格所代表之部門符號下方，亦可將該部門主管職掌範圍予以要點式概述，可使讀者一目了然，確使相關部門員工亦可相互清楚彼此部門、單位簡要職掌。

3) **標明管轄及協調路線**：組織之所以能發揮運作功能，均依靠指揮及協調。從組織圖上，可一目了然此項功能，規劃出各部門之上級部門為何，平

行及屬下單位有那些。雖然有些組織圖上有實線、虛線之管轄路線，但組織之基本原則爲任何部屬除另有原因應只有一位直屬上司，虛線管轄亦爲配屬性或間接性系統。

4) **標明企業體組織層次**：企業爲了達成目標，除了組織體功能性的分工而有各部門外，亦應依其企業之大小而有層次的形成，以目前資訊之暢通、媒介工具之多元及管理人員溝通能力之成熟，最適選擇可依企業規模以二至五個層次爲佳。

5) **顯示企業經營取向**：組織圖既依組織策略及經營目標而制定，從組織圖上各部門的層次高低及某些功能有無，大致可看得出該企業體的經營取向；如以銷售爲導向，或研發導向者，其組織架構上該等部門之層次位置均將有所不同；如對人力資源不太重視之企業體，該部門組織層次通常不高，而且其下屬單位或人員組成亦頗爲簡單。

　　從上述組織結構的基本功能，可知其對達成經營策略及目標、分層負責、指揮系統、企業內協調、以及員工對各級主管的認知均有其必要性。再健全的組織圖並不能保證企業經營的成功；不健全甚至缺乏組織圖的企業未必失敗。但可確定，如經營策略明確，組織架構完整，再加以適當、適時地運作，其成功機率高於失敗機率自可預期。因此，企業經營者，對組織結構及目標之研定，

絕不可掉以輕心

2. **組織結構型式**：常見組織結構通常分為直線結構、功能結構、直線——職能結構、事業部結構、科層式結構等。事業部通常設立在大型、產品多元、全球性之企業總部下。又可分為策略性（SBU）及非策略性事業部（BU）。

組織結構以往大都依軍方之組織型態以金字塔三對一方式形成，但近三十多年來，由於科技發展快速、移動網際網路時代產品多元、溝通工具日新月異、投資與行銷地區無遠弗屆、主管歷練機會不斷增加及授權範圍越大、駐在國經營法令與規定之常常更易，以及台灣服務業成長快速，已占 GDP 的 2/3，遠超過製造業，原先以製造業為主的金字塔報告型式早已不適現況經營型態，近三十年來，業已發展許多不同結構。諸如：

(1) 圖 019：直線－職能組織結構

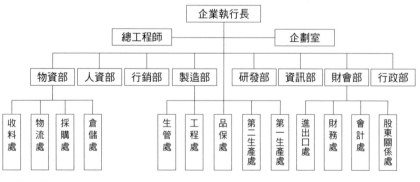

資料來源：作者繪製

(2) 圖 020：事業部組織結構

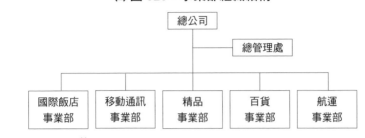

資料來源：作者繪製

(3) 圖 021：功能組織結構

資料來源：柯貴特／李屏／魏森（Cologuitt/Lepiine/Wesson）《組織行為，2019》

(4) 圖 022：產品組織結構

資料來源：柯貴特／李屏／魏森著《組織行為，2019》

(5) 圖 023：地理區域組織結構

資料來源：柯貴特 / 李屏 / 魏森著《組織行為，2019》

(6) 圖 024：以客戶為對象組織結構

資料來源：柯貴特 / 李屏 / 魏森著《組織行為，2019》

(7) 圖 025：科層式組織結構

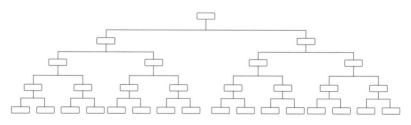

資料來源：柯貴特 / 李屏 / 魏森著《組織行為, 2019》

(8) 圖 026：扁平化組織結構

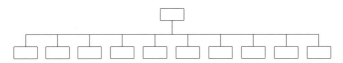

資料來源：柯賽特／李屏／魏森著《組織行為，2019》
說明：甚多企業業已將科層式組織逐漸減少層次（layers）而形成扁平化，至於減少多少
　　　層次，端視企業經營環境及現況而為之。如此不獨將增加各級主管管轄幅度（span
　　　of control）、強化各級主管管控能力、大幅降低人力成本（如下圖），而層級間
　　　溝通更便捷。此一扁平化組織型態，為企業變革重要一環。（參閱第 260 頁）

(9) 圖 027：組織扁平對層級及人力資源之精簡示意圖

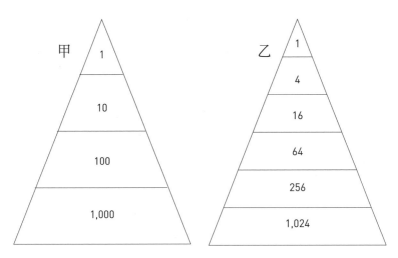

資料來源：作者繪製
說明：甲圖為一家千餘位員工公司，管轄幅度為 10，僅約需 110 餘位主管，四個層級；
　　　乙圖為另一家公司亦為千餘位員工，管轄幅度為 4，卻有六個層級，約需有 300
　　　餘位主管，增加三倍之多。
　　　組織扁平可以大陸海爾集團為最佳案例。海爾成立於 1984 年，在數度組織變革
　　　後，將原為金字塔式 8 萬多員工扁平為 2000 多自主經營個體，消除了中層單位，
　　　將原有國、省、市、縣四級，改為直接到縣；省及市級不復存在，每個自主經
　　　營體就像一個微小公司，自負盈虧。

⑽ 圖 028：矩陣式組織結構

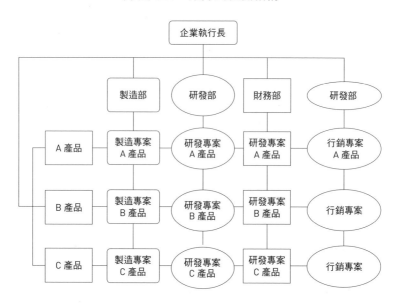

資料來源：柯貴特 / 李屏 / 魏森著《組織行為，2019》

說明：此一組織結構，可用定型或任務編組方式施行。其目的在完成涉及面廣、臨時性、複雜性的重大專案或管理變革任務，事涉各功能部門，各派具有該專案有關人員參加，呈現橫向與縱向結合關係。請注意，其報告系統為實線。IBM 在中國大陸原有亞太區、中國區、東南區、香港區等組織，但又按產品體系劃分事業部，經由矩陣式組織將這些縱橫交錯部門有機的組合，成為特定目的之個體，以該矩陣式個體形成綜效，完成目標績效。

矩陣式報告系統，通常以虛線向專案系統負責人報告，但最好可依上圖以實線為佳，以顯示專案重要性；如以虛線，可能形成參與專案之成員較為偏重原有功能組織型態。至於績效考評，亦可由原功能部門及矩陣專案負責者共同施評並簽字。

⑾**無定型的組織（Amorphous Structure）**：所謂無定型的組織，係指企業內雖有組織架構，但並未「定型」，經常因內外在環境變更的需要更動隸屬性組織系統；就如同打麻將，隨時有變化性的組合，但職責與目標仍然不變。

⑿**動態式網路組織結構（Network Structure）**：此種結構在快
速改變產業鏈中常被應用，企業本身僅保有較爲專業的功能，
其他附加價值較低、專業性較低的功能，則委由合作企業代
行，形成自由市場動態網路結構，而合作企業在此動態結構
中自由選擇，例如：蘋果和鴻海工業、Nike 和寶成；蘋果與
Nike 則將其專業聚焦於設計與行銷。由於此種結構使企業規
模小、固定成本低、員工少，但可運用電子網路和合作者形成
生產整合、可因應內外部環境變化而與合作者調整產能、亦可
因應市場彈性需求將合作鏈分、合，以避免自身負擔所波及；
但亦有可能因合作企業之品質及其配合度而承受風險；端視雙
方誠信。

⒀ 圖 029：倒金字塔型組織結構示意圖

資料來源：作者繪製
說明：倒金字塔型組織（Inverted Pyramid Organization）：台灣服務業（含生產事業銷售）
　　　已占 GDP 2/3，甚多規模較小服務業已打破金字塔型組織，以倒金字塔型組織運作
　　　企業活動；將經過訓練及授權的員工放在高層，而高層管理者位居基層提供必要
　　　時之協助以支援第一線員工，減少中間管理者。

⒁**混合型組織結構（Hybrid Structure）**：當企業成長至大規模時，通常擁有多種產品市場，每個市場必須有各自完整的生產與行銷功能，而技術、人力資源管理等部分功能又必須集權於總公司以達到經濟規模或監督控制的目的，因此純粹的功能別、事業部別或地區別結構不易存在於真實世界的經濟環境中，所以組織結構可能多元地結合兩種或兩種以上結構型態成為混合型結構。

此種結構的優點類似事業別組織，但更可同時兼顧各事業部與功能部門內部效率、提升管理中心部門對跨事業部的協調、促進產品事業部與總公司目標間的整合，但是總公司用以監督事業部的人員行政費用可能劇增，且總公司與事業部管理人員間的職權衝突會增加。（取材自《管理辭典》，許士軍主編，華泰出版，2003）

㈡人力資源規劃

1. 人力資源規劃的意義：綜觀近幾年的文獻，對於「人力資源規劃」，各學者專家有其不同定義。有者偏重於技術方面（technical），以數學和行為模式預估人力需求；有者偏重於管理層面（managerial）探討決策者如何處理人力資源因應組織需求；有者偏重於策略規劃（strategic planning）為預測，用以發展與實施企業長期人力資源規劃；有者偏重於實務層面（operational），以引導有關人力資源之決策；也有者強調企業和個人成長於規劃上的劃分，以求同時處理、滿足雙方的需

求（W.Rothwell & H.Kazanas，2002），但大體上仍相當接近，以下將分別探討。

佛蘭其及培爾（French,W. & Bell,C.）在其《組織發展及轉型》（Organization Development and Transformation, 1995）一書中認為所謂「人力資源規劃」，是指「一個組織確定擁有適質且適量的人員，在適時且適所的為組織做具有經濟利益貢獻的過程」。

華克教授（Walker,J.1980）界定「人力資源規劃」為「分析在變遷的環境下，組織對人力資源的需求，以及滿足這些需求所有必要活動之過程」。

馬斯及賈克遜（Mathis,R.L. & Jackson,J.H.,1991）認為所謂「人力資源規劃」指分析及找出為達到組織目標所需要及即可利用人力之過程。包括了解組織現有人力、技能及訂定預期各項人力變動的應對計劃。

彭台臨（1989）教授則定義「人力資源規劃」為「針對未來，能付諸行動以解決人力問題，以發展中肯且可接受方案的動態過程」。

郭崑謨（1990）教授則以為「人力資源規劃」即對組織中的人力需求預為估計，並訂定計劃，依次培養與羅致，以充分發揮組織之功能，有效達成組織之目標。隨著組織內外在環境改變，組織之業務勢將謀求革新與發展，人力規劃即針對組織發展之需要，對組織所需的各類人力預為規劃培植，組織的成長與人員的成長相互配合，共竟事功。

　　吳秉恩（1990）教授指出「人力資源規劃」乃配合組織業務發展需要，預估未來所需人力之數量、種類及素質，加強人力之培訓與取得，以期人力充分運用與發展之合理程序。

　　黃英忠（1993）教授定義「人力資源規劃」為對現在或未來各時、點企業之各種人力與工作量之關係予以評估、分析及預測，期能提供與調節所需之人力，並進而配合業務之發展，編製人力之長期規劃，以提高人員素質，發揮組織之功能。

　　參考上述眾多專家學者之定義後，可歸納出「人力資源規劃」具有下述意涵（范蕙美，1992）：

(1)人力資源規劃為持續不斷的過程；

(2)人力資源規劃係針對未來人力需求所設計；

(3)人力資源規劃深受環境變遷所影響；

(4)人力資源規劃包含兩大部分：其一為需求預測，其二為行動策略的規劃；

(5)組織應設有專人或專屬單位負責人力資源規劃事宜；

(6)於人力資源規劃過程中應設有回饋的管道，以便能將此次執行結果作為下一階段人力規劃的參考；

(7)人力資源規劃的目的，旨在將組織的業務目標與員工的職涯目標相結合，以便兼顧兩者未來的發展和利益。

　　綜合上述學者定義，嘗試對人力資源規劃做一整合性界定：人力資源規劃乃是分析內外環境的人力資源

狀況後，針對企業未來之策略與目標，以現有之人力資源減去可能耗損者，規劃未來不同時空層次及專業需求，透過由內部培育及從外部招募，憑藉人力資源管理體系之運作（參閱圖031），有效地達成質和量、長期和短期的人力資源供需平衡之過程。

2. **人力資源規劃權責**：人力資源與人才（參閱第051頁）之規劃，原為招募單位負責，但在較具規模企業，應可另行成立一個向最高人力資源部主管報告之單位或專人，以呈現其對人力規劃之品質、專業，對人才之重視及適時滿足人力資源需求。由於我國經濟快速發展，服務業成長早已超越製造業，而出生率卻每年下降，至2019年我國人口已為負成長，勞動市場早已形成具有前述專業及高級經理「人才」強勢的賣方市場。整體而言，人力資源已成為企業經營最珍貴及難以取代的資產。

根據之前《天下雜誌》所公布，向1000大製造業及300大服務業負責人的調查結果，認為未來十年台灣產業升級的最大障礙，不是籌不到資金，也不是國內辦公室及工廠土地取得困難，而是人力資源缺乏。依現況而言，此一調查結果所呈現的問題依然存在，甚至更為嚴重，尤以高階專業及管理人才。因此，企業未來能否永續經營及發展，將有賴於人力資源需求是否能獲滿足；而人力資源是否能獲滿足，則端視人力資源之規劃、深具吸引力之制度是否能確切及盡早建立

以配合留才。

3. 人力規劃可從以下兩點著手：

(1)應使高階人力資源管理者參與企業發展策略與目標的設定。此項參與不獨以其對人力資源市場的瞭解，以確定企業發展策略與目標設定的可行性，更可經由其參與，對於企業發展每一階段之人力資源需求，經由其專業知識與規劃能力適時配合；否則萬事俱備，只欠東風，企業之投資與發展所面臨的瓶頸絕非其他資源可輕易代替。

(2)應將人力資源之需求，依短、中、長期，專業與職級類別、自然消耗（如離職、退休等）及新增需求等因素，根據企業發展審慎予以規劃。所謂短、中、長期之人力資源規劃，依據國內企業經營之一般規劃可行性，可訂為一至三年，但如針對作者所認為之關鍵人才培育而言（參閱第 248 頁），五年、十年亦不為過。人力資源規劃亦如企業策略及目標之設定，不應一勞永逸，更不可處變不驚；而應隨著企業策略及目標、內外在環境之改變而規劃，以使其能與企業發展真正做到相輔相成、影隨身至，不懼人才之匱乏。

4. 應以人力資源之招募與維護互補：為使人力資源之規劃能適時配合需求，人力資源管理者應以其專業技能，為企業適時招募所需之人力資源，但企業內所有管理者，均應在人力資源管理者之建議、策劃、培育之下，

形成緊密的團隊精神，共同爲企業人力資源之維護全力以赴，視人才的流失，比企業財務流失更重要，視留才爲管理者第一要務。

5. 應以員工培育為後盾：管理之基本目的，在使企業內各項資源極大化。人力資源既爲企業最珍貴的資源，吾人應透過對員工的職涯規劃及培育，使企業內現有的人才及人力資源發揮其應有的功能，不獨配合企業人力規劃的需求，更可透過員工的培育與內部發展以激勵士氣，進而提高員工工作績效與生產力。

表 018：人力資源規劃樣表

| 年度 | 部門 | 職位 | (1)需求員額 | (2)現有員額 | (3)自然消耗 | (1)-(2)-(3)=增減員額 | 增減員額方式 | | | | 備註 |
							職涯規劃、內部晉升或輪調	外部招募	實際增減	生效月日	
2021	生產部	工業工程師	5	6	2	1	1		1	20210408	
	台中分公司	經理	1	0	0		1		1	20210701	新設
	北西區服務站	主任	1	0	0	1		1	1		
年度總計											
2022											
2023											

資料來源：作者繪製

註：1. 新增職位應附「工作說明書」，以規劃「人數」及招募「素質化」員工。
2. 此表宜由各部門持續性遇有異動時，於企業內部網路自行更動，但由人力資源部門管控及執行。
3. 以現下內外在環境變化之快速，以「滾動」方式規劃未來三年。
4. 有關職涯規劃參閱第 322-325 頁）。

由於台灣在 Covid-19 疫情後經濟成長預估，每年仍將保持 2-3％的趨勢，人力資源之缺乏將更爲明顯而嚴重，企業經營者應牢記事豫則立、不豫則廢，未雨綢繆，盡早開始做人力資源規劃，以免企業發展萬事俱備只欠人力資源；屆時即使有「人力銀行」，亦恐「貸款」緩不濟急。

㈢**人力資源招募**：依緒論所述，高等教育與企業需求未能相互配合，人力資源市場將更成爲企業，尤以高科技及生化企業的重大隱憂；但解決問題的方法一定比問題本身爲多；故就人力資源招募的一些新趨勢、新理念提出個人的建議：

1. **建立雇主品牌**：部分具規模之人力銀行已爲各客戶以各類數據建立「雇主品牌形象」，其原意亦在累積雇主之整體信譽，間接提醒雇主此一正向信譽有助人才招募。此一形象之建立，除企業整體形象及人力資源管理工作者應具此一意識，在「招募淬鍊」中，每一成員在過程態度、面談專業、迎送禮儀上加以尊重，使其雖不能「一見鍾情」，亦會「歷久難忘」。

2. **開發專業題庫及各項測驗**：除由各功能部門自行開發專業題庫及視企業規範外語測驗外，盡早依需要構建「智力測驗」（如 IQ）、「人格特質」（如 MBTI）、「職業適任性診斷測驗」（如 PPSS）、「職業興趣探索」（如 UCAN）、「職務性格標準」（如 WPNA）、「成就測驗」（如 AT）及數據與數位資料分析，以彌補面談之不足。除閱讀應徵資料及設計面談表格外；自身對面談內容

及技巧應多加精進。名作家王文華先生曾在媒體以《矽谷強大的眞正原因之一》爲題，言及矽谷公司面試員工時，會問四大問題：第一類是人才的視野、格局、野心；第二類是瞭解在不確定狀態下的思考和抉擇；第三類在評估應徵者的個人能力及第四類要瞭解應徵者的人際能力。

3. **為明天而招募員工**：眞正企業家經營企業，目的在長期發展及永續經營。在丹尼‧貝爾（Daniel Bell）所著《後工業化社會的來臨》中所提「分眾社會之來臨」所描述之員工，對自我成長、自我實現亦有較強烈的期許。因此，企業在招募員工時，根據其個人生涯規劃、教育背景、工作興趣、成長歷程、專業知識、組織能力、人際關係、溝通能力、工作意願等透過面談、測試方式及資訊分析予以瞭解，以確定員工具備何種自我成長的條件，而能與未來企業發展共同成長，使彼此有更好的「明天」；否則只能適合「今天」短暫人力資源需求，對企業而言不獨會造成明天的負擔，對員工本人亦非公平。

4. **經濟弱者與智慧強者的觀念**：目前我國人力資源市場上早已形成賣方市場。雖然受雇者仍認爲他們是經濟弱者，但在知識、能力、智慧上應屬強者。當我們招募員工時，不獨對其個人予以禮遇，尤應對其所擁有的專業更加重視。因工作關係，與許多企業主管及管理者多所接觸，發現甚多朋友們仍未改變其財大氣粗、官大聲音大的舊觀念。一方面認定錢爲萬能，另一方

面大嘆人才難找。如果這些朋友不趕快自我調適，尊重這些經濟弱者，則現在及未來因人力資源的缺乏而付出的代價，將可預期。

5. **考試第一與績效第一**：員工學校成績與工作績效並無絕對的必然關聯性。因此，在招募員工時千萬不可完全迷信於員工的教育背景以及招募測驗時的結果。因此，對應徵者的教育背景，固不可因國立或私立學校而有所歧視，對學校成績及測試結果，也僅具相對參考價值；能力、創意、工作意願及績效方是重點。以鴻海工業前董事長郭台銘先生為例，他的教育背景是海事專科學校畢業。為了求取新知，2013 年曾申請台灣大學 EMBA 就讀，但遭台大拒絕，其理由是招生條件必須具有學士學位。雖經郭先生抗議，但台大因規定礙難如其所願。而後，台大改為專科亦可入學之「郭台銘條款」，郭先生卻已興趣缺缺，但經營鴻海卻十分成功，一度成為台灣首富。以其現今輝煌成就，有幾位學士、碩士及博士能相比較？所以，人才招募不要以學歷為主要考量，而應透過面談技巧及專業性心理測驗，預測其將來的可能工作能力及績效；員工的績效畢竟為企業經營帶來整體成果。

6. **最好的與最需要的**：員工的招募是依據工作說明書、職能或招募指南所訂的條件與規範而進行，如果能依據既定條件找到非常優秀的應徵者固然高興，如獲至寶，但在強勢的人才賣方市場上，這種機會並不很多；

如能招募到一位條件符合需要的應徵者亦應立即錄用，萬不可好中再期待更好，祈求最好的人才能歸屬麾下。如此不獨喪失良機，使「楚才晉用」；況且「最好」並無一定標準。在此情形下，最可能是基於自我價值觀的武斷，尤不可原諒。再者為求「最好」，置工作說明書及職能分析於不顧，形成「超規格」需求資源的浪費。

7. **創意比經驗更重要**：由於科技的快速發展，產品「代期」的短暫，以及市場競爭的劇烈，「知識萬能」與「經驗重於一切」已不足配合企業經營的現代需求；而要透過創意塑造出具體的結果。所以在招募時，要特別重視應徵者的新構想、新思路、新變革、新觀念，為企業獲致人才。

8. **定時工時與變形工時**：現時我國人力資源市場，基層人力及服務業亦頗緊俏，企業經營者不獨無法保持傳統的早八晚五或早九晚六的固定工時；甚至亦無法維持每週五至六天的上班時間，況且四十年前一條生產線有數十位員工情形業已逐漸消失，代之而起者為自動化與機器人。就服務業而言，為了吸收因結構性或摩擦性而發生的失業者，以及家庭主婦的剩餘勞力，建議企業對基層人力及服務業設法不定工作天數、不定工作時數的變形工時方法，吸收此等人力資源，配合經營需要。我國女性勞動參與率現在僅為 51.1%，而越南、新加坡、泰國、大陸、瑞典、冰島均在 60%

以上；越南更高達 73.2％。雖然此種工時會造成行政與管理上處理的困難，但衡量得失仍屬可行。

企業經營應時時審察內外在環境的變化，以採取必要的因應措施掌握先機。企業經營者，以及高階人力資源管理者，面對國內社會、經濟、政治上的快速變化所形成與所牽動的人力資源市場新趨勢，我們必須以新理念來面對與因應，方可先一步漂亮，晚一步遭殃。

(四)**員工培育**：企業的經營如沒有品質，就沒有生命；沒有員工培育，就沒有明天。遺憾的是許多企業不是無知，卻故意忽略其重要性及短視而無作為。因此，部分企業界就如同在研究與發展產品所作投資一樣，在員工培育上亦僅求近功，不談遠利。根據 2017 年 12 月 22 日《天下雜誌創新學院 2000 大企業人才培育白皮書》發表，在其 374 家回覆調查卷中計算，當年總預算為 76 億，平均每年、每位員工之教訓練預算僅近 NT7,000 元。台大 EMBA 執行長黃崇興教授指出：「以此年度預算金額用在員工教育訓練上絕對不夠」。作者曾致電「勞動部統計處」及「行政院主計總處統計服務科」，詢問「企業平均員工訓練預算經費占年度預算百分比」，兩者均未作此項調查，令人頗感意外。

台灣是以外銷為導向，缺乏天然資源，賴以與別人競爭者僅就人力資源，如果想在國際經濟舞臺上與別人一較長短，對國民的教育、企業對員工的培育，使我們的國民與員工成為高附加價值的人力資源，實是刻不容緩，否則不必等到明天，我們今天就應該後悔。

1. **什麼是員工培育**：整體而言，企業體依相對層級員工、個人條件及成長潛力，透過對員工的訓練、教育、發展，以強化員工的工作技能、改變員工的素質、導正員工的行為、發揮員工的潛力之各項計劃、措施與行為之各項活動，再配合對員工的激勵，以提升員工的績效可稱為員工培育。

   (1)**訓練**：通常是針對員工目前技術、當下與工作有關知識及工作態度上的提升，所做短期而密集的一切活動，期能使其在工作上有現學現賣，立即而有效地執行任務，擔負被分配的工作。進行過程通常以時、天為單位。

   (2)**教育**：通常是針對員工的廣泛知識、能力及觀念作較長期而廣泛的教育，期能使員工未來在自我成長上具有較佳思考、判斷、組織能力，以處理較複雜的技術及管理上的問題。

   (3)**發展**：通常係透過上級主管的個人人格與處事風格的影響、工作與職掌上的洗煉與經歷、以及直接、非直接與工作相關的機緣與集會，以陶冶其性情、增強其成熟度、拓展其視野以作將來擔負較重要職務上作準備。就高階者而言，如與工作無關之音樂、藝術、宗教等之認知或欣賞；參與各項活動以增強其應對能力與人際網路；接受授權，以增強其各項內外在資源統合與運用能力。進行過程以長期及可能無定型發展課目為方式。

2. **員工培育是各級主管的共同責任**：企業負責人及各級管理者未能深度了解，總以為對員工的培育是人力資源部門的責任；如就幕僚職掌而言，固然不錯，但就主管責任來看，實有偏失。各級主管應根據企業體的人力資源規劃的需求，以及對員工個人職涯規劃的成長途徑，做妥善的協助與安排，期能使企業未來的發展，不致因人才的斷層而有所影響。

3. **人員的流動，罪不在培育**：許多企業體振振有詞辯稱其所以不做員工培育，原因是以往所受的「教訓」，數說在花費甚多心血、長期培育後，其結果是為「他人作嫁」。但是吾人應瞭解，僅有員工培育，不足以留住員工，必須以其他條件；諸如管理制度、員工薪資福利、企業幸福感、內部晉升計劃、員工溝通等均息息相關。所以，員工的流動不是培育的結果，而是其他諸多因素所造成。換言之，如企業體沒有員工培育，其流動率可能更高。

4. **員工培育規劃，要與員工溝通**：有些企業對員工訂定各項培育辦法，立意甚佳，但仍從管理者觀點出發，未能受到員工的接納與領情，反而招致員工抱怨，真是賠了夫人又折兵。因此，員工培育不獨應與企業及員工個人的成長相結合，而且事先應給予員工參與及溝通的機會，使培育不但「施」，且要「受」，如是彼此方可有「福」。

(五)**員工薪酬**：薪酬包括薪資（salary）及其他各項報酬

（compensation）。在勞動市場，鮮少就業者不重視薪酬，所以員工的薪酬一直是人力資源管理者最重要的職責之一，不獨影響到員工的士氣與工作績效，更與員工的招募、晉升、工作異動、與人力資源的維護有密切關係。因此，不獨人力資源管理者不可掉以輕心，企業最高負責人亦應瞭解，進而對人力資源部門提供必要的協助與授權。在建立員工薪酬體系時，三項原則應予堅持:內部公平性、市場競爭力及績效之驅動。

現在例舉一個個案:不久前作者到一家公司參觀，該公司總經理和人資主管對主管及員工近年來流動頗多，致人力資源與人才需求仍急，對招募困難十分無奈。當作者大致瞭解後，發現除組織溝通管道不良、內部培育與晉升無望、工作環境欠佳、各高級管理者對中下級人力缺乏應有尊重與激勵外，原因之一是該公司的薪酬制度有以下缺失:

1. 雖有薪資管理制度，但總經理通常是制度破壞者；過多常見「個案」與「例外」；致失去「公平性」，因欠公平而也失去甚多的員工。

2. 雖有同行薪資調查，但為時已過多年；就人才而言，勞動市場與薪資結構近十年來變化頗快，該公司核心人才薪酬已失去競爭力。

3. 該公司為一勞力密集製造業，近幾年來獲利能力不佳，因而每年員工加薪平均僅在 1.0％ -2.0％之間，有時不做更動，以致與其他同業失去薪酬競爭優勢。

4. 該公司認為勞動密集工業，主管應具備的條件不像高

科技公司那樣嚴格，因而對主管的薪酬並不過分重視。

　　針對上述發現，應主人之請對員工薪酬提供以下幾點觀念上的參考，未做制度上細部評議，以維持基本做客之道：

1. 視其人力資源層次，及依據「工作評價」結果，使每一職等應有其必要的差異，以彰顯其對企業的相對貢獻度。

2. 每年最少應自己或參與外部薪資調查，以瞭解同業及其他行業市場薪酬，作自我薪酬調整的重要參考。

3. 視其人力資源組成之內容，使特殊專業應有其特定的價值；雖彰顯其每一專業的「個別價值」，但仍能平衡專業間的「相對價值」。

4. 真正以績效考評之優劣及未來可塑性作為調薪主要依據。

5. 瞭解政府對公務人員及國營事業調薪幅度，作為本身相對參考，非為唯一依據。

6. 從行政院主計署及其他具有可信度之機構，獲取國民所得及物價指數之升降，作為企業內員工薪酬最低變動基數。

7. 根據人力資源規劃，確定人力需求的迫切性，進而從市場供需層面做必要性之彈性調整。

8. 視本身獲利能力、財務狀況，及其他周邊福利，做通盤性考量，但決不可將獲利因素做為唯一考慮，因為單一企業的獲利能力與財務狀況，對整個人力及薪酬

市場而言畢竟僅爲「個別問題」。

㈥**員工福利**：根據一家媒體最近的調查結果顯示，員工就業最關心項目中，經濟報酬屈居第五；列前四項者依序爲：工作興趣、公司對員工培育及發展機會、員工福利制度完善以及工作是否有挑戰性。

就人才而言，他們對經濟報酬已不像一般員工所重視，可能有兩個原因。其一在強勢人才賣方市場，如雇主不提供應有的經濟報酬及福利，根本難以招募到所需人才，所以員工根本不過分擔心；其二企業對高階主管及關鍵人才所提供之福利制度漸受重視，可能與國人追求生活品質、工作品質、以及在分眾社會裡追求的感性滿足有關。

談到社會福利，大多數企業就想到國家法令有那些規定。依法所應舉辦的員工福利措施及活動大致爲：

1. 勞工保險與全民健保。
2. 職工福利委員會、以及運用職工福利金所舉辦之各項員工活動。
3. 教育訓練（其實，不應視爲員工福利；應視爲對員工及企業未來之投資）。
4. 工業安全與衛生。
5. 勞工退休準備金之提撥。
6. 積欠工資墊償基金之提撥。
7. 員工職業災害補償。
8. 依法給予員工之各項假期。
9. 員工年終獎金或分紅入股。

依法所給予員工之福利，是雇主為培養團隊精神、提高員工士氣，進而增強員工生產力所採取之最低標準，雇主不應以此為滿足；因為員工雖為沉默大多數，但雇主為員工所做者，他們可是「寒天飲冰水、點滴在心頭」，為員工所花的每一塊錢，他們都看在眼裡，記在心裡。

面對人才強勢賣方市場的形成，雇主對員工的福利措施，僅僅依法辦理不足以激勵士氣及提升忠誠度。因此，可考慮提供下述法令規定之外者：

1. 勞工保險外之各項團保。

2. 額外員工離職金（諸如股票選擇權），對約定服務數年期滿後之離職員工，准予分年提取離職金以示酬謝。

3. 職業災害之額外補助。

4. 對員工本人或其家屬提供助學金或獎學金。

5. 教育性、運動類社團之設立。

6. 各項休閒設施及活動之舉辦。

7. 宿舍及交通車之安排或提供。

8. 鼓勵員工參與社區及其他團體活動。

9. 幼兒園之建立、各項生活補助。

10. 年節慶祝活動。

11. 下午咖啡時間、每月慶生活動。

12. 年度員工旅遊。

13. 各類聯誼性及運動類俱樂部會員證。

14. 退休直前員工之心態，健康、生活、休閒活動及對因故離職而欲就業者提供諮詢及輔導。

　　前述之建議，各企業可視其員工之組成、經營型態、負擔能力、員工之意願，選擇適合項目加以舉辦；在舉辦依法或法外之各項福利措施時，下述幾點可做參考：

1. 最好能由員工自行推選人員組成委員會或小組辦理，透過參與達到激勵作用並形成團隊效果。

2. 尊重員工大多數意願，不可依雇主個人的好惡，決定某項活動，以免形成「花錢遭怨」的結果。

3. 各項福利制度及活動應以培養團隊精神爲基礎，妥爲規劃期能獲致最佳效果。

4. 人力資源部門爲幕後推動單位，最好不要走向台前。

5. 高階主管應設法親自參加各項活動，以增進主管與部屬的情誼。

㈦部門及員工績效管理：任何企業之所以能永續經營，主在企業績效、部門績效及員工績效相結合。核定此等目標時，部門承接企業所賦予之年度目標及其關鍵績效指標（KPI）務必密切結合，然後向下展延爲單位及員工個人工作計劃並訂定工作目標，從而選定績效指標。在年度進行績效考評時，員工個人績效達成應與部門及單位績效之達成結果同時檢視；因此，每位員工個人目標都能達成時，部門及單位績效目標達成率自然隨之達成；同理，如各部門目標亦能達成時，企業整體目標自能順勢竟功；反之亦然。此一目標設定，稱之爲目標管理體系。（參閱圖 030）

　　在華人所在地區（尤其是台灣）的企業體，對於究竟那一年代開始對員工實施績效考評，一直眾說紛紜似難確切

查考，但近五十年來，由於國內外市場的競爭日益強勁，整體營運績效不獨受到投資者的重視，且已成爲求生存發展的唯一努力途徑。

圖 030： 企業、部門及員工個人目標與績效評估示意圖

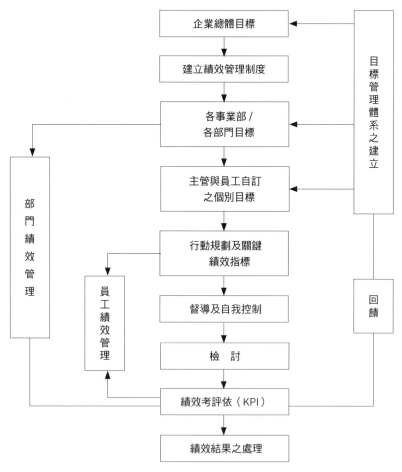

資料來源：××工業股份有限公司

　　企業體的整體營運績效，固與策略之規劃、目標之設定不可分割，但和員工個人工作績效的良窳與回饋發展亦息息相關。實施員工績效考評，不只能掌握個別員工的貢獻或不足，更可為企業整體人力資源之素養及制度提供決定性評估資料。因此，這一課題不僅相當重要，更是現代企業不可或缺的管理工具。

　　環顧周遭眾多企業體，已實施員工績效考評制度者雖比比皆是，但真正執行得理想者卻鮮於發現，多半流於形式或成效不彰，甚至有人說「中國人好面子、講人情，所以績效考評制度不易發揮效果」，這實在是一種成見。以專業視之，似可從下列各項賦予關注：

1. 績效考評宜先建立績效管理程序：

　　(1)績效考評與管理制度：重點在於公平、公正及與企業目標及衡量標準結合

　　(2)依企業目標之展開為先決要件：除參考圖 030 外，部門及員工之目標、KPI 之訂定尤為重要，宜慎重核定，以免原訂定者「就易避難」或「避重就輕」，形成未來績效結果考評之不公平性。

　　(3)績效督導：在目標及 KPI 訂定後，並非績效有成果而是開始，除企業有資訊系統提供績效數據外，各級管理者亦應定期或不定期予以督導及考核，以進行導正或提供輔導及必要支援。

　　(4)績效考評後續影響之處理：不論某一階段或年終作績效考評後，除依《績效管理辦法》優獎劣懲外，

對績效考評過程中所發現（生）之相關問題，諸如員工能力不足、目標、BSC 及 KPI 之合理性、員工職涯規劃之關聯度、績效督導時之溝通機制、員工績效執行中，考評結果相關知識與經驗之知識管理等均應予以處理。

2. **一般管理者在績效考評時，有其「先天性心理障礙」：**或許因過往不當的經驗，使其對績效考評的功能存疑，或許因為對實施績效考評的一些前提認識不清；要消除這些負面後遺症，就應針對考評的動機、目的、效益、迷思與基本對策，重新對主管及員工予以釐清，甚至有關實施績效考評的一些先天限制（績效考評制度畢竟不是萬能）亦要提出，避免錯估與不當期望。能夠有正確的心理建設和前提認知，執行的失敗率勢必大為降低。

3. **提示績效考評可行實施程序，按部就班必可減少失敗機率：**整個考評過程應包括匯集資訊、比較考評結果與所設定的目標。此外，更重要者是部屬要能接受且認為是公平之考評，進而能進提出自我改進計劃。

4. **強調績效考評面談的重要及主管與員工的事前準備：**績效考評面談，在部分華人企業仍避而不為，實在十分可惜。其實，績效考評面談不獨讓主管與員工之間就工作表現達成共識，也提供了建立彼此溝通、增進感情、協助員工發展與默契的大好機會。面談前適當的準備應不可缺少，而面談時掌握原則與技巧，則可

以成功地達成目標。面談主管應牢記：績效考評的面談要點之一是在增進彼此情誼，而非有損相互關係。

5. 考慮華人社會的民情習慣，獲得全體員工主管的支持：
好面子、講人情為華人性格特徵，或許的確會對績效考評制度實施帶來某些不同的處理方式。換句話說，這不是一個是否可推行的原則性問題，而是推行此一制度之技術問題。考評制度建立時員工參與機會、推行前的宣導、對員工正面效果與利益的說明、各主管階層面談技巧及高階主管支持等，仍是企業體績效考評制度落實與否的關鍵所在。

6. 考評績效改進計劃與員工輔導真正目的在使員工成長：
一位主管通常有二個主要權責：管理（managing）與輔導（coaching），許多主管往往僅專注前者而忽略了後者。此外，績效考評的目的可歸納為二項：員工的工作績效（performance）與員工發展（development）。遺憾者，許多企業僅重視前者而未能關注後者。因此，若能掌握員工待改進項目、安排培育計劃與輔導方式之要領，定能提高員工接納此一制度的意願。

7. 可請員工進行自我評估，以避免與主管的摩擦：以員工行動規劃，員工績效目標設定與績效標準的達成做為績效考評基礎，均應以「員工參與」為前題。依員工自我提出行動規劃及關鍵績效指標為面談基礎，在國內雖不「十分盛行」，但此一環節卻「相當可行」。因為員工的參與，就是一種承諾，有了承諾，員工自

然會有較多的投入。到績效考評時，員工如能根據原先參與設定之績效指標自我先行評估，自能更客觀與體諒地接受考評的結果，減少主管的壓力。

(八)**員工協助計劃**：員工協助計劃（Employee Assistance Program, EAP）目的在對企業內員工，不論在生活上、健康上、家庭中、法律上自身如遇困難而無法解決時，可經由企業、工會或其職工福利委員會，申請有關法律諮詢協助。其他諸如：工作適應、員工定期健康檢查、疾病照料、情緒舒解、托兒所之興建、人權之保護、人際糾紛、危機處理、急難就助等。企業有者自設長態性推動機制；有者定期聘請外部專業人員進行提供此等服務。有關此項協助計劃，行政院勞動部亦接受請託，派請專家進行諮詢。

(九)**員工留任**：如何使新進員工真正、很快融入企業體，是各級管理者應該重視的課題，亦為降低員工流動率之初步、且是重要之一步。為此，特提出以下一些建議：

1. **新進員工職前訓練**：一般性職前訓練，如有訓練單位或人力資源管理部，自可由其擔任，否則亦應由部門派員負責。其訓練內容可包括：公司歷史、組織、相關主管姓名、產品、員工工作規則、薪資制度、福利、各部門位置、員工培育與發展等。員工工作單位之特定職前訓練應由直屬主管負責，含有單位職掌、該工作之職掌與內容、單位內工作相關同事介紹、工作教導計劃、工作所需工具與設備之使用、工作時間外之聯絡方法等。一個稍具規模的企業體除備有員工手冊，

或員工須知外，針對此項訓練還可聘請專業人員製作影片。如此，不但可縮短員工學習週期，提早其貢獻時間，更可消除自我摸索之迷惘。

2. **瞭解新進同仁的心理**：一個人到新的企業內報到，基本上均希望能儘早進入情況，建立工作上的友誼，進而能尋求表現機會；同時亦需要同事的協助及主管的激勵。主管除鼓勵同事多與其接觸及提供幫忙外，亦應在其任職初期經常與其談話，以解決其困難及問題，對稍有具體之工作績效予以嘉勉，以增強其信心及工作勤奮度。

3. **使其適應企業文化**：任何企業皆有其特定企業文化，對新進員工而言，需要相當時間將其原有之工作習慣與方式在新環境中加以調適。在此階段中，直屬主管除將企業文化特性予以介紹外，對新進員工就職初期應多予熱心引導及善意規勸，以使此等員工逐漸熟悉，慢慢接納企業文化的習性與工作模式，期能雖非「同根生」，卻不會「相煎何太急」。

4. **助其增進人際關係**，**樂在工作中**：新進員工報到第一天，除人力資源或訓練部門應給予職前訓練外，其直屬主管最好能親自陪同及引介該員工給有關部門、單位同事；如有可能亦可舉辦茶會、或簡易餐會，使該員工除能藉此認識其他員工，更可領受到被歡迎與被尊重的溫暖。好的開始是成功的一半，經由此種人際關係所培養的未來工作關係，自可使員工不易見異思遷。

圖031：傳統性人力資源管理體系

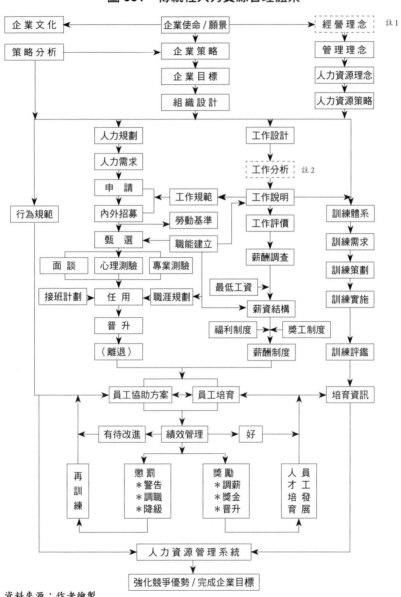

資料來源：作者繪製

註1：參閱第 158-159 頁　　註2：參閱第 235 頁

5. 建立正確就業心態：許多新進員工雖然滿腔熱血、幹勁十足，但對成功與失敗的含意、工作績效與工作投入之間的關聯性並不全然瞭解，可由心理或具有此等專業知識之輔導人員在新進人員訓練時加以解說。

6. 採取促使員工留任的措施：

(1)建立具前瞻性、具吸引力、具激勵性之人力資源管理理念與策略（參閱第 219-221 頁），並放置企業網站，可能增加之成本應視為留住「人才」（參閱第 047 頁），本來就應付出代價。

(2)建立依與本章所述各項及人力資源管理理念與策略相符之合法、合理、合情之人力資源管理制度，認真執行。

(3)各級主管應認知，員工之流動是主管的責任；企業應列為績效考評項目之一，人資部更可在其月報中加以統計並分送各功能主管參閱、比較。

(4)企業負責人或 CEO 對某一層次員工辭職親自面談；其他層次亦由功能部門主管為之，以瞭解原因，並視之為「最佳建言」，因為「人之將去，其言也善」。

(5)推行「所有管理者均是人力資源管理者」企業文化。

策略性人力資源管理專業及內涵

一、何謂策略性人力資源管理（**Strategic Human Resources Management, SHRM**）：策略性人力資源管理概念早於

1981 年即已誕生。依據 MBA 智庫之資料，戴文娜（M.A. Devana）、傅伯沐（Charles Fornbrum）和提克（N.M. Ticky）在《人力資源管理：一個策略觀，1981》一文中即提出了企業策略和人力資源關係，點出策略性人力資源管理有益於企業策略及目標完成。彼爾（M. Beer, 1984）等教授更在《管理人力資源》一書中認為「策略性人力資源管理就是有系統地將人與企業聯繫在一起，企業透過人力資源規劃、政策及具體實踐，以獲取人力資源管理功能與企業策略垂直配合，並在企業內部間之活動相互支援，以形成具有競爭優勢的人力資源配置」。正如微軟公司前董事長比爾蓋茨（Bill Gates）所說：「如果把我們優秀員工拿走，微軟則將變成一個無足輕重的名詞」。

密西根大學教授尤瑞其（D.Ulrich）在其《人力資源管理最佳實務》（Human Resources Champion, 1997）一書中預言「下一個十年，將是人力資源時代」。不過他將「champion」一字詮釋為「一位熱切於支持、維護，甚至為了一個他人、信仰、權利，或原則而奮鬥的人」（A person who enthusiastically supports,defends, or fights for a person, befief, right, or principle）。2021 年業已降臨，我們的人力資源管理雖然仍未完全實現他的預言；但這位冠軍正緩緩而來，漸漸走進我們的企業，開始影響到我們的企業負責人，懂得人力資源的重要，且自上世紀許多企業即開始在組織結構上增加了「人力資源管理」為一級功能性部門；但是否發揮策略性功能答案則尚難樂觀。

　　1998年，彰化師範大學人資所前所長張火燦教授出版了我國第一本《策略性人力資源管理》（Strategic Human Resources），更喚醒了企業負責人及人力資源管理專業工作者開始探討，為何將人力資源管理前面加上這三個千斤重擔名詞？依張教授解釋「策略性人力資源管理各項活動，含組織設計、任用、績效考評、薪酬、人力資源發展等，均著眼於企業長期經營、未來發展、與企業策略相聯接，改變目前各項人資活動及內涵；為了企業永續經營，而注重人才特質、改變制度以適應未來、擬訂長期績效目標及薪酬，為員工未來職涯發展而提供路徑，以利企業未來經營」。總之，策略性人力資源管理重心放在永續企業經營上，為五年、十年、二十年後企業所需人力資源作長期規劃，而不是為今天、明天做什麼。

　　張教授的看法十分專業及珍貴，因為他將人力資源管理格局，放大到「著眼於企業長期經營、未來發展與策略相關聯，改變目前各項人資活動及內涵……」，因而特將策略性人資管理應有格局稍作合理性延伸、具體性申述。所謂延伸性的格局，不是今時的新論點，早在1950年麥司爾（M.Mercer）博士在其所著《如何將你的人力資源部轉為利潤中心》（Turning Your Human Resources into A Profit Center）中倡言：「每一位人力資源管理者應充分把握及全心接受商業生存的重要事實：商業的目的在獲利，人資管理者需要做選擇。他們應持續提供到某一具有價值的服務程度，還是他們能夠以演出者形態完全成為獲得利潤團隊，進入他們真正商業競技場（arena）」。

　　這是高階人力資源管理者應視其企業負責人的支持度、工作氛圍的情境、自身專業與能力、同僚之間的關係，以及時機與何項延伸而由自己慎重決定，因為企業領土上一向有許多未開發「處女地」。

二、**策略性人力資源管理內涵**：從以上的論述，作者除參考張教授的宏觀之外，現將策略性人力資源管理與傳統性人力資源管理實際分野具體申述如下：

　　㈠**參與並建議企業短、中、長期策略規劃**：不論企業自我規劃或聘請外部專業者所規劃之策略，依本書第四章企業策略規劃目的之一做企業資源分配的選擇。

　　　所謂企業資源，大都均可以採購、暫借、租用、貸款等方式而獲得，而人力資源及人才卻難以運用此等方法滿足策略規劃的需求，助使企業策略規劃之施行順利，終極完美；如無人力資源部門的參與，則企業策略之施行與完美結果將不易如願；當人力資源部參與策略規劃時，以其專業及配合，自可在施行行動方案時，提出人力資源之規劃是否能適當、適時配合之建議，進而在必要時加以修正。

　　　除參與企業短、中、長期策略規劃外，由於創新求變、科學發展、產品更新、市場變化、社會動態等，任何企業經營策略規劃及部門行動規劃，不可能僅以「年度」為規劃起止；大部分企業為了因應此等變化所帶來之衝擊、經由行銷人員傳來之訊息、企業主之遠見、產業媒體提供之預測，企業除年度策略啟動（kick off）會議外，通常有滾動式修訂會議。除年度外，有者為半年、各

季，甚至各月的檢討會議，以回顧過去，展望未來；當需要時自必謹慎修訂企業組織策略、經營目標。現代的企業經營已無法「以不變應萬變」，否則企業之生存必受衝擊。就國外而言，如施樂百貨（Sears）、通用汽車（General Motors）、西屋電器（Westing House）、福斯汽車（Volkswagen）等；就國內而言，如大同電器、宏達國際電子、國產實業集團、茂德科技、復興航空、遠東航空等，二十年前多麼風光，而今卻經營得很辛苦甚至消失。

　　由於對上述情境轉變未能及時，或決策稍嫌緩慢，以致「大象無法跳舞」，最後遭致衰敗的命運。所以輔仁大學管理學院吳秉恩等六位教授合著在其《人力資源管理，4/E，2017》一書中明確指出：「不同策略需要人力資源管理部不同任務」。

(二)以經營者之一的高度為企業提出諍言：我國人力資源管理之演進大致可分為八個階段：

1. 我國人力資源管理之演進：

(1) **1950 年代——行政工作期**：處於戰後重建之時，百業蕭條，政府僅依靠農業以期發展工業，並於 1953 年方實施第一期經建計劃；企業並無人事管理部門或單位，更無人力資源管理概念；大都以「行政」單位，或管理部門配置少數員工，兼任或專任人員擔任行政工作。

(2) **1960 年代——初創期**：工業稍見基礎，開始發展勞動密集產業，並建置第一個加工出口區鼓勵出口，

以降低貿易赤字。此時部分企業開始建制「人事管理」職位；兼之外資湧至引進諸多（含人事）管理理念與制度。

(3) **1970 年代──學習期**：歷經 1974 年及 1979 年二次石油危機，政府積極推動重工業，並擴大公共投資，經濟成長快速，人民就業機會增多。經國先生堅持十大建設成功發揮功效，加速了我國經濟成長。企業招募員工責任繁重，人事單位日顯重要，外商成立人事主管聯誼會，推動人事管理理念。

(4) **1980 年代──成長期**：政府推動金融自由化，外銷及雙邊貿易蓬勃發展；政府並設置第一個科學園區，產業逐漸科技化；更推上人事單位邁進人力資源管理之途。

(5) **1990 年代──活躍期**：台灣經濟逐漸成熟，個人平均所得超過一萬美元，政府積極推動捷運、高速公路等建設，改善體質，克服亞洲金融風暴；大部分企業將人力資源管理取代人事管理；「中華人力資源管理協會（人資會）」正式成立，許多人力資源管理顧問公司如雨後春筍般出現，不少大學業已成立人力資源管理系所，使此一專業活躍於企業、學術界及社團間。

(6) **2000 年代──穩健期**：由於美國 911 恐怖攻擊，2003 年 SARS 的疫情，以及 2008 年金融海嘯再度發生，我國經濟成長放慢，但服務業卻日漸興隆，

形成人力、人力資源及人才較難支持製造業需求，促使各企業人力資源部功能穩健成長，其部門主管大都由具有專業背景擔任。

(7) **2010 年代──發展期**：雖然受到歐債危機拖累，但由於兩岸關係健康發展，景氣仍然快速復甦。人力資源管理人員因人資會舉辦各類認證培訓，以及大專院校眾多畢業生投入此一職涯，形成熱門就業途徑，期待未來美好前景。

(8) **2010-2020 年代──策略期**：面對國際貿易衝突加劇，新秩序尚待建立的全球經貿新局勢，以及人工智慧、區塊鏈（block chain）等數位化浪潮下的典範轉移，政府秉持「創新、就業、分配」的核心價值，推動加速投資台灣、落實組織結構改造等兩大策略，發展新的經濟模式。雖然美國早先（1981 年）即已開始策略性人力資源管理之功能，但此時我國人力資源管理新觀念、新使命，直至 1998 年張火燦教授之大作《策略性人力資源管理》，方將人力資源管理功能加上「策略性」皇冠；然後經過近二十多年之久的傳導及經由人力資源及人才日漸更形重要及短缺之「主攻」，此一皇冠開始在中、大型企業頂端開始加冕、漸漸屹立。

（註：本第㈡項 1. 部分資料參考行政院經濟建設委員會《台灣經濟發展歷程與策略》。）

2. 以經營者之高度提供諍言：所以提供此一人力資源管

理演進，係在說明歷經久遠成長及淬煉過程，以提醒人力資源管理專業工作者，此項專業今日受到企業界的稍較重視，不僅僅係工業發展趨勢的影響，而是就如美國社會學家貝爾（Daniel Bell）所寫《後工業化社會的來臨》一書中所提，工業社會己進入轉型期、產品生產己變為服務生產、職業已由專業／技術人員主導、知識居於產業發展中心地位、管理由人與自然人轉變為人與人、產業新的匱乏：資訊、時間、資源供應不夠，形成資訊經濟的挑戰之必然結果。貝爾除了認為全球經濟結構從商品生產經濟到服務型經濟之外，並強調技術勞動力增長是總體勞動力的二倍，科技勞動力的增長是總體勞動力的三倍，工作重心轉向辦公室及白領職員，而這些工作的轉變，將人力資源管理趨勢漸漸走向從權力管理，轉變為智慧領導；從行政管理的角色，轉變為今日策略參與及策略績效的貢獻者。

所以，今日我國高階人力資源管理功能，係由於許多先行者的努力，方使企業目光轉向人力資源管理；也由於許許多多先驅者在人力資源管理貢獻上有目共睹，方使人力資源有機會踏上策略性人力資源大道第一步，未來的進展尚有待你／妳、我在企業內以經營者之高度，對企業負責人坦誠提供諍言，展現專業與管理智慧。所以，我們應挺起腰捍，就如布蘭森（R.Brandson）在其著作中所建議：高階人力資源管理者在其職位上要「能有依法做我自己的自由，和敢於依理做我自己的膽量」。

㈢選才、育才、用才、留才為人力資源管理職責重中之重：

1. 人才是企業生存與發展所賴：所謂「人才」係指具有超越一般同儕的知識、能力、創新的思維，在企業內可稱之爲「稀有動物」（參閱第 051 頁）。經濟學將企業資本分爲物質資本及人才資本兩項；其實後者遠較前者更重要，因爲前者較易取得而後者則否。人才與教育背景不應畫上等號，但卻有某種程度的關聯性與增強性。

　　由於其對企業之重要及少有，雖然其需求與企業生命週期（成立、成長、成熟、成就）息息相關，但在台灣人才日益流失的人才市場，高階人力資源管理者應將此一資源之招募、育才、用才及留才視爲其策略性任務。

(1)先確定關鍵職位：任何一個大型企業可能有成百、成千職位，但此些職位並非都爲關鍵職位。所謂關鍵職位，係指對企業具有未來生存、發展、成敗有關之職位。因此，在擁有人才此一努力上，可先行確定關鍵職位，然後再評鑑現任者是否爲人才。如答案爲否定者，則應確定調整職位或去留，以便企業的關鍵職位能由適當人才擔任。

　　杜拉克曾說過在企業內「沒有人是不可缺少的」（No one is indispensible）似稍武斷。但有些員工離開了，管理階層可能會失望難眠；而擔任關鍵職位員工離職卻會使管理者雖不致痛不欲生，卻會錐心泣血。

(2)**招募員工是一件很嚴肅的課題**：任何一家企業在招募員工時，不可能全為關鍵職位，但是人力資源管理部門除具備應有的招募工具；諸如：人格特質測驗、職業性向測驗、專業測驗、語文測驗等外，負責此項工作的人資及有關部門主管之面談技巧及認真而嚴肅地面對每位「潛在人才」；如「運氣」逢時，剛好面對者是位人才，即使目前沒有適當關鍵職位為其接任，亦應大力向企業負責人推舉，以免晉才楚用。

(3)**人才需要付出代價**：作者所言代價不僅與酬勞有關；且為其作適當之培育，依其未來可能擔任職位充實其不足，最佳方法為其作職涯規劃，以實現其自我成長目標，給予適時適當的鼓勵，以平衡其自我實現的期待；定期的約見，使其感覺到高層的尊重；甚至延及其家屬，讓其領受到除去公務外之關懷。

(4)**真正人才不該長期侷限於某一特定專業**：很多案例告訴我們，真正人才固該堅守疆土，不侵占他人領空，但也有不少人才可在企業給予專業外發展機會，成長為企業高層管理者。君不見乎，施振榮、張忠謀、陳泰銘、曹興誠、宣明智、施崇棠、童子賢等這一些獨霸一方的英豪，那一位是在大學主攻管理的？年輕歲月大都是「工程人才」；歲月的增長，經驗的累積，專才經由培育及歷練自會成為通才，問題是企業是否給予機會；自己是否定向以赴。

2. **人才在意的不全然是經濟報酬，興趣才是所要**：既是

人才，很少被埋沒；即使會，也僅為短暫烏雲，清風
來時便一掃而過，他（她）們所要的是在滿足其興趣
上的探索。所以：

(1)**給他（她）們空間，讓其嘗試喜歡的事與物**：這些
　人才型人物自會樂在自己所愛的工作中，不必耽心
　寂寞或孤獨，只要賦予他（她）們所喜愛工作；工
　作就是樂趣。

(2)**避免呵責他（她）們的失敗**：他們常視自我羞愧比
　主管的苛責更嚴重。日本名作家渡邊淳一在其《鈍
　感力》一書中認為：「高於他人的才華，也有極強
　的自尊心」。也就是心理學家馬思洛「人類需求層
　次」中之「被尊重」需求。

3. 真正人才需要因才規劃及培育：人才並非永遠保持其
　專業及特質，也會隨著時間的流失折舊，就如同我們
　所擁有的知識，需要運用兩種方式使其「歷久彌新」：

⑴人才固應長期在其本業內保持精進，但企業內部亦
　應提供兼習次要專長規劃，以備企業來日為其轉換
　跑道。

⑵遇有與本業有關或未來發展內外機會，請其參與進
　修及學習新的知識，使其保持不斷成長以免「不進
　則退」形成「今日的人才明日庸才」之憾。

㈣為企業建立以人才為中心之健康管理團隊：

1. 團體與團隊的定義：團隊（team）與團體（group）不
　同，團體通常為二人以上所形成的結合，具有一個特

定活動或目的，是一非正式組織，可能雖有共同宗旨，但缺制式規範與預設績效。而團隊係指一個眾人所組成的群體，為了實現某一特定目標或目的，而經由相互合作、相互支援、及相互體諒所組成的正式團隊；此一團隊匯集每一成員的知識、技術、能力及溝通、協同工作、解決問題、製造有形或無形產品，一起攜手邁向績效目標。

2. **團隊構成要素**：任何企業可能均是由員工和管理階層所組成的「團體」，但不足以稱之團隊；團隊有其構成要素：

⑴有共同努力的目標；

⑵有共同分享的價值；

⑶有共同經由組織的分工、各自努力，但相加績效，大於各自努力的結果；

⑷有共同的認知；不會從事有損團隊利益的行為；

⑸以企業願景進行溝通與協調，不涉及個人情緒與價值。

3. **團隊的種類別**：根據團隊組成的目的，依成員組成及擁有自主權的大小，通常分為三種：

⑴具有解決某一問題的任務獨立團隊。

⑵具有自我管理能力的目標獨立團隊。

⑶具有多功能性的產出獨立團隊。

㈤**高階人力資源管理者應如何為企業建立高效能管理團隊**：

就整個企業而言，如建立全員為高效能團隊可能需時較

久，但可以管理團隊起步。建立一個建康管理團隊（參閱圖032）雖非全然是高階人力資源管者專屬職責；但卻是和企業負責人共同承擔而不可推諉的責任。如果他（她）在企業負責人全力授權及支持下（這是必要前題），如何完成此一艱鉅任務？

1. **建立公正、公開之人力資源管理制度**：管理基本上不是由人來管理，而應由人建立管理工具而依從執行，形成法治而非人治的管理氛圍。如欲建立此一以激勵爲目的，進而廣及員工以增強績效之人力資源管理制度，必須依第228-231頁所述各項基本思考。

2. **形成坦誠無私的全員溝通環境**：此一溝通環境爲建立高效能管理團隊必要條件，否則各懷鬼胎、各有私心、面和心不和、人善心不善的工作環境，可能使管理團隊僅爲一個有組織而無歸屬感的團體而已。如欲使管理團隊成員之溝通與協調坦誠無私請參閱第七章。吾人必須注意者，此一公正、公開之制度，坦誠無私的溝通環境，並非僅針對核心成員；而係以全體管理者爲基本對象，否則派系、類別、小團體自將形成，離心離德必將爲其結果。

3. **培育高效能健康管理團隊成員**：企業欲建立健康管理團隊，應從招募與內部晉升制度開始。

　(1)招募：運用各項甄選工具及面談，選任與企業文化頗爲一致的此等管理者。

　(2)晉升：以人才評鑑各項工具、工作績效考評、該員工

自我發展及職涯規劃，為各級員工晉升管理者之主要依據，以使其主管放心，下屬安心，其他同儕同心。

(3)培育：除正常年度教育訓練計劃外，最佳方式為每年配合長期人力資源規劃，針對內部具管理人才潛力者予以培育，亦可參考花旗銀行及中信集團外部招募及內部選拔，施以為期 1-2 年之 MA（Management Associates）培育計劃。內部現有員工亦可以同等條件參加甄選；如無此一培育計劃，亦應對經過評鑑後確認管理人才者予以定期至不同部門及職位輪調，並針對在輪調中發現之知識和能力不足者施以補強性培育。

(4)鼓勵：人力資源管理部高級主管，應以經營者的高度重視此等具有潛力管理人才發展，每季最少與此等員工座談一次，除聽取其建議或抱怨外，給予必要之回應、肯定及鼓勵，以強化其對企業信心及信任，增加長期留任機率。根據以往經驗，培訓合約並無法律規範服務期限效果。

(5)接見：除前項之鼓勵外，企業負責人每年可集體或個別接見，以建立直接情誼及溝通管道，更顯示企業高層之重視。

(6)淘汰：如有此種 MA 培育計劃，宜指定教育訓練部主管負責對培訓人員之考核；通常每週、最長每月，聽取其輪調或所學心得簡報，佐之以輪調部門主管之評估，對成績甚差者予以淘汰，以維持培育幹部

應有之素質。

(7)管理人才之甄選應愼重：因企業內員工甚多，爲避
免歧視及敏感度的形成，宜採用多元化的評鑑工具，
以公正、公平的過程，確定管理層次外在人才招募
及內部人才選用之合理性。

圖 032：用什麼描述團隊具有的特性？

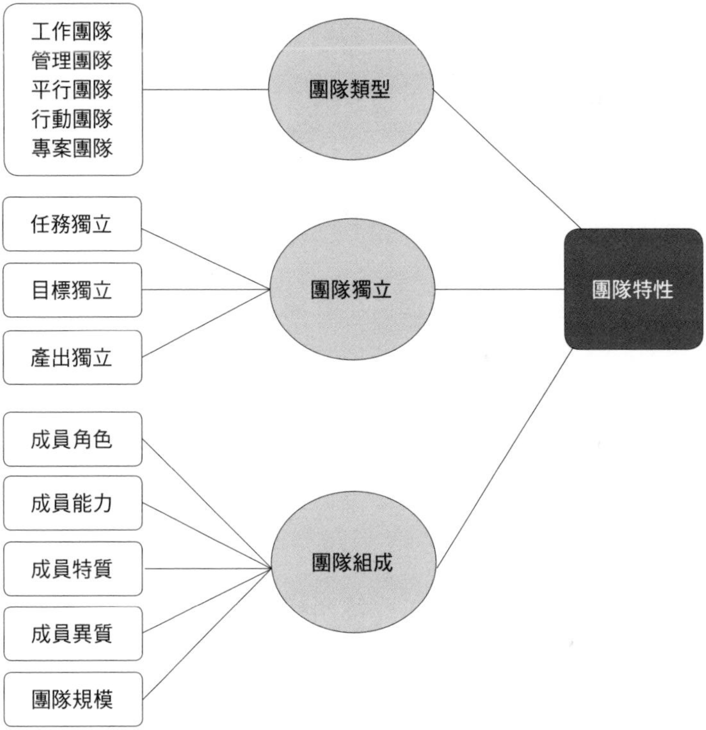

資料來源：作者譯自柯貴特 / 李屛 / 魏森著《組織行爲，2019》

㈥漸進式形成所有管理者都是人力資源管理者之文化：

1. 說明：人力資源管理部員額配置比率，視企業之大小

及賦予該部門職責多少內容而定，通常約為企業全體員工 0.5-0.8％左右。如某一企業為 10,000 人，則人力資源部配置之員工可能為 50 位左右。如以此員額之配置，對 10,000 人提供全方位人力資源管理之優質功能服務，較為強人所難，有待建立此一標題之企業文化，以分擔較健康、較周延及較強固之人力資源管理功能；而推行所有管理者都是人力資源管理者文化，絕不是為了減少人力資源管理部之工作量，亦非為了降低該部門員額配置，而是增強各級主管與員工良性溝通機會、建立雙方情誼、降低員工流動率、減少勞資糾紛以及有利於團隊精神之建立。

2. 何以要建立此項文化：

(1)**當初員工招募進入企業時為該主管所決定**：因此兩人間某種程度上有情誼關係，就溝通及默契上較他人為佳。

(2)**該一主管為該一員工直屬主管**：上班時間朝夕相處，對該員工之行為、個性、人格特質、人際應對之良否應較其他人知之較詳。

(3)**主管與員工之工作場所相同**：對員工之工作及能力層次應十分瞭解，對實質公務上互動亦十分頻繁。

(4)**主管對所屬員工原本負有培育功能**：如果此一文化能夠建立，可能加重此一主管應有行為責任感，有助於師徒關係之深植。

(5)**主管對員工負有績效考評責任**：如能認知及負起此一

責任，則對所屬之績效考評則定必更具專業及公平。

　　日本企業社長很多為人力資源管理背景者升任，此一升任主要原因在於高層人力資源管理專業工作者深為「識人」，由此背景擔任社長自能提升「人」的素養，增進企業績效。

3. 如何使所有管理都是人力資源管理者形成文化？

(1)由企業負責人出面倡導：通常企業之主管對企業負責人具有某種程度的尊敬，在剛開始作此一文化之啟動時，將上述五點加以對各級主管闡明，應具說服力。

(2)將企業人力資源管理理念、策略、制度進行簡報：各級管理者對此三項平時不獨應該具有認知，人力資源管理部更應對各級現任主管定期介紹，以便利其深度瞭解及執行；此後更應提供各級主管對制度之建立有建議及參與機會。

(3)提供人力資源管理及勞動法令相關資訊：欲建立此一文化，此項為必要之作，避免未來以「未知」形成爭議；況且此兩者亦為各級主管自我發展應有之讀物。

(4)提供《組織行為學》書籍或列印其中部分章節參閱：作者個人認為，《組織行為學》對任何管理者，尤以人力資源管理十分重要，特別如：個體行為之基礎、價值觀念與態度、人格特質、創造力、工作壓力、組織設計與結構、工作設計與調整、溝通、領導、權力、衝突、組織文化與社會化、組織變革與組織發展、績效考評與獎勵、以及組織行為之政治

觀及未來等章節，均爲值得參考的「基本功」。

(5) **爲各級管理者「人力資源管理」諮詢顧問**：對各級
主管而言，即使不推行此一文化，此一頭銜本是高
階人力資源管理者肩上既有之責任；但如推行此一
文化初期，不宜因爲視訊、社群 line 等媒介之運用
而忽略人際互動，以免疏於「見面三分情」的接觸，
更應以走動管理方式作上門服務，最佳方式是每月
1-2 次「周遊列國」，以解決各級主管實質問題，強
化此一文化之認同度。

(6) **定期對「新進」及「新晉」管理者作人力資源管理
功能簡報**：此等管理者對人力資源管理可能不具有
專業知識，就如同人力資源管理對其他功能之專業
不甚了解相同。如欲達到此一「使所有管理者都是
人力資源管理者」之文化，必須對其提供應有之知
識及訊息。最佳方法爲定期對此等「新貴」如對原
有主管相同，亦進行「簡報」（不可稱爲訓練）。
視企業規模及人數多少，可以一季、半年，最少一
年一次供其先作精神武裝，方能漸次形成文化。

(7) **可發行《人力資源管理月報》**：如對企業情境適當，
似可設計企業內此一月報，以內部網路或紙本，每
月以本項 3. 各點爲內容，加註編號以利查閱。定期
發送各級主管，並以互動方式形成分享與溝通氛圍，
對此項文化之形成應有莫大增進效果。

㈦**建立人力資源管理理念及策略**：二十一世紀是一個現實的

社會、現實的員工、現實的年代；也是一個由「人才」主
導一切的年代。他們主導了國家、社會、企業的命運及人
類的未來。

　　就企業來說，人才方能使企業生命的成長及延續，所
以近二十年來，所有企業無不盡其所能招募及留任所需的
人才。許多企業好話說盡、承諾沒完沒了，但人力資源及
人才仍在市場上成為搶手「貨」！其原因固然很多，諸如
興趣不合、專業不符、居家較遠、出國深造、婚姻牽掛、
照顧父母等，但主要原因之一，則為部分企業信譽缺實
惠、承諾未兌現，招募過程中各項條件僅說說而己（lip
services）。

　　所以，高階人力資源管理者可認真考慮，不僅見諸文字
為企業建立價值性的人力資源管理理念及操作性的策略，
且作為企業建立人力資源管理制度的準則，作為各級主管
處理人力資源管理相關活動時，依此價值作為思考方向，
更將其置於《人力資源管理手冊》（Manual）前端，及放
在企業網站上，公開告知現在及未來員工：「我們是認真
這樣做的」。一如阿里巴巴三個招募人才的理念為「人才
超配、德才兼備、不斷更替」。作者認為，為了招募、留
住人才，如企業上下能以認真而嚴肅態度建立此一理念及
策略，隨之配合實實在在執行，不必憂心人才流失與匱乏。

　　請參看下述 B 電子公司人力資源理念及人力資源管理
策略：

1. B 電子股份有限公司人力資源理念：

⑴人力資源是公司生存與發展成功之所賴；其他任何資源均無法取代。

⑵公司之任何政策訂定，均將影響同仁的權益與感受；宜以誠信設身處地，以確定同仁接納度。

⑶同仁與公司的關係，並非全然建立在工作與報酬；相互認同與接納，彼此的體恤關懷才是應有的堅持。

⑷人力資源管理制度的建立，應以激勵同仁為最終目的；否則寧可沒有此等制度。

⑸工作條件與工作環境應同時優化，建立幸福工作氛圍，以成為同仁職涯最佳選擇。

⑹創造利潤與分享利潤並行存在；酬勞與績效應是攣生兄弟。

⑺公司與同仁共同成長是雙方共同願望；任何一方的未來都是在對方手中。

⑻公司除去產品研發、製程、行銷定價與客戶外，對同仁沒有機密；心手相連，兄弟之情，是靠相互信任與依賴。

⑼對同仁的培育是公司有價值的投資而非費用。

2. B 電子股份有限公司人力資源管理策略：

⑴保護同仁的工作權與現有工作條件權為公司應盡的責任。

⑵人力資源的需求應以人力資源規劃與職位、職能做決定。

⑶同仁的選任完全係以個人知識、能力、意願、條件、績效與團隊關係為考量。

⑷人才晉升以內部優秀同仁為先；非必要，不必進行外部招募。

⑸留才比招募更重要；降低同仁的流動是各級主管的責任。

⑹工作的貢獻度係依目標設定與績效考評的結果而確定。

⑺培育同仁是公司各級主管主要功能之一，更是公司培養競爭優勢的重要源頭。

⑻與同仁溝通及承諾，均以國家法令與公司制度為規範。

⑼在工作上有職責之不同，在溝通與人際上均為平等，任何人在工作時的工作室都是開放的。

⑽硬體與軟體工作環境應使同仁安心、放心與開心。

㈧**引導企業變革**：有關於「引導企業變革」為此次「高階人力資源管理主管職能模型」調查項目之一，其完整內容請參閱本書下一章。而本段之申述，卻以策略性人力資源管理為標的，既非全然以高階人力資源管理主管之職位，亦非全然以傳統性人力資源管理職掌為訴求，但與此兩者仍然息息相關，可互為參閱。就策略性人力資源管理而言，其目標之完成需要人力資源管理功能部門暨主管、單位主管及員工共同認知，適時配合、認真行動及擴散性影響其他功能部門，以形成企業變革價值鏈，進而成為企業核心

動能，使變革情境充滿該做、必須做的氛圍，其變革成功機率自然提高。

1. **員工的認知**：引導企業變革既列為人力資源管理策略性努力方向，該部門從上以降即應於平時具有此項認知，進而從員工教育訓練中，對企業變革之意義、重要性、型態、模式及可能之障礙充分進行心理建設及認知。

2. **適時提出建言的配合**：人力資源管理部之成員與其他功能部門成員相較，在企業內與員工接觸面較為寬廣、敏感度亦較為深遠，與員工有關企業文化、策略、組織結構、管理制度、產品與市場需求之落差、客服與客戶之距離、員額配置之合理性、人才質量「情境掃描」等，自可向其主管提供有價值資訊，經由高階層次之過濾，向企業負責人提出建言，適時引導變革，以避免核心資源及能力僵化（core rigidity）。

3. **認真投入企業變革**：由於平時人資成員對變革的認知，當企業任何時機、發動任何變革，成員早有心理準備，一旦發動，如與其工作相關或能力相助者應較能認真投入，進而影響其他成員，形成變革風向、變革趨勢，變革自有較佳成功機率。應予澄清者，協助企業變革為成員該有之職責，應視為正向行為。

(九)**凝聚企業核心精神體係**：企業核心精神體系雖為大都來自企業負責人的核心信念，但仍有賴人力資源管理部透過企業負責人及員工上下共同認知而形成，使員工有參與感進而認同。但過程中，僅有高階人力資源管理者之參與不足

以代表全員。

1. **須由人資部成員先行討論及「稿」定**：不論此一體系由上而下或由下而上亦如前述應透過成員參與，形成所謂「程序正義」，但甚多企業負責者並非具有專業背景者，不論任何程序，應由人資部自成小組，或由外部資源提供協助，會同企業負責人以確定數項初稿，再由全公司機制進行討論，終由負責人最後確定。

2. **須人力資源管理部推廣**：當企業決定其核心精神體系後，其推廣責任通常由人力資源部施行，諸如商標（logo）之設計、文字之呈現方式、採用顏色、何處建製及相互配套等。部分活動固可由外部專業人員建構，但仍應由人力資源部成員提供資訊、建議、初審、對外宣導，以便透過機制行成效果。

3. **須人力資源管理部在制度上配合**：企業精神體系為企業精神支柱，目的在凝聚員工之認同及向心力，所有管理制度，尤其人力資源管理制度，因與員工之福祉及認同度息息相關，在其招募、培育、薪酬、升遷、離退管理制度上應為源頭，不可有違。

4. **須與教育訓練連接**：員工教育訓練為宣導企業精神體系最佳機會，不獨在場所加以相關布置，且在開始時宜由負責教育訓練者於課程始時加以引導認知。部分企業在晨操時或其他活動亦有此一儀式，主要在融入成員血液；至於成效如何，端視企業配套措施是否深入人心及企業以誠伴行。

5. 須能促使員工工作投入：凝聚企業核心精神體系是建立團隊精神一項過程，其目的仍在倡導企業變革是為了求新、求變、及求更好，驅使員工能在所擔任之工作上認眞投入。

傳統性人力資源管理及策略性人力資源管理之關聯性

至目前為止，不獨企業負責人，即連不少人力資源管理專業工作者對兩者之關聯性亦未見十分了解；其實，就作者以現實認知而言，策略性人力資源管理係根據企業策略將人力資源管理各項工作、活動作重點之選擇及提升。本章前揭中雖已將兩者之內容稍作簡要說明，但本題擬分項對兩者之差異進一步分析（參閱圖033）：

一、從此一標題來看：傳統性人力資源管理僅專注於本功能內職責之隨行，而未廣與企業策略面之「密切結合」，因而其所作所為有可能未全然配合企業之策略為其導向，以致企業策略施行時可能尚未獲致人力資源部之確切投入；此非人力資源部高階主管立意如此，而是有些企業在為人力資源管理部定位時即已如此確立；此亦非企業負責人缺乏人力資源管理專業而導致如此，而是對該部門未隨著趨勢進展及產業需求可能尚未全然察覺。此種情境有賴高階人力資源管理者根據理念、專業、知識、需要、適時向企業作坦然建言。

圖 033：傳統性人力資源管理與策略性人力資源管理之關聯性

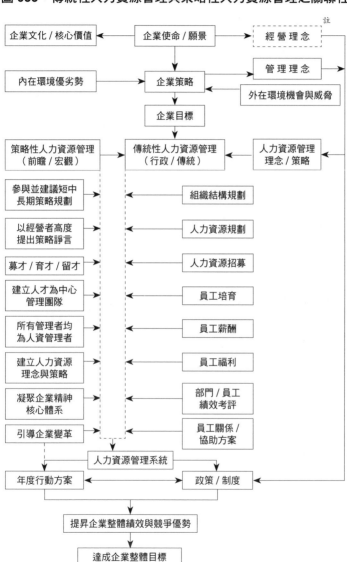

資料來源：作者繪製　註：參閱第 158-159 頁

二、**從參與企業策略規劃會議來看**：至目前為止，除許多規模較大之企業外，仍有一些上櫃及上市公司尚未真正進行年度策略規劃及管理，更不必談及高階人力資源部管理者是否參加此一會議；如未成為年度策略會議之成員亦非意外。

三、**從執行職責重點不同來看**：傳統性人力資源管理部之職責在本章前揭中業已分別說明，如無「策略性」置於肩端，植之於觀念，其作為僅為傳統性、行政性對其他功能部門之需求施行其回應式功能；但對企業策略、精神體系、文化、人才、變革、團隊、績效、競爭力、形象等，似較少付出全力；以致削弱人力資源管理部對企業前瞻性之貢獻。

四、**從專業深度來看**：部分人力資源管理專業工作人員，即使不談高階人力資源管理專業工作者，在學校、從演講、自報章、看媒體和同儕談話中均得知「策略性人力資源管理」此一概念；即使專業度尚未成熟，但高階人力資源管理者或企業負責人如能開始方向性運用該功能部門之專業，其結果最少有兩個正向：其一是人都會因受到重視而更加努力；其二為人都會因開始某一項工作，而自然成長。

五、**從增強效能來看**：由於從傳統性進而提升到策略性之人力資源管理，即使未增添人員配置，亦未更換任何員工，相反者，由於高階主管之認知及員工因有此一效能上提升，自將形成士氣的增強、人員素養的優化、工作效率的提昇以及整體績效的增值。

六、**從長期企業經營來看**：由於對策略性人力資源管理的認知和參與及其努力，就以企業的管理團隊精神形成及人才的擁有

二者來說，對企業的競爭優勢和經營績效自將正向發展；不獨獲利能力將可增加，而且永續經營自將成為當然。

七、從對人才重視來看：人才對企業之重要性不必再行贅言，從馬雲一句話即可瞭解：「我是站在人才的肩膀上，才有今天成就」。現今企業對人才之渴求已至言語無法形容的程度；尤以國內高階具才能之管理者及具創意的科技人才，遍尋難獲，幾至已成稀有「資源」，只有提升到經營策略層次，亦如國家之重大事件應提升到企業「國安」層次，方可獲得企業負責人之重視、提供所需資源，以及各級管理者之支持。

　　以上七點為作者對傳統性人力資源管理與策略性人力資源管理之差異比較所提出的看法，但請讀者別誤會為人力資源管理部新增功能，而是從原有功能上以前瞻性與宏觀性為企業立下穩固各項項機制，確保策略管理、人才素質模型、接班人計劃、菁英培育、員工認同、企業變革順利。此等看法可能為一己之見；誠實而言確有此一傾向，但如能具有以下三項先決條件，應將可「如君所願」：

一、選定具有此一認知及使命感的高階人力資源管理者，完整構思及規劃下圖中此一職責之基本理念及策略，並轉責其下屬主管、同儕及員工。

二、企業負責人及各功能部門主管具有此一概念，認同二十一世紀此一**趨勢**，全力支持人力資源管理部此一策略性定位。

三、對人力資源管理部之員工，依高階人力資源管理者之構思及規範，施以專業性溝通及聽取建議，使全員之認知及作法形成共識，全力以赴。作者信念之一：凡事全力以赴，結果交給上帝；重點在是否全力以赴。

建立及調整人力資源管理制度重點建議

我們均知道，任何組織之管理要法治而非人治；法治需有一定之規範。如為人治，僅憑主事者之情緒、關係、價值判斷而做決策，很容易形成不公、不平、不義及甚至不法。此種管理模式在我國企業內應非少見。

就企業各功能部門而言，建立各功能性管理制度為各功能主管重要職掌之一。但對人力資源管理而言，其重要性尤為顯著，因其與「人」有關；人有感受、人會比較、人懂是非、人常自以為是、人均重視激勵。

所以建立人力資源管理制度，不獨是高階人力資源管理者考驗自己專業的一項過程，亦是任何企業徵才、育才、用才、留才的重要而正向指標，更是本書在撰寫前企業負責人作職能模型調查中之企盼，而在本題提出此項建言。

一、建立制度的基本思考：

(一)**依法**：遵守國家法令為任何企業、任何國民必備的基本素養。企業在建立各項管理制度時，亦必需以此為依據，而人力資源管理制度尤然；否則不獨有損企業形象，不利人才招募與留任，更將引發許多勞資爭議。因此，高階人力資源管理者必需對國家相關勞動法令有深度之熟知，方可使所建立之制度為政府所接受、各級主管所執行、全體員工所認同。

(二)**依企業核心精神體系**：企業核心精神體系（參閱第三章）為企業成員全體精神支柱、心靈之共識及企業上下所擁有的資產。人力資源管理制度之建立，必須與此一體系相結

合。如果，企業核心價值中強調誠信，則此制度亦應以此為標的，不可相違，否則企業成員認為企業「說一套做一套」，使整個核心精神體系無法在企業內生根，進而導致企業信譽破產。

㈢**人力資源管理制度建立之目的**：人力資源管理制度建立之基本目的主要為：

1. 配合經營策略需求，適時提供應有之人力資源。

2. 激勵員工驅使企業增進績效。

3. 培育關鍵人才，奠基企業永續經營。

4. 強化全員素養善盡社會責任。

此一制度在建立草案完成時，撰寫及初核者均應冷靜、客觀、檢視、深思此一草案是否有違前項思考及主要目的；如有，應重新修訂其條文。

㈣**應獲致各功能部門之認同**：人力資源管理制度之建立，不獨在於是否有無，而在於有助於人力資源管理功能是否發揮，及協助企業人力資源管理活動正常；如是，則有賴各功能部門主管之認同、進而施行。

所以，在此等各項制度未公告施行前，應將草案送請各部門主管（如為集團，則為事業部負責人）確認，其目的不僅在於對各功能部門主管之尊重，而在於公布時得以順利而無障礙施行。各項人力資源管理制度建立時，高階人力資源管理部主管為初核者，各功能部主管為覆核者，企業負責人為決核者，並在各制度表格上首頁頂端分格清楚戴明，未來有所更動時亦然。（參閱表 019）

表 019：「人力資源管理手冊」之建立及管理參考案例（摘要）

索引編號 1.01 手冊建立及管理通則

立案者	初核者	覆核者	核可者	生效日期	
○○○	○○○	○○○	○○○	年 月 日	頁碼

1. 如何持有及維護此一手冊
　　：
2. 此一手冊建立所根據之原則
　　：
3. 如何尋找所需制度內容
　　：
4. 何人可提供此一手冊詳細資訊
　　：

索引編號 1.02 手冊管理規範

立案者	初核者	覆核者	核可者	生效日期	
○○○	○○○	○○○	○○○	年 月 日	頁碼

1. 目的
　　：
2. 手冊管理職責
　　：
3. 制度建立程序
　　：
4. 手冊修訂
　　：

索引編號 2.01 員工招募與升調

立案者	初核者	覆核者	核可者	生效日期	
○○○	○○○	○○○	○○○	年 月 日	頁碼

1. 目的
　　：
2. 範圍
　　：
3. 招募與升調作業程序
　　：
4. 使用表格
　　：

索引編號 3.01 員工訓練與發展

立案者	初核者	覆核者	核可者	生效日期	
○○○	○○○	○○○	○○○	年 月 日	頁碼

1. 目的
　　：
2. 範圍
　　：
3. 訓練與發展作業程序
　　：
4. 使用表格
　　：

員工訓練與發展第 ＿ 之 ＿ 頁
修訂日期 ＿＿ 年 ＿＿ 月 ＿＿ 日

㈤**以人力資源管理理念及策略為核心**：人力資源管理理念及策略（參閱第 219-221 頁）爲人力資源管理部建立制度及運作之定海神針及核心，千萬不可「嚴以寫就理念及策略，寬以訂定制度」，否則依然失去全員之尊重，有損勞雇雙方之互信；萬一在訂定人資制度發現某項理念及策略很難落實於人資管理制度時，宜先修訂其條文，而非在制度施行中規避理念及策略以致形成勞資衝突。

㈥**人力資源管理制度與例外（彈性）管理**：本節之重點在強調建立人力資源管理制度之必要性，但高階人力資源管理者在制度建立完成後，固在初期予以宣導與檢視，而該重視者卻爲例外管理；其實其他各功能部門主管均應如此。企業營運常常面臨諸多特殊事件及案例；如不以彈性或例外方式處理，死守規定，則反而無益於企業運作及成員之激勵。所以，自古以來國人均有「法外施恩」一說。例外管理宜遵循下面五個原則處理，否則有損制度存在的價值：

1. 例外管理係爲企業及員工雙方利益，而非決策者個人利益；

2. 例外管理個案以往鮮有發生者；

3. 例外管理原因應有充分說服力，可放諸於台面接受挑戰；

4. 例外管理將造成個案先例，如個案增多時且宜修改制度；

5. 例外管理爲制訂原制度功能部門主管簽具意見，由其上級核定。

二、**應訂定哪些人力資源制度**：人力資源管理制度之訂定項目，自將視企業規模及需求而定，大體而言可從下述各項思考：

(一)**人力資源規劃制度**：此一制度可分短、中、長期，均由各功能部門於各年度開始期前三個月，依企業策略與目標而提出，其主要內容為所需人力資源職位名稱、現有員額、自然消耗員額、增減員額與需求時間（參閱表 018）。此一規劃中之自然消耗員額可依該功能部門以往五年離職人員平均數計算；增減員額為因應營運之起伏及策略調整而定，此一規劃最少每年應作滾動式調整，有助於人員之招募，及員工發展與職涯規劃。

(二)**部門績效考評制度**：部門（含事業部，BU）績效考評係連結經營策略與目標、部門職掌，確定部門績效評估要項及關鍵指標（KPI），亦可以平衡計分卡（BSC）分財務、顧客、流程、學習成長四個構面及進行行動規劃與績效考評。時間通常為每月、每季、半年或年度依目標達成作獎懲。值得注意者，部門績效考評在訂定其行動規劃及關鍵指標時，宜由「部門績效管理小組」（成員通常為功能部門主管）加以審定，以避免部門績效考評項目之難易、多寡之爭，以及在考評時間完成時，確定關鍵績效指標（KPI）達成率以資獎懲。通常部門績效評估制度建立初期可能歷時三年，以便逐年差異比較，確定考評要項及 KPI 之合理性，漸次形成正常及合理之運作與落實。

(三)**員工績效考評制度**

1. 員工績效考評目的有三：

(1)**人力資源運作決策**：人力資源規劃、績效激勵、升遷、輪調。

(2)**對員工輔導**：職涯規劃、員工培育、工作改善、主管與從屬間之定期溝通。

(3)**對員工績效交換意見**：主管針對員工之績效提供反饋及肯定，達成五大管理程序。

2. **有關員工績效考評工具**：諸如，目標管理（MBO）、自我評量法、小組考評法、同僚考評法、員工績效常態（強制）分配法等。

3. **員工績效考評內容**：

⑴主要工作職責。

⑵年度目標、工作計劃、專案或交辦事項。

⑶工作能力及態度。

⑷員工發展。

4. **員工績效考評面談**：

⑴員工績效考評面談，事先雙方應妥爲準備。

⑵員工績效考評可由主管先行考評或先由員工自我考評後送交主管。

⑶事前一周和員工約定面談時間及地點。

⑷面談進行時宜以三明治方式，先肯定其工作成果→檢討績效→未來持續努力，使員工在自己深受激勵，而非帶有挫折情緒離開。

⑸員工績效考評面談時，亦宜初談下年度工作計劃及員工發展方案。

⑹員工績效考評面談，在增進主管及員工間之互動，而非破壞二者之間關係。

5. 績效分配比率：通常為優（0-5％）、良（15-25％）、稱職（40-50％）、有待改進（10-15％）及不稱職（0-5％）；其百分比宜優者較高，待改進或不稱職較低為原則，以鼓勵多數員工。

6. 對部門及單位績效較佳者提供較高優良者百分比。

㈣**薪資管理制度**：

1. 基本理念：

⑴市場競爭力。

⑵制度應合理、合法、公平及具激勵效果。

⑶依公司、部門、員工績效以酬勞員工。

⑷如企業營運良好遇有盈餘，部分應依公司法第235條之1於章程中明訂百分比年終從優分享給員工。

2. 薪資制度給付種類：

⑴依「職位」付給薪資：以工作說明書或職能決定其基本薪資。（參閱表020/表021）。

⑵依「人」給付薪酬：以學歷、年資、年齡、能力決定基本薪資；但較少使用。

⑶依「職能」給付薪資：此一方式為近幾年部分學者及專家開始建議採用。（參閱表022/表023）

3. 薪酬管理體系：所謂薪資（salary）系指每月固定所得；所謂薪酬（compensation）系指固定所得及每月及每年變動所得，如津貼、獎金、職務津貼、加班費、分紅、

股票選擇權（stock option）等（參考圖 034）。

4. **工作分析之必要性？**在傳統薪資制度中，工作分析仍指對任職人員工作之內涵，進行記錄、檢視與鑑別活動過程，包括工作項目與性質、工作職掌及內容、執行程度及方法、各項工作所花時間、工作者應具備之條件（知識、技能、學歷、經驗）、績效標準、使用機具等，由工作分析員加以記載、描述、分析與鑑別，然後歸納於工作說明書（Job description）或工作規範（Job specification）作為工作評價、員工招募、績效考評、訓練體系、員工升調參考等依據。

近十年來，由於企業內外在環境變動之快速、科技發展之日新月異、個別工作更動之頻繁、且工作分析費時費力；可能形成工作分析尚未定案，員工工作即已改變。作者認為工作分析是否有其必要值得思考，似可以放置於資訊系統中之工作說明書取代，如有任何工作上之變化，由單位主管修正、部門主管審核，傳送給人資部確認即可。

工作分析雖已有各類工作分析資訊系統，但基於下述理由似乎可以研討由工作說明書代替之可行性：

⑴就某一工作分析系統而言，需要彙集有關認知能力、人際能力、精神運動能力、身體能力及感覺能力等共五項能力及 52 項細目，需要甚多時間彙集資料及輸入；

⑵此等類似系統所彙集之資料，主要仍以用於轉換為

「工作說明書」為主要目的；

(3)工作說明書目的之一在於進行「工作評價」，而前文中已說明，工作評價大部分均由工作評價委員花費甚長時間施評；但依作者經驗，比率甚高者大都「隨眾」而決定對其他委員評價結果之認同，而非真正了解某一職位之對企業貢獻價值，尤以大型及職位眾多之企業其不公平性早受質疑；

(4)似可依職能分析與評鑑代替工作評價，既較省時，亦具公平性。（參閱下項）

圖 034：薪酬管理體系

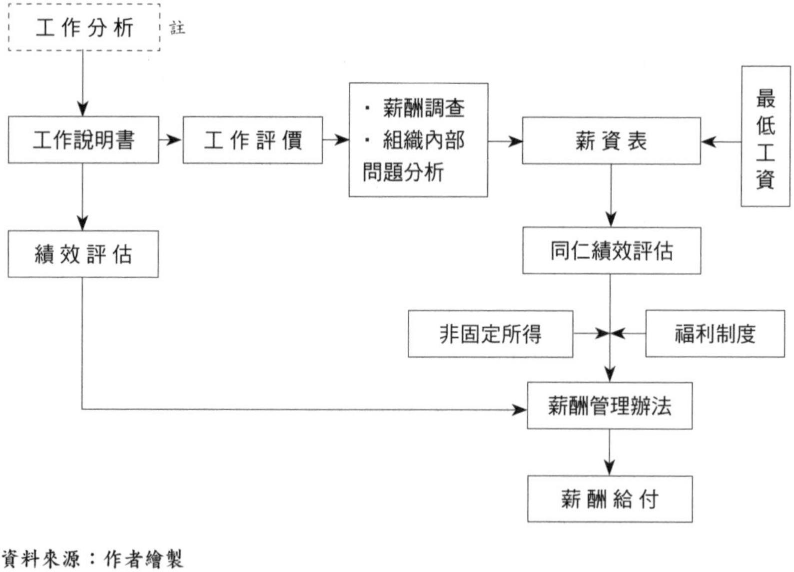

資料來源：作者繪製
註：參閱上頁（四）

㈤**對工作評價及與職能結合薪資體係建議**：根據 Noe/ Hollenbeck/Gerhart/Wright 幾位教授所著《Fundamentals of Human Resources Management, 2018》第七版，第 12 章，P.354 頁，論及薪資結構時仍沿用上述以數量化「工作評價」方式建立「職等」及「薪資表」。目前甚多我國及西方企業仍然沿用此一數十年之舊式「因素評等法」作工作評價進行程序，為第二次工業革命後開始建立之薪資管理工具，當時係以工業為經濟發展主體；現在早以服務業為經濟發展重心；面對 AI 時代，由於企業內外環境更異，修訂其策略及目標之頻繁、員工工作內容變化性十分快速；而在工作評價過程中，需全體委員「集體討論每一個別標竿職位」似嫌繁雜及費時。通常一個標竿職位，評價委員共識度可能需要 1-3 個小時方可完成。雖然工作評價已有系統協助，但公平性仍受質疑，因而原有之工作評價程序似可重作檢視。

1. **簡易工作評價建議**：似可以稍為簡易工作評價代替如前所述現行之工作評價模式，雖然仍為「因素評等法」及保有工作評價委員會、工作說明書、工作評價因素等作法，但省略工作分析、評價委員集體對每一標竿職位進行評價、簡化工作評價程序，省時省力但效果相同。此一簡易工作評價法，對中小企業尤為適用。

表 020：部門主管對各標竿職位初評表

部門主管對各標竿職位初評表		
一級部門	職位名稱	職位排序
分公司	高雄分公司副總	9
財務部	財務部經理	8
	財務專案專員	6
	財務專員	4
	財務助理	2
管理部	管理部資深主任	8
	管理部培訓專員	7
	人力資源專案專員	6
	法務專員	5
	資訊部專員	6
	行政部專員	6
	行政助理	1
審計部	審計部經理	8
精品業事業部	事業部經理	9
	資深設計師	8
	專案設計師	5
	專案經理	8
	專案助理	3
	工務主任	6
	專案估價師	7
-	-	
-	-	
-	-	

資料來源：00 精緻裝潢公司

簡易工作評價步驟：
↓ 向全體主管進行工作評價作業簡報。
↓ 成立工作評價委員會（委員通常為功能部門主管；主任委員可由副總擔任）。
↓ 由工作評價委員會討論及確定工作評價因素、因素權重、對各因素之加權配點及最高職等。
↓ 選定標竿職位。
↓ 部門主管對本部門標竿職位初評。（如表 020）
↓ 各工作評價委員依工作說明書及部門主管對各標竿職位初評表，以初評標竿職位等級。
↓ 工作評價委員會製作委員初評價滙總表（如表 021）；如各評價委員對任一職位評定最高與最低之差異平均點數之 20％時，該兩位委員在委員會中應提出理由說明，以便討論出合理結果。如無法獲致共識，則以投票決定。
↓ 依所有委員評定之總點除以委員人數，獲致平均點數及建議職等。（如表 021）
↓ 評價委員會檢視該初步職等與現行上下、左右員工之職位是否有重大差異及不合理情事，以便提出解決之道，以免失衡與落差。
↓ 送請負責人核准並公佈施行。

表 021：職位評價委員評價滙總表

職位評價委員評價初步滙總表										
部門	職位名稱	委員1	委員2	委員3	委員4	委員5	委員6	總點	平均點數	委員差異	建議職等
高雄分公司	分公司副總	9	10	9	9.4	9.6	9.4	56.4	9.40	1	12
事業部	事業部經理	8.8	9	9	8.2	9	9	53.0	8.83	0.8	12
工廠事業部	廠務部經理	8.8	8.6	9	8.2	9.2	8	51.8	8.63	1.2	11
市場部	市場發展部經理	8	7.8	8.6	8.2	8.2	8	48.8	8.13	0.8	10
事業部	精品工程部經理	8.4	7.8	8	7.6	7.8	9	48.6	8.10	1.4	10
財務部	財務部經理	8.2	8.2	8.4	7.8	8.2	7	47.8	7.97	1.4	9
專部案支部	設計經理	8.2	7	8	7.8	8.2	7.4	46.6	7.77	1.2	9
管理部	資深主任	7.8	7.8	7.8	7.8	7.2	7.4	45.8	7.63	0.6	9
事業部	專案主任	7.6	7.2	7	7	7.6	8.2	45.6	7.60	1.2	9
專案支援部	採購資深主任	7.8	7.6	7.6	7.2	7.6	7.6	45.4	7.57	0.6	9
機電部	經理	7.4	7.6	7.6	7.4	7.6	7.4	45.0	7.50	0.2	9
事業部	資深設計師	7.6	7.4	7.6	7	7.4	8	45.0	7.5	1	9
台中分公司	估價部主任	7.2	8	7	7	7.4	8	44.6	7.43	1	9
事業部	專案經理	7.4	6.8	8	6.8	7.2	8.2	44.4	7.40	1.4	9
專案支援部	設施管理部主任	7	6.6	7	6.4	6.8	7.4	41.2	6.87	1	8
管理部	管理部主任	7.2	7.2	7	6.8	6.4	6.4	41.0	6.83	0.8	8
審計部	審計部經理	6.6	7.4	7	6.8	7	6	40.8	6.80	1.4	8
工廠事業部	資深工務主任	7.2	6.6	6.2	6.6	6.4	6.6	39.6	6.6	1	8
事業部	專案工務主任	6.2	6.4	6	6.2	6.4	7	38.2	6.37	1	7
-	-										
-	-										
-	-										

資料來源：OO 精緻裝潢公司

2. 以職能為基礎之薪資體系（Competency-based pay system）：因「因素評等法」工作評價之繁雜，且較難真實反應擔任某項工作之知識、能力、特質、自我概念之價值，建議是否思考以工作職位之職能等級代替工作評價，視企業規模將職等簡化為 3-9 薪級（參閱表 003）。每一薪級，依相對應層次之薪酬調查結果相比較，而決定該薪級之薪資架構。下表樣本，其左則之薪級即為表 003 中之職能等級。雖已有企業以此方式建立薪資體系，但建議初期應由專業者主導，且以為低職等員工試行運作。成功方產生信心，下一步再延伸至整個企業。

職能薪級計算很簡單：即為職能各項目及其等級相加平均數，遇有小數點時以四捨五入方式處理。

表 022：依職能等級薪資表

薪級	薪位 1	薪位 2	薪位 3	薪位 4	薪位 5
1	23800-26180	26181-28560	28561-30940	30941-33320	33321-35700
2	35701-39270	39271-42840	42841-46410	46411-49980	49981-53550
3	53551-58905	58906-64260	64261-69615	69616-74970	74971-80325
4	80326-88357	88358-96391	96392-104415	104416-112449	112450-120483
5	120484-132532	132533-144580	144581-156629	156630-168677	168678-180725
6	180726-198798	198799-216871	216872-234943	234944-253016	253017-271089

資料來源：參考 OO 金融業薪資管理辦法
（參閱表 003：職能項目與職等樣本）

3. 職能等級薪資表與本節前述員工績效評估相結合：如某職位薪級為 4 之薪資落於第 5 薪位數（112,450），

其績效為「良」，加薪金額：NT3,374。

表 023：職能績效調薪表

績效分配比率	優 Outstanding （0-5%）	良 Good （10-20%）	稱職 Fair （40-50%）	有待改進 Needs Improvement （10-15%）	不稱職 Incompetent （0-5%）
加薪%	4%	3%	2%	1%	0%
金額	4498	3374	2249	1124	0

資料來源：參考 OO 金融業績效考核辦法

㈥激勵制度：

1. **目的**：係指企業除訂定薪資管理制度，以付給各職位及職級員工應有經常性報酬外，依部門、單位及個人之績效給予經濟性或非經濟性之酬謝，以激勵其對企業除「盡其應盡之責任」外，對其超越其本份之附加貢獻及績效所付予之酬勞，以鼓舞其持續努力以增強企業整體績效。

2. **激勵項目**：激勵項目因企業不同而有所差異，但通常包括：

   (1)**年終獎金**：此一獎金應與企業部門、單位、員工個人績效相關，及與優劣程度而有差異；否則「一視同仁」方式發放有損激勵目的。

   (2)**團體性獎金**：此一功能性團體獎金係針對功能性部門或員工群體因其特殊努力，而形成對企業有貢獻時發給；諸如銷售人員、研發人員、生產人員、企劃人員等。

(3)**個人獎金**：因員工個人之年度工作績效、個人某項
特殊貢獻之獎金。

(4)**創新獎金**：除研發人員需要創新外，其他部門及員
工不限定範圍，對企業各項作爲提出創新之構想，
而使企業對某項產品或作業有所改善，使企業運作
更加順暢，以致節省成本或改善效率，均應予以口
頭、書面或發放獎金以資激勵。

3. 激勵制度設計原則：

⑴內外部之均衡性。

⑵須有明確之給付架構。

⑶應具眞正激勵效果。

⑷可與其他獎勵方法形成配套措施。

⑸須有給付之一致性，以維持公平及公開。

⑹視貢獻度之輕重，不應以金錢給付爲唯一方式。

㈦員工招募與離職制度：

1. 目的：此一制度之設計係爲企業依某一職位之工作說
明書或招募指南之規範，從勞動市場募請最適合且具
發展性之候選人，以配置於現下適當職位，及期待在
企業內以其自身之專業、興趣、貢獻並經由企業所提
供發展機制而成長。

2. 招募流程：年度前以人力資源規劃按時、按程序提出
需求。平時有新增需求時，各部門檢討現有員工之工
作職掌，重新作工作分配後確定需求→以人資部設計
之表單提出申請→經由相關人員對員額之批准→納入

人力資源規劃→依層級及專長提前 1-3 個月將申請表送
請人力資源管理部開始內、外部招募。內部人員之調
配，其目的在提供員工成長及人力資源充分運用。

3. 招募通路：

⑴預期性儲備：如花旗銀行年度 MA 專案培育計劃。

⑵自行招募：透過媒體廣告或員工介紹。

⑶外部專業機構：付費或政府就業服務單位免費推介。

⑷現有之人才庫檔案。

⑸其他企業對剩餘人力之轉介。

4. 招募機制：

⑴人格特質（參閱第 364 頁）及職業性向測驗。

⑵工作所需專業及語文測驗。

⑶一對一或群體對一面談。

⑷必要時，向其曾服務過之企業進行口頭或書面背景
　　調查。

⑸別忘了就職前訓練。

5. 新進員工輔導：
新就職之員工，除去施以新進同仁訓
練外，面對一個陌生環境，亦應指定同事中較資深者
提供對企業文化、工作規範、人際上之交流及部門與
單位間「工作鏈」輔導，使其盡快融入企業體，降低
流動率。

6. 員工離職規範：

⑴體認員工離職可能爲企業不當文化、制度或其主管
　　有欠合理、合情之領導有關。

⑵體認員工離職不是「終身絕交」之行為，而是「人之將走其言必善」進行惋惜性認真面談，以獲致企業變革可能之資訊；尤以對核心人才或位居要職之主管，高階人力資源主管或企業負責人宜親自進行溝通，盼能以懇切態度促其留任及聽取其建言。

⑶正常工作員工離職，各級直屬主管應予面談，以減少其離職後之抱怨，發洩在職過程中不滿情緒，以減少離職後有損企業形象批判。

⑷人力資源管理部門對員工離職，除分層次及不同主管面談外，可分部門及職別加以統計及原因分析，納入該部月報中。除呈送 CEO，亦分送各部門主管以茲參考及提醒；如離職率情形嚴重時，似可以合理比率列入部門主管績效考評，以求改進。

⑸人力資源管理部可將員工離職所述原因及面談所獲之資訊加以統計分類，定期呈送企業 CEO，以作企業變革參考。

⑹將離職員工之相關資料匯入大數據系統，以作未來人才招募之分析與參考。

㈧員工輪調與晉升管理辦法：

1. 目的：本辦法在透過員工發展及職務歷練，拔擢企業內部人才，以配合人力資源規劃與需求，進而達成「人適其所、所得其人」之目的。

2. 基本認知：

⑴員工輪調及晉升，應檢視現在職位及未來工作說明

書作比較，以了解其工作適任性。

⑵員工輪調及晉升，除非別無他途，最好不要有違企業內員工職涯規劃。

⑶此一輪調及晉升管理辦法中，宜規定最低現行職位之服務年限、績效考評等第、有無重大過失、是否具未來發展性、員工培訓表現、人際關係良否、自我成長意願及行為等。

⑷與計劃性人才或接班人規劃之培育相結合。

⑸員工輪調係以相同層次為主，不宜作薪酬變動。員工晉升確定為升等（upgrade）、還是升職（promotion）。前者薪資管理辦法中應規定每升一職等應作多少薪資之調整；而升職應高於升等之幅度，因升職通常增加其權與責。

3. 原任及新任部門主管：

⑴輪調及晉升應重視現任部門主管之意見；因與該員工朝夕相處，了解其知識、能力、行為及態度，遠較其他功能部門主管為深、為廣。

⑵各級主管除應認知所有之人力資源為企業之資源，應以開放之胸懷、樂觀其成長之態度，以「吾家有女初長成」之喜悅全力配合及接納。

⑶人力資源管理部在進行此一輪調及晉升時，應以中立、客觀、專業方式進行；如原任及新任部門有一方有不同看法時，應妥進行溝通及協調。

⑷此兩項工作為企業人力資源極大化功能之一，各級

主管均應視其為對下屬輔導（coach）重要成果。培育員工為主管重要職責之一。

(九)**員工職涯規劃辦法：**

1. **目的**：提供企業具有發展性員工；尤其管理及技術核心人才。依企業人力資源規劃所需，經由員工個人職涯規劃、人才評鑑工具、企業培育等方式，以開發人才、保有人才、運用人才，增進企業競爭力。

2. **員工職涯規劃主要內容：**

   (1)以人力資源規劃為主軸。

   (2)先以高層、中層、基層為規劃步驟及體驗，分 3-4 年逐層施行，向下延伸穩步進行。

   (3)每一層級以關鍵職位所選定關鍵人才為標的，如以全體員工為之，對企業而言可能力有未逮；但各級主管可依其時間、資源及其能力調整被規劃者及時程。

   (4)此一規劃為人力資源管理部之職責，但各級主管應經由企業所提供內外部專業訓練計劃，以配合員工職涯輔導。

   (5)各級主管以培育自己接班人及關鍵職位之接班人，為其重要職責。

   (6)對已規劃之各類接班人，依其任職層次、管理能力、專業及技術需求，進行工作輪調。人力資源管理部提供適時、適當之協助與「發展通道」。

   (7)員工應視職涯規劃並非員工個人與企業間契約，而

是與自己、自己工作之間一種成長路徑。

(8)此一規劃亦需由人力資源管理部，以滾動式每年與各部門主管協調後進行必要之變更及管理，以避免各項資源浪費。

3. **企業關鍵人才及接班人個別職涯規劃**：對此等關鍵人才之規劃與發展應定期規劃及進行追撝（參考圖035）。企業的生存與發展當然有賴全體員工的努力與奉獻，但關鍵人才方是企業的今天和未來。為了留住關鍵人才，除了仍依薪資制度給付，在整體薪酬上予以加給方式考量外，對其企業內之成長尤應予以個別職涯規劃，輔之以培育，使其樂不思「離」，甘心留任。（參閱第 322-335 頁）

4. **員工職涯規劃應為雙行道**：企業建立員工職涯規劃，是其應盡的責任，但不是單行道，有賴員工自我成長之配合方可修成正果；因為惰性為人之本性，所以不但人力資源管理部及其直接主管應在執行過程中定期予以協助及追蹤；企業負責人亦應定期撥冗予以面談，以給予重視、關懷及禮遇；雖不必「上馬一蹄金、下馬一蹄銀」之誇張，但留人先留心實屬該有的方式，務使關鍵人才發自內心情歸「我」處。

圖 035：關鍵人才規劃與發展程序

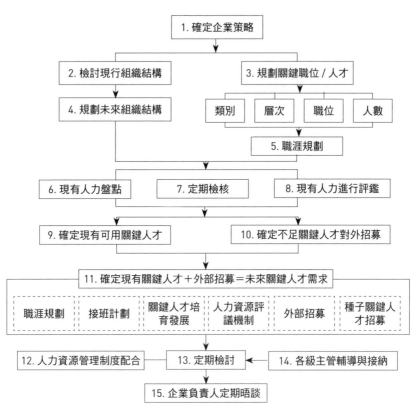

資料來源：作者繪製

本章重點

及對未來與現在高階人力資源管理者之 啟發

一、所謂傳統性人力資源管理係指人力資源管理部和企業內其他
　　功能部門一樣在執行其經常性職掌所賦予之職責，及對各功
　　能部門之需求提供專業服務，全力完成其功能性職掌使企業
　　正常運作。

二、傳統性人力資源管理為行政面、傳統性之活動，而策略性人
　　力資源管理為宏觀、前瞻性、高附加價值策略面思維，以經
　　營者之一的高度為企業提供諍言、培養人才、建立健康管理
　　團隊，以提升企業整體績效，強化企業永續競爭力。兩者區
　　別在參與層次及貢獻目標之不同。

三、經由同儕之參與，建立人力資源管理理念及策略。二十一世
　　紀純為一個講速度的年代、講認同的社會、講才能的企業；
　　也是一個由「人才」主導一切的年代。企業宜建立人力資源
　　理念及策略對員工明示具體承諾及實際規範，引導認同進入
　　並樂於留任企業體。

四、為企業建立所有管理者均為人力資源管理者文化，以增進企
　　業（主管）與員工之溝通、降低員工流動率、培養人才在企
　　業內成長。

五、企業負責人及各級主管應認知，人才方是企業前行之動力，
　　務必使其安心留任，但亦應不可忽略其他非關鍵員工感受。

六、作者深知就人才之引進及擁有而言，高階人力資源管理者並非上帝、亦非佛祖具有無限權柄；但如能「全力」而為，即使與企業當權者意見相佐亦據理力爭，以專業及職責盡其在我，則近道矣！

七、留任員工比招募員工更重要，除對應徵者以專業及心理測驗與面談技巧確定招募外，以職前訓練及熱情使其融入企業體、以評鑑發掘未來人才、以培育使其成長、以理念信服其留任。

八、全體管理者應認知，員工離職有些為企業及主管的過失所造成；否則何以此等員工會改變原始樂於投效初衷？

九、培育員工對企業具有高度投資報酬，端視所培育之人選及培育方式與內容是否為被培育者及企業雙方所需。

十、組織結構不應仍以三對一報告模式形成；五到十對一均不為過，授權仍是關鍵因素。請思考：既然將汽車方向盤交到別人手上時，主管何必仍伸手操弄？

十一、企業組織結構的規劃，主要為了配合經營策略之需要而形成；亦有時會因應內外在環境之改變而改變。所以，組織架構之更動應是企業經營的常態。

十二、配合企業策略與目標的組織結構，以及人力資源規劃適時、適當合理配置人力資源、適當減少人力成本為增強管理效率重要手段。

十三、招募或晉升員工時，我們對非關鍵職位的人選不必要求最好，而要最合適者；如為關鍵職位，不要僅重視現在的能力與績效，而要重視其潛力與可塑性。

第六章

企業變革

——引導企業變革能力

　　企業變革係指企業經營特性：變革。企業日久之慣性及僵化為成長期發展最大阻礙，而歷史輪迴卻驅使企業面對內外在情境潮流而改變；如不改變自將隨流而逝。但變革越大、越快、越專斷，越不易成功。宜掌握驅勢、運用大數據、妥為規劃、誠正溝通、減少阻力、逐步推展、善待員工七原則方可竟功。

企業變革及組織發展之意義及必要性

一、企業變革之意義：所謂企業變革（change），係指企業為了面對世界人口組成的改變、國內外相關法令的更動、經濟環境影響、社會型態的異化、競爭者優勢力的提升、國際政治的環境的轉換、就業者工作價值觀及對企業認同的調整、科技對產品的衝擊，企業經營者不能不在生命各週期（誕生、成長、成熟、衰退）中尋求變革。其內涵，包括對企業文化、策略、組織結構、管理制度、科技服務、員額配置、管理理念等經營活動求新、求變，在深思熟慮之後採行的各項具體行動、措施及方案，以保持企業消除陳腐、避免企業核心僵化（core rigidity），創造更具競爭力的未來。簡言之，任何企業為了改變舊有之經營模式的努力、因應國內外環境需要所採取之措施、調整企業所處之現況，期能提高企業效能，迎接未來之各項挑戰，均可稱之為企業變革。其必要性可從不同角度視之。

　　㈠先就瑞奇教授理念而言：在台灣也許部分企業界管理者，對於將「引導變革能力」列為此次高階人力資源管理者七

項素養之一可能稍欠理解，但在瑞奇教授之《人力資源管理最佳實務》一書中，他將人力資管理的四大角色定位得非常清楚（參閱圖 036），即：

1. **行政專家**：管理企業人力資源基礎建制程序優化及具效率。

2. **員工領軍者**：管理員工貢獻使成為被激勵及競爭力之員工。

3. **策略伙伴**：使人力資源與企業策略同步在訂定策略方向扮演積極角色。

4. **變革代表**：管理轉型及變革／影響轉型及變革。

㈡**就人口組成而言**：依據世界衛生組織的定義，全世界國家均面臨人口老化現象。依內政部統計 85 歲以上的高齡人口至 2020 年底為止，將達總人口 10.3％，正邁向超高齡社會，對企業之影響，不獨人力資源難以滿足企業需求，而且就業員工因需照料高齡父母或長輩，而不得不改變其生活形態，進而衝擊企業工作安排及工作穩定性。更為嚴重者，因此等高齡者易於發生意外事件，以致影響員工之工作品質與團隊績效。

㈢**就法令更動而言**：近年來與台灣經濟活動有關國家，在經濟、貿易、勞工等法令上常有新的措施。就我們自身而言，新立及修訂者法規，諸如《勞動基準法》、《同性婚姻法》、《公司法》、《兵役法》、《勞工退休金條例》、《勞工保險條例》、《文化資產保存法》、《公平交易法》、《著作權法》、《消費者保護法》、《農田水利法》及全民健

保費可能即將提高等法令更動，均可能影響企業經營或勞動成本。

(四)**就經濟環境影響而言**：由於兩岸關係之冷凍、金融存貸利率之超低、房地產持續增值、股票市場之不斷加溫、企業投資意願之變化、地下金融活動之猖狂、貧富差距之更形嚴重，大都對企業經營形成負面影響。

(五)**就社會型態異化而言**：由於家庭親情之弱化、　親新聞常見媒體、朋友之間與企業之間信任關係正在弱化、欺騙方式及案件日漸增多、通姦除罪化所造成家庭破碎事件層出不窮、教育商業化已形成，與昔日尊師重道背道而馳。整體而言，早為人忘的「五常」，形成社會對仁、義、禮、智、信似無人際標準，致使青年朋友在此等社會型態中所承受社會化結果，衝擊了企業倫理。這些異化，自將衝擊就業員工的價值觀及對企業的認同。

(六)**就對競爭者優勢提升而言**：任何企業均希望自身能與競爭者具有競爭優勢，但除少數大型企業或外人股權頗高者外，由於體質之欠佳、疫情未斷、南向投資不順、國際化程度不強，多數企業僅能在台灣狹小內銷市場與競爭者一較長短，致難以在國際上與人拼鬥。

(七)**就國際政治環境轉換而言**：台灣於 1960-1990 年代，由於全國團結一致發展經濟，成為亞洲四小龍之首，號稱「台灣錢淹腳目」，全民受惠；但近年來，國際政治日漸形成不同經濟體，經濟自由化已成往事，二次大戰後的冷戰態勢再度形成，以致各國皆以自身利益為優先考量，而「國

勢地位」不如人之我們，現在與未來，欲與他國競爭，勢不我在，企業經營自難和二十世紀中末期形態相比。

(八)**就科技對產品衝擊而言：**已成事實者，機器人不獨已可聲控成為年長者伴侶、無人駕駛之汽車業已上路、手機除螢幕較小外已可代替電腦且可折疊、由 Uber 和韓國現代合作空中計程車（S-AI）業已成型、5G 已剛剛上市但速度較 4G 幾至百倍及功能多至十倍、VR/AR 均可在 5G 中呈現、空中背包客已使合法飛行體深感威脅……。不久將成為事實者，包括可穿透牆壁的透視裝置、蜘蛛人（spider man）的爬牆機能、個人飛行品、私人太空船、可嗅到氣味的電視機、內置聲音辨識和翻譯軟體的即時性、「哈利波特」型的隱形斗蓬、不會斷電的手機、用微細金屬發電衣纖維……，當企業經營者看到以上這些已存在或近期內將發生的科技改變，不得不從焦慮進而盼求變革。

圖 036：瑞奇的四項人力資源管理角色

資料來源：瑞奇教授

二、組織變革與組織發展：

(一)組織變革與組織發展特性：

組織變革與組織發展兩者息息相關，係將社會科學的知識應用，透過有系統、有計劃、有目標的一種長期而持續變革過程，以因應企業面對今日、明天內外在的情境發展，依從企業之使命、願景、文化、策略，透過個人及組織之學習與發展建立健康管理團隊，而採取各類措施以維護永續經營理念。

私立輔仁大學管理學院野聲講座教授吳秉恩博士在其《組織行為學，1993》一書中引用符蘭奇與培爾之理念，認為組織發展本質上具有數項特質：

1. 組織發展是一種互動過程。

2. 組織發展是運用社會科學方法之一種型式。

3. 組織發展是應付企業變革一種再教育策略。

4. 組織發展是運用系統方法來處理企業問題。

5. 組織發展是達成計劃性變革之一種資料搜集及處理方法。

6. 組織發展強調經驗導向。

7. 組織發展重視目標之導向及計劃。

8. 組織發展必須依靠工作團隊。

在八項特性中，大都與人力資源管理直接或間接有關。

(二)企業變革對企業發展之重要性：

由於地球生態日漸失控、社會網路的發達、科技產品的創新、家庭倫理體系的弱化、個人價值觀轉變，在這樣一個宇宙中，萬物、國家、群體、個人均必須尋求改變，以利生存、趨好、進而求取發展。所以，變革是人類一直以來賴以進化的手段，當然

亦是自有企業（或組織）群體以來必須具有的作爲和競爭方式。遠東科技大學管理講座教授許士軍博士在《杜拉克精選，2001》（天下文化出版）序文以：「我所認識的杜拉克」爲題，提到杜拉克巨著之一《巨變時代的管理，1995》（Managing in A Great Time of Change）中不獨認爲「在劇變的時代中，今後的經營者和管理者最主要責任，即在爲機構創造不同的明天」；更爲創新下了定義：「創新代表一種賦予人力與物質資源以新的和更大的財富創造力……，所謂不創新、即滅亡（innovate or die）就是由他最早提出」。所以，企業變革不僅應是企業該走、應走、和常走的道路，更是任何企業發展的核心能力。因而，《組織行爲》各作者均將「組織變革及發展」爲其著作重要章節之一，可見其對企業之重要性與必要性。對於企業變革，《經理人月刊》亦曾綜合杜拉克對經理人 95 項忠告，對有關「變革」者，擇其具有代表性簡述如下：

1. 要成功地管理變革，最有效的方法是主動創造變革的必要性——《下一個社會之管理》（Managing in the next society, 2002）。

2. 抗拒變革源自於無知，以及對世界的恐懼。我們必須把變革視爲機會，方不會感到恐懼——《管理：任務、責任、實務》（Management：Tasks, Responsibilities, Practices, 1973）。

3. 變革領導者的第一套預算是營運預算，顯示維持現有業務的支出。變革領導者還應有第二套預算，那就是

為了預期變革－《對未來21世紀的挑戰》（Management Challenges for the 21st Century, 1999）。

㈢**企業變革三個步驟**：前行政院院長毛治國博士為麻省理工學院（MIT）畢業，在其所出版的《管理，2003》（國立交通大學）一書中提到：企業變革，通常都會想到早年創設麻省理工學院群體動力學研究中心教授盧文（Kurt Lewin）。他在1940年代就洞察到「要推動組織變革，必須按『解凍、變革、回凍（unfreeze, change, refreeze）』三個步驟來進行」：

1. **解凍**：解凍是運用組織心理學作為工具，來克服抗拒變革的阻力，打破組織如同凍結狀態般的現況，並把組織潛在的變革動能激發出來。它是變革三部曲中的起手式。

2. **變革**：就是把既定的變革計劃付諸實施。事實上，只要解凍工作充分到位，接下來的變革就是經由決策過程所律定的問題對策或組織再造方案等，因勢利導、水到渠成方式予以完成的工作。

3. **回凍**：則是把完成變革組織系統穩定下來。把已發生變革的系統狀態予以常態化（institutionalization），以避免系統不會退回到原來狀態。

企業變革之類型

一、企業文化變革：企業文化為企業長期沉澱、耕耘所形成之核

心價值。綜觀中外學者對企業文化之變革論述頗有不同。不少學者認為企業文化不宜輕易改變，因為企業文化係企業精神體系，亦如人之性格，似乎與生俱來；雖在成長中透過社會化的過程可能稍受左右，但其性格一旦形成，就比較穩定，不論何時、何地、在何種情境下，人總是以它慣有態度和行為，作為它面對或處理事務時的決策核心，這就是所謂「江山易改，本性難移」。但美國著名心理學家米歇爾（Walter Mischel）在其《人格特質與評估》（Personality and Assessment）一書中認為：「任何聲稱性格會保持不變的說法都是謬論」。另一位心理學家艾本斯坦（Seymour Epstein）亦在其系列研究中發現並認為：人們在不同情境中，其本性行為與個人性格不符的行為其實是正常現象，個人差異是一直存在的。因而，企業文化的改變，雖不可能突變，也不該任意常存；但亦應檢視外在時空及內在運作，視企業核心價值之漸變及員工之接受度隨之順勢而變革，使企業經營特性和企業文化始終能結伴而行，亦如個人之性格隨著社會化之影響而自然更動其原有的行為。

二、**企業經營策略之變革**：企業經營是一項動態的活動（activities），內外在環境瞬息萬變，一但策略規劃後，如與市場需求難以相容，萬不可「坐以待斃」；應靜觀環境之走向而做管理程序之調整，運用滾動式之變革，而此種變革之過程，亦如建立策略起始時之慎重，透過策略規劃委員會進行內外在現狀依程序檢視，進而做未來式之策略變革，以免因而牽動各功能部門之行動規劃而造成步伐未能一致。

三、企業組織結構的變革：企業組織結構之規劃，係為達成企業經營策略與目標而形成，但企業經營策略可能因內外在環境之改變而更動。企業及員工大都習慣於以往組織結構之「一成不變」，而無法適應於此一變革。其實，企業組織結構之更動，應是企業經營的常態；如有任一企業組織結構多年來未作調整，就現代各項環境改變之快速實屬不可思議。任何企業均應面對經營環境之異動，以做最佳預測性策略變化，如未能適時預測亦應採取快速跟進式策略及組織結構之調整；否則，該企業定將喪失其競爭優勢而難以生存。捷克森及修舒勒（S.Jackson /R.Schuler）所著《管理人力資源經由策略伙伴，2005》（Managing Human Resources － Through Strategic Partnerships）一書引用全錄（Kerox）公司前董事長艾拉爾（P.Allaire）對企業經營策略之重要性提出其看法：「在更為極度快速複雜及反常的商業環境中，企業需要具有變革的能力。我們必須創立一個新的能夠針對科技、技能、競爭者及整個商業環境改變的組織結構」。在進行組織結構變革時，除去依企業策略之更動而變革外，尤應檢視組織扁平、管轄幅度、產品關聯性、工作流程、各級管理者之素質、人員分散程度、供應客戶便利性、授權程度、及員工個人工作獨立性等相關因素慎重做適宜性決策。現時管轄幅度企業大都為 3-5 人似頗普遍，就企業變革而言，盡可能以企業扁平為必要之選擇，增廣為 5-10 人亦不足為奇（參閱第 173 頁）。君不見乎：我國行政下屬 14 部、2（主計、人事行政）處、1（故宮博物）院、1（中央銀行）行及三個獨立委員會

（中央選舉、公平交易、國家通訊傳播），另有 7-9 位政務委員，共有 21 部、會、處、院、行及 9 位個體共 30 位成員向院長報告。由於管轄度之適當增廣，管理員額之減少，勞動成本之節省十分可觀。

四、**管理制度之變革**：企業之經營管理亦如國家之治理，應以法治代替人治（rule of man），因此國家方有立法機制之存在。當然，有些國家依其執政者之英明而治理國事，可稱之為「賢人政治」，但名言「絕對的權力將會形成絕對的腐化」（十九世紀英國阿克頓爵士，John Acton，1987）吾人應視為警惕。同理，如企業未能建立管理制度，則不獨領導者初期可能信守某些公平、合理之原則，但日久常會陷入隨心所欲，無形中造成「我」就是「法」、就是「制度」。所以企業如欲使管理能長長久久、合情、合理、合法，不獨能信服各級員工，更能使企業在制度的治理下不論對象，不分親疏。但任何管理制度，尤以人力資源管理制度（參閱第 228-247 頁），對員工之權益影響既大且遠，視法令之更動、社會動態之變遷、就業者之價值、人力資源市場情境、以及企業文化之弱化等因素遂行作制度變革；人力資源管理高階主管亦應隨時檢視其功能性管理制度適用性與適法性，進行應有的變革。

五、**企業科技與產品之變革**：科技產品之創新趨勢業已衝擊現在及未來相關產品及工作者之工作型態快速變化，未來將更形飛躍。這是科技十倍速轉變時代的實際現況，進而促使企業不得不採取變革，以避免被競爭者的「後進優勢」所取代。

　　2020 年十一月八日，Google 台灣董事總經理馬大康先生在《聯合報》以《台灣培育世界級人才》為文中焀述，「依 Owl Labs 統計，由於 Covid-19 疫情帶動線上會議、即時通訊、虛擬實境（VR）等科技之發展，根據 Owl Labs 統計 2020 年全球有超過一半公司允許員工遠距工作」。並認為「此次疫情亦加速『三無經濟』發展，邁向『零接觸經濟』、『無人化生產』、『無極限應用』時代。舉例說，零接觸經濟，讓硬體設備加入語言助理、手勢控制等功能，不用透過螢幕即可與科技產品進行人性化互動，並推動數位課程、遠距醫療的普級；無人化生產，著重自動化生產、機器人倉儲與物流等領域；無極限應用，則創造精準醫療、人工智慧（AI）、智慧城市與交通需求。這些趨勢不僅對消費行為及商業模式產生重大影響，職場人才需求也將改變」。

六、**服務系統及員工服務行為與態度的變革**：如本書「緒論」所述，台灣服務業已占 GDP 三分之二，但服務系統與員工服務態度與日本相比，顯然有很大改進空間。工作人員之服務品質係由服務系統（system）與服務態度所形成，而服務態度源自員工的行為。當顧客決定購買某一產品時，其主要考量有二：產品的功能價值（value）及所感受到的尊重與銷售人員對產品的專業知識。現在我們處在消費者市場（consumer market），顧客對於銷售人員服務態度相當在意，可能因受到系統與人員之對待良否，而改變其購買意願。所以企業管理者應在銷售系統之友善及員工態度上不獨加以強化，且可透過人才招募中瞭解其行為模式，更應在教育訓練

中進行服務態度之變革，以求績效之提升。

七、**員額配置合理化之變革**：在所有變革類型中，此一變革特具
敏感及重要性，因為牽涉到員工的工作權及企業獲利能力，
通常稱之為企業再造工程（reenginering）。因其重要，特
稍增建言就員工員額配置而言，直接員工（DL）雖為企業
變動成本，但如不定期隨著策略及業務需求加以檢視其配置
合理性，再加以員工流動不高，則將形成「近似固定成本」，
而間接員工（IDL）卻為固定成本；不管變動或固定成本，
員額配置合理化仍為任何企業定期應予檢視的管理重點之
一。依據作者所執行過此一專案之經驗，企業員額配置不足
者有之，但大多超過所需；且有者超額近四分之一，較少者
亦接近10％。此種超額配置不獨為企業不必要之成本負擔，
降低獲利能力，且可能造成部門、單位及員工間勞逸不均、
影響工作氛圍之負面效果。

㈠**員額配置合理化之層次：**

1. **企業再造**：從企業使命、願景、文化、策略、組織結
構（含層級）、工作流程、大數據、資訊、到管理制
度之檢視，形成企業整體變革，賦予新的面貌與體質，
使企業成為一個新而堅強戰鬥體。

2. **組織再造**：從企業管理階層之組織結構開始檢視起，
進行部門及單位職掌重建、工作流程分析，必要時裁
併功能部門及單位，進行員額配置合理化，配之以管
理制度之修訂，使企業體更加精實、更快速回應管理
與客戶需求。

3. 員額配置：許多企業惟恐採取上述二個層面，可能傷及企業筋骨，有損企業元氣，僅檢視各部門、各單位之員額配置合理性；有者從工作流程為重點，有者以未來人力需求之預測，以配合未來人力資源配置與合理運用，求取勞逸均衡及工作負荷正常化。

雖上述三層次依企業需求而施行，但作者強調，組織結構合理化，遠比員額配置合理化更重要。

(二)員額配置合理化之基本理念：

1. 員額配置合理化進行時，員工應受到尊重，權益應受到保護。

2. 員額配置合理化進行時，須考慮組織先天條件及功能特性。

3. 員額配置合理化進行時，除現階段問題外，尚需對長期發展預作研判，以免波及未來需求之人才。

4. 員額之運用不當，組織結構因素尤重於個人因素，故宜採用持續變革觀點。

5. 員額配置合理化時，須兼顧人員工作品質及工作產量。

6. 員額配置合理化之目的為積極辨認問題源頭務本之道，而非消極事後回應之減肥手段。

7. 員額配置合理化時，需兼顧組織由上而下之效能觀點，及個別由下而上之效率觀點。

8. 員額配置合理化時，務求理念、方法、工具及手法之客觀及周延性。

(三)員額配置合理化之原則：

1. 員額配置合理化實施以達成組織設定之任務與功能爲原則：員額配置合理化之實施，可追求之目標頗爲廣泛，每項任務與功能達成之著眼點及所採用之角度都有所差異，故成功之員額配置合理化必須先充分釐清目標，並取得相關單位及權責人員之共識。

2. 員額配置合理化應以充分之理性爲依據，以尋求合理及可能之方法爲原則：要員額配置合理化運用的方法，從理論到實務、從客觀到主觀、從經驗判斷到模式推演，有其可行性與可參考性，但任何方法之採用應本諸理性，方可建立全面性溝通之基礎，也唯有與各部門達成共識之理性溝通，方能落實員額配置合理化之成效。

3. 員額配置合理化之施行除考慮整體適用性外，亦須顧慮及個別之特性，而保有充分彈性之原則：認清部門規模大小、業務性質、歷史之長短等因素，均可能對部門內之不同單位造成不同之影響及衝擊，故施行評估時之思考方向、採用方法或工具，應能因應個別差異而調整，但仍能保有整體合理之一致性。

4. 員額配置合理化時採用之工具應以多元爲原則：對於企業成員、工作負荷、權責大小、能力適任及單位規模、管理幅度等問題，其向度頗爲複雜，過於單一的工具運用，可能失去必要角度與觀點，唯有透過較多元之工具設計，方能有效地擴大省察視野，避免可能

偏誤。

5. 員額配置合理化之執行務求對日常作業干擾最少原則：員額配置合理化之執行需當事人員、部門、企業配合之處頗多，但慮及所有之經營管理及服務活動需如期照常進行，故專案之執行當求干擾最少，成效最大。

6. 員額配置合理化結果之呈現，務求詳實、周延原則：員額配置合理化為一客觀自我省察過程與檢討工具之運用，結果之呈現務求忠實反應現象，並對各項癥候提出必要之針砭，方可達成員額配置合理化之積極目的，故結論應避免人為、政治性之干擾，以求提供決策者充分且正確資訊，供其決策依據。

㈣員額配置合理化之「留才」與「流才」：從前第七項所述，不少企業（尤以公營企業）人員配置均為超額；此等超額人員並非全為人才，因此留才及流才必須有所取捨，而取捨之道，除參考本項前㈡、㈢之基本理念及原則外，特別強調下述幾點：

1. 組織結構的合理性，重於員額配置合理性。

2. 員工未來發展性，重於現在工作負荷的輕重性。

3. 績效評估之優劣不必視為留才與流才唯一關鍵考慮，可視企業留人的特性，設計一些準則，以避免不公平性或該留者卻流失。

4. 依法建立員工資遣辦法，以作對流失員工之人性化處理。

5. 對流失過程中，別忘了兼顧雇主品牌形象。

㈤員額配置合理化所用之工具：

1. 員工個人工時調查表
2. 部門職掌分擔調查表
3. 工作檔案
4. 問卷調查表
5. 專業人員訪談
6. 樣本員工之選定
7. 類神經網路
8. 生產力分析

企業變革之模式及目的

　　企業變革雖不是革命但某種程度仍令員工憂心，宜透過宣導使其安心，不僅需要而是必要，僅憑各級管理者口語式「保證」，不足以穩定軍心。不僅企業負責人應親自出馬說明為何、如何變革及結果對員工影響多少，更要以書面將變革計劃充分與員工溝通；最好能由工會成員或員工代表參與變革委員會或小組，並定期向員工告知進度及結果，以獲致員工信任進而支持。

　　在諸多有關企業變革文獻及論述中，以往大都以製造業為重視點；而我三大產業：工業、服務業、及農業，而根據經濟部統計，在 2018 年國內生產毛額（GDP），服務業占整年之 61.86％，顯示服務業對生產毛額貢獻已接近 2/3；工業貢獻度略高於 1/3 占 36.45％；農業對國人日常生活雖然十分重要，但其產值僅占 1.69％。產業形態已如此改變，企業變革模式應隨之有所不同。

所以在談及變革模式，我們應先有此一認知。

一、企業變革模式綜合中外看法：以往較著名之國內外學者在論
及企業變革模式時，大都以英語系李溫（Lewin）、符蘭奇
（French）、韓森（Hanson）、柯特爾（Kotter）、李皮特
（Lippit）、柏瑞斯（Bruce）、史考特（Scott）、休司（Huse）、
艾倫（Alan）、捷姆斯（James）、季夫瑞（Geoffrey）、韓
沐爾（Hammer）、柯恩思（Goens）和克羅爾（Clover）等；
國內以吳定、邱毅、吳秉恩、蕭方雯、徐聯恩、張容雪、陳
柏同、謝安田、張愛梅、洪明洲、管康彥、張德銳、楊崇德、
朱寶青／邱耀隆等學者為代表。綜觀國內外學者之論述可將
組織變革之模式分為下述不同認知：

(一)**計劃性與非計劃性變革**：此一模式以柏瑞斯（Bruce,2000）
與史考特（Scott,2002）為代表，認為變革可分為有計劃
性與無計劃的變革兩類。有計劃變革係指經過系統性、有
創意、具審慎的研議與規劃，設法控制變革的進行而非
計劃性的變革，是一種非預期性變革。（取材自吳定，
2005）

(二)**漸進式與劇烈式變革**：此一模式以艾倫（Alan）、捷姆斯
（James）與季夫瑞（Geoffrey,1990）為代表，體認到企業
為適應外在環境的變動程度，可依其能力所及加以評估，
採漸進式變革或劇烈變革。為維持均衡，影響漸進式呈現
出持續性變革過程，意在均衡；將劇烈式變革稱為第二階
段變革，指多面向、多層次、不連續變革，（取材自楊崇
德，2003）。

㈢**躍進式與革命式變革**：以韓沐爾（Hammer）於 1996 年將變革依改造程度分爲此類三種：漸進式變革爲持續改善，躍進式變革爲以業界標竿改善，革命式變革爲對企業流程做根本重新設計，以期在績效上有大幅改善（取材自洪明洲，1997）。

㈣**先應式及後應式變革**：先應式變革係指企業表面上並無明顯衰敗，但負責人未雨綢繆，主動進行變革。後應式則企業營運模式原已顯示失效，經營明顯出現衰退，激發出變革必要（取材自邱毅，2001/ 張愛梅，2001 論文）。

㈤**轉型、重組及更新性變革**：以柯恩思（Goens）和克羅爾（Clover,1991）爲代表，將變革以重點界定爲改進、重組及更新。改進與轉型有關，重組與重建有關，更新與革新有關。所謂轉型係指完成或重點式改進企業的性質與條件；所謂重組著重於組織或結構的類型，亦即重整部門間關係；所謂更新乃是一種歷程，著重在更新恢復、重新建立、重新創造，使已訂計劃及措施更有活力。

㈥**計劃性、自發性與演化性變革**：以韓森（Hanson,1991）爲代表，將企業變革意圖分爲三種，分別爲計劃性變革，爲一種知覺、有意圖且精心策劃之變革；自發性變革是一種自然需求，隨機而因應短期內發生的改變；演化性變革是企業歷經大小改變之後，形成長期性、累積性的結果。（取材自張德銳 1994）

㈦**美式、英式、日式變革**：以 1996 年徐聯恩將企業變革分爲此三類。美式變革特徵爲當營運需要時，即進行裁員、

關廠或併出。英式變革強調「競爭優勢」的企業典範，取代公營事業「政策目標」的經營邏輯（取材自張愛梅，2001）。日式變革主要著眼於全面經營創新，以流程及文化改造與體質重建爲重心（取材自邱毅，2001）、自蕭方雯《學校教師會組織變革、組織變革策略，2006》論文。

二、企業變革應有之程序

(一)以上所介紹諸模式之差異主要在：

1. 變革之步驟；
2. 變革起動之時機
3. 變革手段之緩急
4. 變革之內容是否全面或片面

(二)如就此四種歸納而言，建議從上述類型中選擇以下之模式，進行企業變革：

1. **自發性覺察企業需要變革**：進行內外部彙集相關資訊，具體建立危機意識，確定變革之必要性
2. **確定變革目標**：希望達成什麼變革結果；企業文化、策略、組織架構、產品開發、員工服務態度與行爲、員額配置
3. **擬定初步變革計劃**：以建立確定爲何、需要什麼、如何進行、何人負責、階段性檢討及調整、可能變革障礙如何消除及確定變革成效、何時開始及結束
4. **成立變革小組**：以企業內高階主管及員工代表爲成員，選定執行負責人，啓動變革宣導及參與者之培訓
5. **研究是否需要外部專業之協助**：諸如管理諮詢顧問或

具有經驗之高階專業者

6. **進行變革**：依已修定之變革計劃，謹慎而緊密穩步向前

7. **定期檢討**：檢討變革過程中計劃調整及排除所發生之阻礙

8. **變革階段結束**：前文中提及企業變革永無終止；某一變革階段結束後，回歸到第一項，週而復始，期使企業生生不息，以保有競爭優勢。

三、**企業變革可能代價**：企業為了未來增強競爭優勢及發展，適時（甚至先行）、適當進行企業變革是該走、必走及常走的途徑。正如美國內布拉斯加大學林肯校區知名管理學教授盧森斯（Fred Luthans,2013）在其每 3-4 年新版的《組織行為學》（OB）一書中強調：「為了企業發展「現今所有經理人均應認知到變革是難以逃避之事；唯一不變就是變革的本身。企業一直都在經歷變革—革命（revolution）」。

盧森斯教授認為：「今日的企業正面對來自全球化、資訊化的爆炸、科技發展、全面品質服務、以及勞動力多元的壓力。一項管理此一變革之有系統、有計劃的方法，在於經由企業變革及發展的過程來進行。傳統企業變革及發展為框架式的訓練、調查回饋及團隊建立；而一些新的變革進行方式，諸如行動型人力資源之訓練及對話，已在施行中，以配合革命性的變革」。

由此可知，在企業變革過程中，僅以原有的訓練方式、調查回饋，意欲建立新的團隊已不足保證變革的成功；必需在施行變革前，施以如何進行變革及與相關人員之溝通亦十分重要，否則

變革將招致「壯志未酬先蒙其害」的結果。

　　盧教授亦提醒欲做企業變革時，失敗結果的代價將導致：1）降低競爭力、2）喪失員工忠誠度、3）浪費金錢及資源、4）重啟變革努力的困難度。回應此種變革負面結果，他進一步引用威斯康辛州大學名譽教授、前美國訓練與發展（ASTD）協會主席柯帕翠克博士（Dr. Donald Kirpatrick）在《轉化學習行為及實施四項層次》（Transferring Learning to Behavior and Implementing the Four Levels,2004）一書中建議，在進行企業變革時，應具同理心（empathy）、溝通（communication）及參與（participation）；在變革前聆聽下屬意見及允許對變革本身提供建言。因此亦建議變革前成立變革小組並選請工會或員工代表參加。

組織變革之障礙

　　企業變革和企業經營相同，絕非一帆風順，可能遭遇甚多變數和障礙。但面對障礙，我們應體認到障礙的背後隱藏的可能就是成功。變革大師柯特爾（J.Kotter）在其與科恩（D.Cohen）合著之《改爆變革之心》（天下文化，2002）《The Heart of Change》一書中認為企業變革成功機率僅有30％，之所以會遭致失敗，常因高階主管未能確知建立變革需求迫切性、未能成立變革小組及執行負責人、未能在變革計劃中確立變革願景、未對成員誠摯溝通、未能有效適時化解障礙、未能設定長期變革目標而僅願獲取短期利益、未能持之以恆提早宣布勝利、未在進行將變革精神植入企業文化。

一、**企業負責者及高階管理者之認知及意志**：企業任何措施及政策，是否成功，端視企業負責人決策及意志；既然變革有關企業未來發展甚至生存，負責者應在起步之前深思熟慮，多與高階管理者及專業人員協商，以便僅慎從事；絕不輕率發動，一旦決定即應全力以赴，絕不因有障礙而改變初衷。企業變革爲任何組織體重大政策，對企業及員工均有重大影響及衝擊，除上述柯特爾之外，作者將以往之體驗融入他的卓見中。

二、**企業內本位主義**：因企業內既有之政治（organizational politics）生態，形成各部門、單位間、員工間之本位主義；不願放棄各自既有利益而牽動對變革認同及投入。

三、**各級主管支持度不足**：雖然在變革小組中，高階主管均爲成員，企業亦會進行宣導及培訓，但各級主管可能認爲自身工作很忙，變革爲額外負荷，以致冷眼旁觀，進而影響下屬對變革冷漠以待，形成上熱下冷之氛圍。

四、**員工恐懼及缺乏意願**：依以往協助企業變革之經驗，員工通常對變革之意願不高，其原因大都由於人性對求新、求變之惰性，以及恐懼於工作安全感及害怕失去現有酬勞；宜於事前及過程中透過溝通使員工清楚變革內容、措施及影響程度，以使其憂心獲得釋放。

五、**未有專業者參與**：企業變革之成敗事關其生存或未來發展，內部專業資源大都不足以推動此一重要企業發展政策。自發性察覺企業需要變革開始，即該聘請外部專業人員參與，不獨提供其專業性之建議，更具客觀性之導正。

六、**計劃不夠週延**：許多企業在進行變革時，常來自於高階經營者之心血來潮或倉促起動，未能透過應有之資料彙集、詳加規劃、專業執行、定時檢視、排除障礙等過程，以致未能竟功。所以慎於始十分重要。

七、**提早宣布勝利**：企業負責人應深切了解，企業變革起步及前行舉步艱難，絕非一蹴可及，除需要慎重更需要耐性。可利用短期成效，漸漸擴大所獲結果，對不符合願景及工作流程者加以持續變革，進而深化成效的邊際效益，以求終極成功。

八、**未能將變革深植於企業文化**：企業變革改變了「我們在這裡的做事方式」（王力行女士在《塑造企業文化》序文）及可能改變了「大家共同遵行的價值觀」（殷允芃女士在《追求卓越》序文），在變革之後，應將新的或修訂後之企業文化，為全員新的個人行為及工作態度，使新的企業 DNA 深植於企業內。

人力資源管理與企業變革

一、**就組織結構來看**：變革與企業發展過程中，難免牽涉到組織結構之更動，而組織結構更動與各級主管之任免及人員配置息息相關，此項工作為人力資源管理部門之職掌。如各級主管之任免及人員配置未能適當與及時獲致配置，自將影響企業發展之成敗。

二、**就人才留任而言**：美國有名台灣亦然之企業家及人際關係大師戴爾·卡內基（Dale Carnegie）在他的墓碑上刻了這句話

「一位能找比他自己更優秀為他工作的人，安息在此」（Here lies a man who knew how to bring into his services men better than he was himself）。台積電前功成身退的董事長張忠謀先生亦曾說過：「擁有人才，就擁有一切」。由此可知人才何其重要。

在企業變革和發展中，可能影響到部分人才之去留；對此項人才留任之建言（或決定），主要來自「知人最深者乃人力資源管理部」。作者認為，千軍雖來之不易，一將更難養成。此處所謂一將，可能是一位管理者、亦可能如深具創新和遠見的工程師，就如以 75 元美金在自家車庫創立蘋果之賈伯斯（Steve Jobs）者。提到賈伯斯，他有句留才名言使人歷久難忘：「我們真的招募優秀員工，為他（她）們建造一個在那裡可以犯錯及成長的環境」。（We hire really great people,and we create an environment where people can make mistakes and grow.）

三、**就員額配置而言**：企業變革與發展，不可避免衝擊到整體企業、各部門、各單位，那些人盼能將「適當的人，配置適當的崗位」，以達許多管理學家及經理人常用的一句話：「管理的目的，在使各項資源極大化」（maximizing），以增強企業競爭優勢。

此一配置牽涉到人員之多寡及優庸；如遇人力資源過剩時，可能要「在企業經營過程中，一定會失去些朋友」（張忠謀先生），採取依法、合理、合情方式加以處理。此一處理之主要規劃職責自必有賴於人力資源管理部，而由其他功

能部門協助規劃及執行。

四、**就教育訓練及溝通而言**：前項中提及八項組織發展特質之一是因應企業變革之再教育策略。可知在企業發展之前及過程中，不論對內對外人員須充分溝通；及在此種溝通及執行過程中，皆為另一種學習訓練的方式，有賴人力資源部之細膩規劃及協助其他功能部門之施行。

五、**就獎懲措施而言**：企業變革與組織發展的整個規劃與施行，為任何組織持續不斷的行動，定會產生確定優劣之過程與結果；如有此差異，可能就有獎懲的必要性，此一功能亦為人力資源部之職責。

高階人力資源管理者如何引導企業變革

不管依企業結構與型態、企業變革與組織發展，及前揭瑞奇教授有關人力資源管理與企業變革關聯性來看，似為人力資源管理功能部門不可推諉之職責；至於功能部門之高階主管應如何引導或配合此一重要機制？建議可從下述各項推動。

一、**持續搜集、分析各項有關變革需求資訊**：高階人力資源管理者通常與外界關聯性較多，諸如：與人力資源管理及勞動法令相關之政府機構、與企業各項活動相關媒體、與管理及人力資源相關之社團（例如：中華人力資源管理協會、中華企業經理協進會、中華民國科學管理學會、台灣職涯發展協會、人力資源管理顧問及仲介公司，及各大專院校人力資源管理科系所教授等）。對內：高階人力資源管理者因其職責

與各功能部門單位、主管及核心職位員工（如工程師）等，透過招募及離職面談、平時與員工接觸、員工意見箱、產業工會或職工福利委員會等所獲得之數據資訊，運用知識管理與大數據方式加以分析、分類、整理，確定企業問題之所在及進行變革之必要性，依變革敏感度及適當時機提供最高管理層變革建議。

二、**協助負責人組成企業變革與組織發展委員會**（可為長期性任務編組）：擬定運作規範，包括委員會之目的、委員會之成員、誰為召集人（通常為企業最高管理層或其副手）、變革階段、召開會議時機、因變革項目而確定溝通方式及內容、變革遭遇抗拒之因應機制、變革過程檢討及行動規範、外部專業人員之聘請、每項變革後之檢討及獎懲等。

三、**企業變革中進行組織發展**：「企業變革與組織發展之關係，迄今尚無定論，但一般而言，吾人可以說明企業變革係為環境改變之調整過程，企業發展是為了使企業變革程序更形順利之長期努力過程」（吳秉恩）。可知組織發展係核心目標，而企業變革為企業能配合經營環境而作的調適。由此可知，企業變革不是目的，組織發展才是獲致經營成果的基本方向。

　　高階人力資源管理者應該有此認知：在企業變革規劃中，充分了解每一次企業變革時，別忘了其意義不在於變的本身，而在於是否能有助於企業長期發展；不是為了變革而變革，因為每一次變革，均須付出代價及成本，身為高階人力資源管理者在推動或引導企業變革時別忘了 ROI（投資報酬率）。

四、**企業變革中，應順勢建立健康管理團隊：**企業變革如果對規劃欠考慮、欠溝通、欠訓練、欠專業、欠順勢，可能遭致失敗；失敗的後果將使企業元氣大傷。因而企業變革除去上述變革應重視之要點外，更應順勢建立健康管理團隊。雖然企業規模有大、有小，企業變革的目的之一是員工對企業認同與承諾的凝聚，而非離散；否則將失去變革重要目的，阻礙企業發展。

五、**企業變革中應關注所需「人才」之保有及發展：**所謂人才（參閱第 047 頁），具體而言係指某一主管或某項專業員工不僅僅依身置核心職位而斷論，而應依其組織認同、組織承諾、任職職能、績效表現、人際關係、溝通技巧、領導能力整體為評價（參閱圖 037）。因為企業發展「人才」求之不易，甚至與企業生存息息相關，在企業變革中留才比招募更重要，高階人力資源管理者不獨自我關注本部門，更應忠告各級主管，以求在企業變革中，除防止人才流失，人力資源之規劃及管理同樣重要，務使此一必要資源順勢優質化，以維持人力資源的質量均能配合企業經營需求。

圖 037：人才「配方」

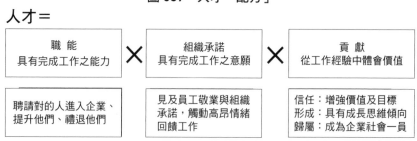

資料來源：作者譯自 2020 年 12 月 2 日台北 ATD 年會瑞奇 .pdf.

本章重點

及對未來與現在高階人力資源管理者之 啟發

一、杜拉克教授認為：「在劇變的時代中，今後的經營者和管理者最主要責任，即為機構創造不同的明天。」《經理人月刊》曾綜合了他對經理人 95 個忠告。

二、哈佛大學教授柯特爾（John Kotter）在其《領導變革》（Leading Change, 1996）大作中認為，企業變革成功機率約 30％，「變革成功絕非一蹴而成」；宜循序漸進，以績效作標準、定期檢討、認真修正方能有成。

三、日本名作家橫尾忠寫過一本暢銷的書《人生唯一不變的就是變，2018》（時報出版）。此一觀點有人稍具不同看法，如《Mind Set 奈思比 11 個未來定見》作者 J.Naisbitt 為其中之一，他係以個人如何成功與否為訴求，以確定是否與變革有關；但不可否認的是，針對企業經營者來說，此一變革概念卻為大多數企業家所接受，因為企業經營應該時時戒慎恐懼，求新求變；猶如逆水行舟，不進則退。

四、依行政院主計署統計，我國服務業生產毛額已近 2/3。顧客購買行為除重視產品品質外，更重視購買時受到之尊重及服務人員之產品知識。

五、企業組織結構之規劃，係為了完成經營策略之需要而形成；亦需應因內外在環境之改變而改變。所以，組織結構之更動

應是企業經營的常態，否則將喪失其功能性競爭能力。

六、所謂企業變革係指因應內外在環境而改變舊有之經營模式，而以新而有效的措施增強競爭力。

七、一個歷史悠久的企業，常會使企業文化落地生根，難以撼動；但內外在環境及員工價值觀均在改變，企業文化隨之變革仍為順理成章。企業文化之改變要順勢而為，而非革命，否則未蒙利，深受其害。

八、企業經營是一種動態的活動（activities），否則就是「坐以待斃」。因此，當由於經營敏感度預測需要改變時，對經營策略、產品定位、行銷模式必須迅速而果斷加以調整，如果錯失商機，則只自作「魯蛇」。

九、由於市場競爭之激烈，利潤日漸微薄，部分勞動成本雖為變動，但仍應受到重視。應定期進行員額配置合理化，除將降低財務負擔，增加獲利能力，且可減少勞逸不均抱怨。

十、企業變革類型難以一一列舉，但掌握要項即可促進變革整體驅動力；重點是何者為要項？端視負責人對數據分析及商業敏感度。

十一、員工對任何變革常有面對自身權益之不確定性而抗拒，因而在規劃開始時即應關注；於開始前以誠摯向員工說明何以、如何、何時、對其權益可能之影響，以及補救之道。上上之策是負責人及員工代表，均為改革小組規劃成員。

第七章

溝通協調

　　溝通協調係指溝通與協調通常為兩方（可能多於兩方）因對某項事務獲致共識或解決問題之交談。此種交談重點不在於一方講了多少，而在於聽了及深入瞭解多少。所以，最好的溝通和協調方式是不必滔滔不絕而言，而要靜靜聆聽對方談話內容，掌握重點，而後將對方重點以理性、邏輯加以分析，而後從容、友善提出自己理性觀點而使對方信服。

溝通與協調之定義及盲點

一、**溝通與協調定義**：所謂溝通係一種信息交換的過程，將一方的思想、觀念、計劃、事實、情感、態度，以文字、口語、媒介等理性而平靜的方式，彼此傳達給另一方。史東及費瑞明（J.Stoner/R.Freeman）在其《管理理論》（Management,1992）一書中明確說明：「以吾人所見，有效的溝通對管理者之重要有二個原因。其一，管理者在完成其計劃、組織、協調、領導及控制功能之程序。其二，溝通是管理者運用絕大部分時間的一項重要活動」。而協調係指為了使工作、計劃或行動在進行前或中，意欲獲致相關之人與團體認同或接受，增加進行時步驟及做法一致性，以協調方式減少阻礙及摩擦，達到共同的目標或預定計劃。因而，由此可知溝通目的之一係為了協調，而協調的方式是利用溝通；亦可解釋為溝通是協調必要的手段，而協調卻是溝通目的之一。但就過程而言，兩者雖在意義上稍有差異，但目的卻大致相同，即在使工作能順利施行，目標得以按計劃達

成。因此在日常管理功能上常相連運用。

　　就企業而言，由於各部門都有其功能，各成員都有其職責，因而每位成員可能產生本位主義，如何將此等不同和差異加以降低，甚至消除，均有賴溝通和協調，可知溝通與協調對企業管理之重要。（參閱圖 038）

　　再者，溝通與協調不是單行道，是指任何職場工作者，尤以高階工作者在處理日常工作或使其所負責之特定專案進行順利，以及與員工、同僚、上級、企業內部及外部有關人員保持良好關係、減少差異、以溝通與協調技巧避免誤解與衝突，增加認同感，使相關人員能形成助力而非阻力所具有的人格特質及表達技巧與方式。

　　企業內之溝通與協調具五項功能：督導、激勵、表達意見、資訊流通及消除異見。就企業而言，員工人格特質之分類，經過數十年的爭論和探討，到了 80 年代以來，此一議題研究者大致認同人格具有五種特質，不過此五種特質在內容上卻有些許差異。我國人力資源界大師中央大學李誠教授等在其《人力資源管理 12 堂課》中引用柯斯塔（P.Costa）及麥克瑞（R.McCrae）之「五大性格特質」（Big Five Personality Traits）認為深具參考價值：親和型（Agreeableness）、盡責型（Conscientiousness）、外向型（Extraversion）、神精質型（Neuroticism）、經驗開放型（Openness to Experience）。因此，就溝通與協調而言，具親和性、經驗開放性較易溝通與協調。如欲了解自己人格特性，可參加人格特質測驗。

以溝通與協調而言，可使用的方式及工具甚多，包括：書

面、圖片、道具、電通機具、影視媒體、肢體語言、目光表達、面部表情、講話腔調、音量等均有助於溝通及協調。較具善意溝通意義者，是以正向而爲表達內容、運用適當表達方式、期使對方受到尊重，因而願意聆聽，再而開始弱化其原有本位堅持，進能考慮妥協，終而獲致雙方認同。

吾等必須認知，溝通與協調，爲凡有二人（含）以上群體，不論在伙伴之間的友誼、家庭之間的親情、社會上的和諧交往、企業職場上的團隊合作均爲必須；溝通與協調能力亦爲任何人及團體必備生存技巧，亦如銀行存款，越多越有成功可能；反之則斷無順遂機會，在職場或商場上較難受到他人接納。

二、**企業溝通與協調方式**：爲增企業與員工間之了解，以形成組織認同，企業內溝通訊息的程序，可分爲「縱向溝通與協調」、「　向溝通與協調」及「斜向溝通與協調」四類。所謂「　向溝通與協調」，係指依企業體系平行而爲，而「縱向溝通與協調」或稱「垂直溝通與協調」，係指資訊流程，經由企業的組織體系線路，亦即企業的正式溝通程序。自上而下或自下向上，可稱之爲「向下」與「向上」溝通與協調。

　㈠**向下溝通與協調**：係指企業內極爲普遍自上而下之溝通與協調，主要在上級管理者對下級部屬工作之交付、訊息之傳達。此一溝通行爲有賴管理者尊重回饋、邏輯表達、溝通態度及說服力方致有成。

　㈡**向上溝通與協調**：係指較低層之員工對其上級管理者之報告、建議、交付工作之回饋、請求支援，此一溝通行爲有

賴管理者之聆聽及尊重方能獲致較佳效果。

㈢**水平溝通與協調**：係指平行等級溝通與協調，且大都以後者為目的，可以溝通與協調取代單純溝通，其目的在相互有關之工作上予以形成共識、增加雙方對某一議題瞭解或諒解、培養彼此情誼、形成行動一致之管理團隊、強化企業整體互助合作之文化。

㈣**斜向溝通與協調**：係指與不同層次之溝通。此等溝通，通常在其直屬主管授權、對方主管接受下進行。在進行此一斜向溝通與協調之後，應向其直屬主管將結果作回饋。

圖 038：企業與員工各類溝通與協調方式

企　業										
員工滿意、投入度調查	員工週、月、會	企業負責人談話會	公告／通告欄	員工意見箱	員工訴願	工作付與	績效考評	平行或斜向溝通協調	工作輔導	工會、勞資會議、福委會
員　工										

資料來源：作者繪製
說明：1. 單線者係指為單向溝通。
　　　2. 雙線者係指雙方互為意見表達者。
　　　3. 虛線係指員工應給予回饋機會。

三、**溝通與協調盲點**：既然溝通與協調是現代人必修課程，且如此之重要，為何有時就是「有理說不清」？主要是溝通和協

調有了盲點（參閱圖 039）：

㈠知識差距：由於知識（不一定是教育）背景不同，因此在溝通與協調上用語及認知上就有差距；諸如工科和社會科學兩者，對專有名詞及理念上有其基本差異，雙方對此必須有所體認，以防止認知上的盲點。

㈡理解差距：雙（多）方對所要溝通和協調事務上對問題理解的深度及廣度上之不同，因此在表達、溝通及協商過程中所提出的問題及因應之道可能有所差異，因而較難獲致結論。

㈢立場不同：溝通與協商之前，有關各方可能均已設定底線，亦即所謂立場，因而在溝通與協調時，如任一方堅持其立場，溝通與協商自無達成共識的機會。

㈣個人偏見：前項曾提及親和型及經驗開放型人格特質者較易溝通與協調；如果任一方堅持己見、偏見，而無法妥協及堅持本位，自將不易獲致彼此認同。

㈤利益衝突：在商場上，不管在企業內外，有其看得見或看不見的利益牽扯，如要想獲得「雙贏」，雙方勢必要各退一步，也就是所謂「利益交換」（trade off），各方放棄自身較小的利益，獲得其期望所得。

㈥面子問題：很多人常說「中國人愛面子」，其實愛面子是世界性文化，只是東方人（不僅中國人）可能愛面子較多一點。在溝通與協調時，應冷靜而客觀思考，是面子重要，還是裡子（獲得有利結果）重要。

㈦溝通與協調技巧欠佳：前項中提及在職場或商場上缺乏此

一技巧較難享受順利人生，因而許多教職及訓練課程均以此一技巧作為標的，期能有助於職場或商場之發展。

(八)**其他因素**：溝通與協調盲點頗多，諸如職務之高低、財富之差距、年齡之老少等都有影響；因而溝通與協調者在進行此一活動前，應對對方人格特性及成長背景多些瞭解，以免形成障礙。

圖 039：溝通與協調盲點

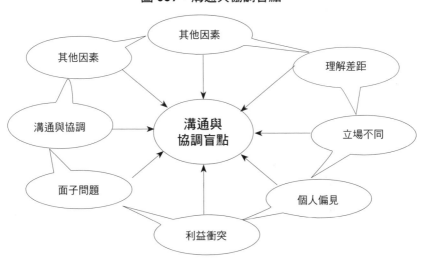

資料來源：參考國立師範大學 103 年中高階人員研習班學習成果報告

溝通與協調基本認知

我們經常看到許多企業體內員工的工作動機及工作意願相當「低迷」，也看到有些企業體內的員工士氣與工作效率未能充分彰顯；因此管理階層認為員工缺乏主動積極精神；而員工卻認

為管理階層根本就不懂得領導與統御。如此，彼此之間漸漸形成一個難以解開的「結」，造成上下之間隔閡。

2019 年十月有一家國際性零售業的總經理，非常沮喪與失望地對作者訴說他的「無奈」：因為自他來台就任二年以來，該公司已為員工調薪三次，舉辦相當「豪華」的員工旅遊，年終獎金也遠超過同業，員工訓練也十分頻繁，但員工仍然透過許多管道對公司表達不滿，並計劃於年前集體「病假」。所以這位總經理用激動而不解的語氣說：「難道這就是員工對公司的善意所做的回報」？

經過與該公司其他幾位同仁與員工個別坦誠談話和與工會認真溝通後，發現公司當局過去二年的努力與善意，不是員工沒有感受到這些「德政」，而是各級主管溝通的技巧、方式、語氣、表情等未盡理想，加上員工多年累積的成見與誤解，以致不獨善意全被淡化，而且形成負面的後遺症。

不敢斷言，這家公司的管理階層與員工間的問題，是否由於吳秉恩博士在他的《組織行為學》（華泰出版社）中提及有效溝通的障礙或前揭的盲點所造成，但可以肯定者，各級主管及員工懂得溝通的重要，亦知道溝通的程序有其必須性，但最重要的是溝通方式與技巧的運用。因而特在此對主管與員工之間的日常口頭雙方溝通應注意事項，提出下面幾點建議：

一、溝通與協調基本要件

(一)溝通與協調必須以誠信做基礎：任何溝通與協調，雙方都必須尊重溝通與協調的過程，以及溝通的結果。如果任何

一方對溝通的目的，以及溝通與協調的過程，主要在「敷衍兩句」；以及對溝通與協調的結論沒有遵守諾言的誠意，則這種溝通與協調注定失敗；不獨這次失敗，將來的溝通與協調更會形成「惡質化」。

㈡**溝通與協調應事先妥為作準備**：與人溝通的基本目的係在進行意見交流及增進相互了解，因此主管事先應在搜集資料、意見構思、表達技巧上多作準備。如此，在主管與員工溝通與協調時，方可能因準備的充分方式與技巧運用，形成較佳的結論；如溝通與協調的目的在說服他人，亦因為事先的準備，使主管的溝通與協調內容更具合理性。以理服人總比以權威服人容易使人接受。

㈢**溝通與協調必須掌握傾聽原則**：既然是溝通與協調，任一方必須有雅量聽取對方的意見，而不是任一方的「告知」。許多情形下主管會有「自以為是」的善意，認為他人一定樂於接受，因此「興高采烈」地以「告知」模式與人溝通與協調，其結果自然不盡理想。因此「立意甚佳」更需要透過「傾聽」的方式，了解他人的看法，使「結果更佳」。

㈣**溝通與協調不該有「層級」觀念**：許多主管在與員工溝通與協調時所用的語言、文字、表情、態度仍將「我是你的主管」夾雜在過程中，使被溝通與協調的一方始終在層級壓力之下而無法暢所欲言、盡情表達，以致溝通與協調在「強勢」的陰影下，難以達到雙方都可接受的結果。

二、**溝通與協調基本原則**

㈠**溝通與協調不可有「全勝」的心理**：任何溝通與協調，在

事前均該有溝通與協調的主題與目標，希望達到何種程度，但這僅是預期的目標，絕不可不給對方任何餘地。如果雙方都是如此堅持自己原先設定的目標，在無人願做輸家的情形下，溝通與協調必定失敗。既然溝通與協調是一種「有得就有失」的前題下，則開始的「全勝」必將導至結果的「失敗」。

⇔溝通與協調者的形象要靠平時建立：一位管理者通常擁有二種權責（authority）；一個是企業隨著職務的任命而來的組織權責，另一種是員工所給予的權威；也就是員工的內心是否願意接納主管的領導與管理。就實際效能而言，後者遠超過前者的重要。因此，管理者要靠平時的專業、領導、影響力、以身作則、對他人及員工的支持與愛惜以及言行一致，來培養員工對其尊敬度。如果一位主管平時具有良好的形象，通常與他人及員工溝通與協調均會有較佳的結果，因為領導是一種測試影響力的過程。所以與員工的溝通與協調，是主管個人形象的溫度計，似可作為主管參考。

⊜溝通與協調必須與企業的政策具有一致性：與他人溝通與協調是管理技巧體系中的一環，但不該是獨立的一環；應與其他管理內涵，尤其是與企業的政策保持應有的一致性。因此，主管在與他人做任何溝通與協調時應保持整個企業的政策、制度、理念的一致性；單一主管既不可與他人溝通與協調因時空不同，而有前後矛盾的承諾，亦不可因不同的部門主管在為同一事件與員工溝通與協調時，在

重點與原則上有明顯的差異。為此，高階主管在與下屬主管或他人溝通與協調時，固應簡潔，但對重點與原則內容宜適時重複或以文字輔助，以加深對方印象；企業亦應於平時，對各級主管做系統性管理能力與理念訓練，以求取各級主管對企業的政策、制度及管理理念認知具一致性。

㈣**溝通與協調不可操之過急**：主管的時間通常不易分配，而且大多被分割得支離破碎，因此在時間運用上十分苦惱。不過，為了達到溝通與協調的原始目標，以及避免因溝通與協調不良所發生的後遺症，主管應視溝通與協調的主題與內容，妥為分配時間，務使溝通與協調能在充分但不浪費的時間內妥為進行，以提升溝通與協調的品質，進而達到完整溝通與協調的目標。

㈤**溝通與協調宜就事論事**：前面提及，溝通與協調通常有預定主題及目標，因此在溝通與協調過程中，應以該主題及目標為溝通與協調的主要進行方向；如果方向無法把握，時間的浪費仍屬次之，溝通與協調品質不佳，無法達成原先預定目標才是值得擔心之事。除此之外，由於溝通與協調過程中，未能「就事論事」，可能造成情緒化、人身批評的負面「副加結果」，對主管與他人未來的人際關係與工作關係，均有潛伏性隱憂。

㈥**溝通與協調需要事後追蹤與回饋**：溝通與協調之進行不是目的，能達成預定目標也不是溝通與協調目的的全部；溝通與協調之後，按具體結論，視其是否需要採取行動，而隨之進行追蹤或回饋方是真正目的。因此，主管在與他人

溝通與協調獲致結論，而該結論需要任一方採取行動時，彼此除應共同商討誰、何時、如何、需要什麼資源外，還要確定追蹤與回饋的方式與時間，以免溝通與協調完了，問題仍未解決。

三、**能說話與會講話**：除去語言障礙的朋友，每個人都「能說話」，但並不是每個人都「會講話」。前者表示上帝賦予我們說話與發聲器官，後者表示我們所講的話具內涵、有邏輯、有溝通與協調效果、有說服能力。這就是為什麼我們常說：請某某人來「講」課，鮮有人說請某某人來「說」課。

傳播學者趙怡在《溝通要領》一書導讀中指出，基本上，會講話的人把「個人觀念、意見、主張、情緒與感覺，透過優美的文辭、適切的語句、動人的聲音、理性的態度和富有情感的肢體動作準確的表達出來」以達到溝通與協調的目的。在這短短的二行文字中，已令人相當動容，溝通和協調能不遂順？

這些會講話的人之所以能達到這種境地，主要是他們講話之前「先思考」，而不是「先講話」後思考；後思考之後發現「講」錯時，錯誤已發生、承諾已提出、傷害已形成，這就是為什麼我們常常提醒自己：一言既出，駟馬難追。會講話的人通常謹言；言多不獨顯得平庸，更暴露其膚淺。

會講話的人，會讓人懂得講話的含意和內容，我們看到很多人說了半天不知所云，或者詞不達意，不單聽者一頭霧水，說者也沒達到溝通與協調的目的。會講話的人，會在適當的時間、適當的地點、場合講適當的話。

　　國會殿堂議論國事固不可髒話不斷、侮辱他人；教室裡也不可信口開河，任開黃腔。

　　會講話的人，對適當的人講適當的話；師生談話不一定全是授業解惑，但最起碼不該對學生信口而言，放膽而論。現在師生之間雖不若以前孔夫子與弟子之間那樣嚴肅，言必觸及論語、春秋，但雙方講話時，仍應待之以師生之禮與師生之道。會講話的人，重視開口前的基本禮儀，既不該在應該沉默時獨自發難，高談闊論，使人覺得十分突兀，也不應任意插嘴，打斷他人講話。

　　會講話的人，講完話時有適當的收尾語氣或身體語言，以免別人期待「下回分解」；會講話的人，不會語中帶刺，傷及他人；傷人者人恆傷之，一定會失去許多友誼。言語厚道的人，自會得到正面回饋，長者的風範建立在言與行之間。因此，會說話不重要，會講話談何容易？會說話的人可能在任何時候、任何地點口若懸河，但可能言而無物、言之不當、甚至言而乏味。會講話的人不一定隨時隨地都會開口表達；一旦開口，雖不致字字擲地有聲、一言九鼎，但一定言之有物，深具意義。

　　民主社會裡，每個人都有講話的權利；會講話的人，應善用此權利，否則會被人認為「真不會講話」。

溝通與協調的重點技巧

　　溝通與協調是任何管理者，尤以高階人力資源管理者必要而

非可要的素養。這不是理論而是每天都需要「做」的技巧。不過這些技巧沒有固定的模式，而要針對不同的情境，運用不同溝通及協調技巧。重點是在與別人講話時，就像趙怡先生一樣不僅使聽者舒服，身為講話者也能感受到自己帶給對方的感性情緒和影響力。

一、溝通與協調的重點：

㈠溝通與協調應是雙向：不論是平行、同僚、上下、內外的溝通和協調皆應是雙向；不管自為主動者或被動，參與溝通和協調時應該認知：在溝通與協調時雙方是對等的；否則為告知而非溝通或協商。因此溝通與協商雙方的當事人即使沒有這份「雅量」，也應該具有這種認知，否則某一方喋喋不休，獨占發言時間，不獨對方感到不夠被尊重，其結果自難具有成效。

㈡事先應思考溝通與協調目的及底線：事先並無確定目的不稱為溝通而是談天；沒有底線的協調，可能是「事後後悔」者。不論個人、企業、政黨、國家，為了達成對自己有利的目的，在赴會前一定在自己、內部有會前會，不獨最好確定溝通明確目的與協調底線，並構思配合現場情境規劃好發言步驟、內容、態度、用詞遣字，以及其他身體語言之配合，再視現場進展適時運用及製造與目的相符的氛圍，以影響對方回應。最好事前探討對方來者之人格特性、表達能力、可能提出之問題，以及可能底線做為會前規劃及因應。

　　溝通及協調雖然不是一場戰爭，但身為高階人力資源管理者其成敗不獨影響個人的發展，甚至企業的短期或長期某種程度的得與失。

㈢**成功溝通與協調先從聆聽開始**：聆聽是溝通與協調必備的技巧。卡內基（Dale Carnige）的各項課程已協助了全球八百多萬人成長，在其溝通課程中一直強調聆聽的重要。如果說有效的溝通與協調應從聆聽開始，絕不言過其實。因為：

1. 聆聽會讓對方感覺到受到尊重，感同身受進而增進雙方情誼有利溝通及協商進行。

2. 專心聆聽會讓自己更清楚對方在表達些什麼，以做適當回應。

3. 在聆聽對方表達意見時，自己可從其發言中找出更好對策。

4. 在聆聽過程中，不要隨時插話；從對方談話中，瞭解其處境、困難、立場，以決定自己是否需調整底線。

5. 英國知名企業家，曾被著名學府華頓學院（Walton School）選為世界「最有影響力的商業領袖」布蘭生，曾在 2015 年一次《財富》（Fortune）雜誌訪問中，提出《最佳忠告：多聽少講》（Best advice：Listen more than you talk）。認為從聆聽中可獲得更多新知和有用資訊。

6. 聆聽而避免自己多言而發生錯誤，因為「言多必失」。

7. 聆聽別人的講話中，有者比自己原先預定決策更好。

8. 聆聽可避免「官大學問大」的刻板看法。其實，聆聽是一種習慣，可成為一種學習機會，是可以養成；所以，高階人力資源管理者，可視其為溝通與協調能力重要一部分。

　　尊重別人表達的權利，就是聆聽。其實，就溝通協調技巧而言，聆聽別人的意見比自己表達還重要。根據兩位溝通學家 Bidstrap 及 Babtillo 的調查，一位優秀溝通者通常花在聆聽上的時間，占其全部溝通與協調時間約 70%。

（註：上述各條，一部分參考司徒達賢教授著作《聽─聆聽的意義與潛在問題》，天下文化出版。

㈣溝通與協調應懂慎修詞：溝通與協調的目的在獲致較佳結果，但有時也會不歡而散；其原因有者不在於雙方意見差距太大，而在於溝通與協調者在表達意見時，因用詞不當而怒及對方，使現場氛圍十分凝滯，而問題仍未獲解。所以，溝通與協調者應記住前文所揭：「發言時應先思考後講話，而非先講話後思考」。企業高階人力資源管理主管常與工會成員溝通及協商，由於本章所提之溝通與協商盲點通常存在，負責此一工作者尤應特別小心。

㈤避免拂袖而去：在溝通與協商時，常見不鮮的場景是雙方在溝通與協調過程中，由於各持己見，即使「挑燈夜戰」，亦各不相讓，寸步不退，甚至有時某一方就如前項所言發生語言暴力，造成另一方拂袖而去。去較容易，再回卻難；自拂袖之後，可能因面子問題、情緒問題，甚至演變成形

同水火。其實世上沒有不可解的結，沒有不能消除的問題，解決問題的方法一定比問題本身爲多。所以，在溝通與協商時，一定爲彼此留一條未來再相見的路。2019年的中美貿易談判就是最典型案例，即使常有惡言相向，雙方從未將協商與談判大門關上，獨斷專行如川普總統對中國大陸領導人從未口出惡言，這就是協商與談判的一種策略，永遠要留一條重回軌道的後路。

㈥**溝通與協調應以真憑實據爲內容**：溝通與協調，不是友人之間敘舊，亦不是家人間的談天，有其特定目的，應運用說服的技巧，以理服人。但自己有理，對方亦有理，何者眞能以理使對方接納，花言巧語故難達陣，笑容低姿亦無法使對方點頭。所以，會前應蒐集各項資訊、文件、往事、法令等當場呈現、條理陳述、形成言之有物，事實俱在。如此，雖不致立即使對方無言以對，卻可使自方居於「有理」服人優勢，終可達到「屈人之兵」結果。

二、**表達技巧≠溝通協調技巧**：現代國民都知道單行道與雙向道，而表達技巧與溝通協調技巧最大的差異就如同交通規則一樣。

　　許多善於表達的人，可能侃侃而談，將自己的意見充分呈現，達到無障礙情境，但這並不能代表達到溝通與協調目的。一個具有溝通協調技巧的人，不僅具備良好的表達技巧，還要具有良好的聆聽技巧與回饋技巧。

　　有人認爲表達技巧頗難學習，溝通協調更是不容易，這就是爲什麼許多專家將溝通協調技巧提升至溝通藝術。一個具

有溝通協調技巧的職場朋友，自然較有成功的機會；因為溝通不只是在自我表達，而在以社會學與心理學作基礎，所形成人與人之間的社會脈絡（social context）之互動關係。

溝通與協調時，即使對方聆聽我們的表達，並不表示達到溝通目的；聆聽只表示「聽到了」、「知道了」，仍然缺乏溝通最主要的一個步驟：回饋。回饋的意義，是在被溝通與協調者聽取另一方意見表達之後，提供對溝通與協調的主題及內容的回應，可能是「否」或「是」，也有可能有第三種回應或選擇。

一個具有良好溝通協調技巧的人，表達時不僅專注「情緒與感覺，透過優美的文辭、適切的語句、動人的聲音、理性的的態度和富有感情的肢體動作準確的表達出來」，更要瞭解對方，且看其是否聽清楚自己所要表達者，在表達完成後，誠懇地等待或聽取對方的意見，以便進一步回饋，完成溝通與協調的完整程序。所以，表達技巧僅是溝通協調技巧的第一步；如果不能完整地透過聆聽及回饋的程序造成的溝通與協調不良，過錯不在別人，而在自己。

通常，職位愈高者，犯這種過錯的機會就愈多，職位本身就是一項溝通障礙，因為大部分高階經理人都習慣告知，缺乏耐性聆聽，不認為部屬的回饋是那麼重要。

三、**溝通與協調另一章「簡報技巧」**：溝通與協調技巧是高階人力資源管理重要素養之一。就表達能力而言，更能受到企業內外他人或更高層次聆聽者肯定的是簡報技巧。很多善於溝通與協調的人，並不一定具有簡報技巧；具有簡報技巧的人

通常在溝通與協調技巧上都頗具功力。

簡報技巧是針對某一特定主題、特定對象，在特定時間內，根據事實、運用例證、簡報等輔助工具，簡明扼要、條理分明的達到溝通目的一項表達技巧。會表達的人可能口若懸河、詞能達意；會溝通的人可能邏輯周延、言之有理；具有簡報技巧的人不只言之有理，且令人記憶猶新，印象深刻。簡報技巧雖為溝通與協調技巧的一環，卻不盡相同。

㈠**更重視資訊正確性**：簡報要讓聽眾信服，提供的資訊更應力求正確，不只運用「數字會說話」的原則，數據更要具有邏輯與一致性。

㈡**更重視程序**：簡報時間通常較短，大都介於 30 分鐘到一個小時，一個專案簡報最好控制在半個小時左右，因此程序與內容必須簡單扼要。

㈢**不妨運用技巧**：為了提高簡報說服力，可適當運用一些身體語言及聲調技巧。

㈣**運用視覺媒介**：如音效、影視、現場情境、圖片與圖表，及相關輔助器材，以強化聽眾視覺為附加價值。

㈤**文字簡潔有力**：影片每頁最多十行，每行最多 15 個字。

㈥**面對聽眾**：簡報時不要目不轉睛「唸資料」，而要面對聽眾；視覺花在文稿及影片上的時間最好不要超過 30％。

㈦**利用非語言傳播**：研究調查顯示，一個訊息 60％至 90％的傳播意義來自非語言，如姿勢、表情、目光、衣著、行動、聲調、手勢等。

㈧**讓聽眾注意力集中在你身上**：有時過度利用視覺媒介，聽

眾可能被圖文吸引，造成喧賓奪主。為了讓聽眾以簡報者為中心，不妨以走動、重點重複、提問題及暫停方式，拉回聽眾目光。

(九)別忘了結尾：不管溝通與協調或簡報，結尾仍是重要的動作。簡報結束時，千萬不可草草了事，一定要再次強調簡報重點，以及詢問聽眾是否有問題。回答問題時切勿實問虛答，遇到不懂的問題，不知為不知，誠實面對反而更能獲得聽眾的信賴。

公共溝通與演講

高階人力資源管理者不僅對內、對外需要溝通與協調；且經常有機會對內外群體作溝通或演講，以促進企業社群關係及增進企業形象，其溝通或演講之成敗，不獨事關個人形象良否，亦與企業形象息息相關，較有利人才之招募及產品之銷售。因而作者提出一些看法，盼能有益於個人成長及企業社會觀感。

一、**要認清對象：**不論做什麼事，只要與人有關，首先要考慮的是「對象」；表達或演講之前，尤先要瞭解誰是聽眾。

對年長者暢談職涯規劃似為時已晚，諄諄善誘青少年重視保健可能言之稍早。建議已失婚的朋友善待另一半，雖可作為再婚的勉勵，但似乎緩不濟急，未能搔到癢處。

所以，根據聽眾對象的需求，我們可以事先決定表達的主題。現代行銷的原則不該先決定能生產什麼產品，而是要瞭

解顧客或消費者需要什麼產品，演講者亦要根據聽眾的需要投其所好。

一次參加餐敘時與某大公司負責人比鄰而坐，對方似客氣、又似認眞地邀請到其公司演講。作者雖未「受寵若驚」，虛榮心卻獲得少許滿足。稍後，對方再次提出時，作者反問要演講什麼題目？對方卻說：「隨您方便」。顯見該公司並無此需求，自然亦未確定對象。當然，事後藉口感謝卻並未應邀前往。

因此，要達到和聽眾充分溝通的演講目的，須掌握以下要項：

(一)**根據聽眾對象規劃表達的內容**：對高階主管談員工個別工作流程固爲不妥，對基層員工長談策略規劃亦不適宜。因此，負責教育訓練的專業人員都知道，進行教育訓練規劃前，要先確定教育訓練對象與需求。如有可能，不妨事前透過教育訓練單位做問卷調查，以了解聽眾需要什麼。

(二)**根據聽眾決定表達方式**：對青年朋友演講，不可理論加說教，應以他們的語言、方式讓他們樂於接受；對一群在大庭廣眾不善於發言的團體，最好不要提供較長討論時間。

(三)**根據聽眾規劃一些案例**：演講者最大的挑戰不是講題選定和演講內容的規劃，而在於演講時創造現場熱絡氣氛與回響。要達到這個目的，演講者事先大都準備一些案例或故事，且最好與聽眾背景相結合。

總之在表達意見或演講前務必先瞭解聽眾是誰？因爲演講雖不該百分之百投聽眾所好，但可按聽眾所需以強化表達的效果。

二、要據實而講：

(一)**內容要務「實」**：不管公開或者對特定團體演講；雖然在下一小段將提到彼德斯（T. Peters）在演講時，爲了製造現氛圍之「表演」令聽眾十分動容，但仍應在演講時以務「實」爲前提，既不可誇大，亦不可無中生有，更不可「一個人講他所不知道的事情最自由」。除去演講的內容應爲自己的專業，或是創見外，最好在演講時的引用資訊要有憑有據；如爲法令，應指明法令名稱及條文；如爲名人或他人之佳句，亦應對聽眾告知原創者爲誰，不僅與智慧財產權有關，也是對他人的尊重。如爲引用數據以支持其論點，數據前更不應以「可能」、「大概」輕輕帶過，而應精準提出確切數字，如此方具說服力。

(二)**不要偏離主題**：在演講較枯燥制式主題時，諸如國家法令的宣導、科技的介紹、企業規定說明等時，爲了避免現場的沉悶，演講者偶而會備述一些笑話、典故，本屬無可厚非，但演講仍應以「主題」爲重心，不要離題過遠，以免失去焦點，而致被批評爲亂扯，被認爲拖時間。不管聽眾是否付費而來，應以主題爲訴求標的。爲了避免此一可能發生之失誤，不但事先準備講稿相當重要，要而且善用演講工具亦爲必須，尤其 5G 手機已代替現有之電腦投影，必要時現場可利用此一輕薄短小輔助工具，將「綱要」投射在任何白色物體上隨時設定提醒，以避免此一可能無心之過。

(三)**綱要與時間之分配**：爲了能將演講之內容在預定時間內完

整而加以表達，以免時間將至時發現非重點話題業已運用甚多時間，而該講重點尚未「講」及，至此不得不快馬加鞭趕進度或延長時間，此一補救之道不獨對聽眾不公平，亦有損講者形象。為了避免此一情事之發生，解決之道，可在事先將每一綱要加以時間分配，並在開始時將綱要投影給聽眾瞭解。以此種方式，提供給聽眾的事先認知和對演講者自我約束均甚有益。至於其他細項，可參考本節第四項「演講評分」自我檢視，以求精進，期求走向完美。

三、**演講 VS. 表演**：邀請名人、專家或學者對某一特定題目做觀念上、知識上、經驗上的傳授，通常稱之為「演講」。但僅以「口頭表達」似稍有不足，必須適當配合「表演」才能使內容更生動傳神、現場氣氛更為熱絡、聽眾更為專注、讓演講更具效果。

多年前在美國曾看過《追求卓越》作者之一湯姆‧彼德斯演講的影片。現場為一個大型演講廳，估計聽眾約千餘人，大都為中、高階主管。彼德斯演講時四處走動，身體語言動感十足，不獨在氣氛達到高潮時，脫掉西裝丟在講台一邊，而且配合講授內容將領帶「扯」下，隨手丟向台下，不只現場聽眾「看」之「動」容，即使看這影片的「觀」眾也受到感染，血液沸騰。這部影片的一些鏡頭使作者歷久難忘，有時也在演講時模仿幾招；但總覺得功力不夠、火侯不足，自認難以像彼德斯那樣「表演」傳神。

記得有一位名演說家認為，好的演講者「七分內容，三分表演」，後者比重也許稍高，但卻說明一點，演講時表演技

巧不可或缺，因為「表達」不足以全然達到溝通的目的，如配合「表演技巧」，亦可傳神。講到「表演技巧」，作者以為任何溝通者或演講者在表達時不可忽略三個關因素：

(一)**「表演」所運用的身體語言要順乎自然：**演講者不管運用手勢、眼神、走動、面部表情、語氣、小道具（諸如外衣、領帶、手機、教鞭等）以及聲音的高低以增加氣氛，但仍應與表達內容相配合，否則不獨生硬，難以獲得聽眾共鳴，而且可能格格不入不易獲得聽眾認同。

(二)**「表演」應恰如其份，不可喧賓奪主：**「演講」的重點在「講」，而非「演」，內容仍為主軸，身體語言或小道具為輔；否則聽眾以為自己走錯地方，置身於劇場。上述彼德斯之「表演」為其「演講」增色不少，實因他歷經疆場，久練成「精」，如換人為之一定畫蛇添足，倒盡味口。

(三)**演講的重點在意見的表達或知識的傳授：**表演則是在故事的呈現或感情的傳達。演講者可結合表達與表演，將要表達的內容更強勢地感染給聽眾，使聽眾久久難忘，以產生相輔相乘效果。這和彼德斯令人歷久難忘、屢思模仿一樣。所以好的演講者通常都有一點表演天份，但好的演員不一定具有好的演講者內涵。不過，演講仍以講題及內容為首要。

四、**演講評分：**作者周末常去的地方除書店之外，就是參加講座，汲取他人的知識或智慧。

每次自己靜聽他人演講，事後都以 17 個要點，各以 1-5 分給演講者以下表來勾評選項，以作自我精進。

表 024：演講評分表

項次	內容	1	2	3	4	5
1	是否準時開始？					
2	是否以幽默方式作開場白，在自己和聽眾之間搭起一座橋樑？					
3	是否一開始時利用短暫時間說明講題主要內容？					
4	演講過程中是否以適當聲調、表情、笑容展現對聽眾的親和力？					
5	演講過程中是否以視線或走動照顧每個角度的聽眾？					
6	是否未偏離主題或重點？					
7	是否運用案例、故事、數字、名人佳言，甚至笑話印證自己的論點？					
8	是否內容條理分明？					
9	在某些論點上，是否讓聽眾覺得「深獲我心」？					
10	講到重點時，是否運用停頓、重複或一字一句緩慢說出的技巧加以強調？					
11	是否運用輔助教具，使聽眾易於吸收內容？					
12	是否不會以個人價值判斷加諸於聽眾身上？					
13	引用他人「智慧財產」時是否引用出處？					
14	是否會使某些或某一位不在或在場的聽眾感受到不被尊重？					
15	結論是否簡短扼要具創意讓聽眾有「獲益匪淺」的感覺？					
16	除為政治性活動，演講時已避免觸及政治取向？					
17	是否預留些許時間由聽眾提問及作結語？					
合計						

資料來源：作者整理

以上 17 項評分標準，85 分爲滿分，60 分爲及格，不滿 60 分者，可能不宜受邀公開演講。在記憶中，獲得滿分演講者不多，獲得 75 分以上者亦爲數較少，可見要成爲一位受到聽眾滿意或歡迎的演講者確實不易。

作者自認沒有演講天份，卻有演講興趣。成長過程中多次參加演講比賽，雖未能每次獲獎，但練就演講者應具備的勇氣，與領悟出上述評估演講者的要點。

如果你不敢面對聽眾，那就從現開始，除對鏡頭或空曠之處自行練習外，不要放棄受邀在眾人之前表達意見的機會，因爲這是成功演講者要踏出的第一步。

我們都知道羅馬不是一天造成的，但必須有開始的一天。

傾聽員工的聲音

做爲一名高階人力資源主管或人資從業人員，在溝通協調方面還有一門必備的素養—傾聽員工的聲音（Voice of Employees, VOE）。這裡所謂傾聽，包括人際交流時的用心聆聽，更包括結構性、系統化蒐集、整理、分析員工所表達的意見及未經表達的內心想法。唯有傾聽員工的聲音，才能清楚了解員工的認知、期望及行爲傾向，經分析後爲企業提供適切的對策。前揭「員工是最好的企業顧問」觀念，其中至少有二層涵義：一是員工是企業的內部顧客，他們對於公司制度、流程、領導、組織氛圍、政策，甚至文化都有著第一層直接感受，放著他們的意見不顧，未能適時珍惜，簡直是浪費變革資源，尤有甚者，這些意見如果未受重

視，未能得到適當抒發及處理，將可能形成不滿情緒、滋生謠言與怨懟，從而影響士氣，傷害企業運作。第二層涵義是員工通常是與顧客接觸的第一線代表，他們傳達公司的政策與決策，提供服務；從客戶端回收意見，傳達客戶的聲音，如果他們的聲音未能得到應有的尊重，誰能確保他們所傳達的意見及形象可以代表公司？他們所回收的意見沒有經過有意或無意的曲解？傾聽員工的聲音通道很多（參考圖 038），採用品管圈、勞資會議、員工意見箱、走動式管理等都是方法，只是如果不採「代議體制」及點狀溝通，而希望結構性、廣泛、無時間差蒐集員工意見，則採取問卷調查蒐集意見，再加以整理、統計、分析，再從現象中發現問題、從問題中尋求解決方案，應是最佳作為。

員工意見調查，除了單一議題，例如餐廳伙食、員工旅遊或尾牙辦理方式等，可以個別或小規模方式發放問卷並整理分析，得到想要的答案。如要探求員工對於公司的整體意見及態度，以往常用的是「員工滿意度調查」（Employee Satisfaction Survey, ESS），近年來更常見到「員工投入度調查」（Employee Engagement Survey,EES，有翻譯為「員工敬業度調查」者，其意相通），以下說明其中差異及關聯性。

一、員工滿意度及員工投入度：先簡單說，員工投入是「果」，員工滿意是「因」—希望員工全心全意投入工作必先讓員工滿意。從員工角度，他們重視的往往是對公司各方面的滿意度；對公司而言，則更重視投入度—員工是否全心全力投入工作？只不過，希望得到員工更好的投入度，還得先設法使

員工滿意。

(一)**員工滿意度**：實施員工滿意度調查之前，應先決定要調查
哪些事項？從顧客導向言，這其實不是管理者「希望」調
查哪些事項，而是更重要的：員工重視那些事項？當然，
從管理角度，可以在蒐集員工重視事項的同時，對於關切
的重點同時施測。員工滿意度調查最常涵蓋的事項範圍，
包含以下議題：

1. **工作本身**：包含工作意義、價值及喜悅度等

2. **工作環境**：作業流程、作業場所配置、安全衛生等

3. **工作酬賞**：薪資、福利、獎金、津貼等

4. **考核升遷**：績效考評、升遷機會及公平性等

5. **學習發展**：學習成長機會、資源、制度、主管教導及
職務歷練等

6. **領導關係**：直屬主管的德行、決斷、關懷及培育等

7. **同事關係**：同事間溝通、協同合作、相互扶持等

8. **文化氛圍**：價值觀、行為規範、跨部門合作、廉潔公正、
有話直說等

9. **企業經營**：公司使命、願景、企業文化、策略方向等
的透明性、可行性、遵循程度及管理成效等

　　員工滿意度調查的構面，可依企業業態、組織型態、階
段性任務及不同需求做出選擇，未必完全是以上九項，可
另行增減。

　　在構建問卷時，即在相關構面下設計題目，例如薪資議
題，尚可涵蓋薪資內部公平性、外部公平性，甚至執行面

的合理性。不過，員工滿意度調查的問卷題數最好控制在
40 題至 60 題上下，題目如果太少，能探求的事實有限，
浪費調查資源；如題目太多、太細，看似嚴謹，其實會消
磨員工填答問卷的耐性，結果適得其反。員工滿意度調查
大多採取封閉題型，針對每個題目的敘述，如「我的直屬
主管口頭說的和實際做的都是同樣一套」設計選項，從
「非常滿意」到「非常不滿意」以 5 點或 6 點量表施測，
讓員工選填。除了封閉題型，建議在問卷中保留開放式題
型，讓員工針對各項議題發抒意見，這些意見可以彌補封
閉式問題的不足或對相關問題取得更深一層的意見，這對
詢查問題背後的真因頗有助益。

(二)**員工投入度**：約莫 15 年前，員工滿意度調查除了各構面
的問題及結果分析外，會增加一些題目和綜整分析，例如
整體滿意度、留職／離職意向等。近年來，有關員工投入
度的議題逐漸被重視，因此多以員工投入度取代整體滿意
度等，做為滿意度的結果變項，即行為科學中所謂「應變
項」或「依變相」（dependent variables）。量測員工投
入度有其意義與重要性，因為對於企業而言，不排除員工
對某些議題雖然滿意，但未能反射至對公司的忠誠、對工
作的熱情與全身心投入的行為。這好比員工把公司當俱
樂部，他們滿意於各項設施及福利卻吝於相對付出與提
供貢獻。員工投入度調查，有採用 3S 模型（say/ 樂意宣
傳，stay/ 願意留任，strive/ 積極投入）者；更貼近投入度
或敬業度概念的如 ARMP 模型（accountable/ 全力承擔，

responsible/ 負起責任，motivated/ 感受驅動，passionate/
充滿熱情），方翊倫在其專著《初心—找回工作熱情與動
能》書中兼採 ARMP 音意，稱其為「安培指數」。無論
採用何種理論或模型，都是根據以上概念設計問卷，此一
部分題目問卷宜更精簡，12 至 15 題應已足夠，最多不超
過 20 題。員工投入度調查題目，如「工作中的我，總是
開朗而充滿自信」也是採用量表形式蒐集員工的認知、情
感與行為傾向。一般所說員工心聲調查即是由「員工滿意
度」及「員工投入度」二部分問卷所組成，二個量表尚可
進行關聯分析，以下將簡要述及。

二、**調查技術重點**：傾聽員工聲音的調查，在進行時應注意以下
要點：

㈠**公信力**：此一調查是否為外部或獨立第三方所執行？如果
是公司內部，例如人力資源管理部所主導執行，除了專業
度必須接受檢驗外，員工多半擔心自己坦誠表達的意見是
否會對自己不利？會不會被「點名作記號」？甚至被視為
問題員工乃至被「秋後算帳」？為了去除這些疑慮，得到
更為真實的員工心聲，還是委託外部專家為宜。

㈡**回收率與完成率**：企業內進行員工心聲問卷調查，對於問
卷回收率及完成率有一定要求。無論調查是普查（建議儘
可能如此）或抽樣，可以 90% 的回收率當作目標，70%
應是底線。惟回收的問卷未必都是誠心作答，因此設計問
卷中之測謊題或連續同分剔除機制應有必要，通過這些程
序才算有效問卷，最終的有效問卷與應參加調查人數之

比率即爲完成率，這部分的目標與底線建議設爲 81% 及 66%。

㈢**邀請函**：爲了讓問卷調查贏得較多同仁的參與及支持，在調查之初先發送一份心意誠摯的邀請函是有必要的，邀請函中說明公司珍惜每位員工的心聲，希望藉由調查蒐集意見，經整理分析後做爲管理改善的依據或參考。再則保證，每份問卷意見都是保密的，只做統計分析處理，不會針對個別員工意見有任何處置，請放心作答。

㈣**信度與效度**：無論問卷是初次編製或沿用往年的問卷，建議每次施測都要進行調查的信度（reliability）及效度（validity）檢驗。信度是指調查的一致性（consistency），代表施測環境、受測者、問卷及調查執行者基本上穩定而無顯著的誤差存在，實務上常用的方法是 Cronbach α 係數檢驗。操作上，對於員工滿意度及投入度二個量表都應該做分析，一致性檢測 α 值臨界點須達 0.7 以上方能認爲是可接受的調查。效度檢驗是指問卷能否解釋員工滿意度及投入度，實務上可行的方法是以員工投入度做爲滿意度的效標（criterion）進行相關分析，如相關係數臨界值達 95% 的信心水準，代表問卷用來解釋相關構面爲有效。

㈤**數值分布與交叉分析**：問卷分析方面，先是以人口變項，例如性別、年齡、年資、層級、部門別、職種……進行各構面及投入度的平均分與標準差統計，得到一個分數分布全貌。再來就是進行人口變項的得分差異性分析（例如性別或部門差異），這種交叉分析往往就是發現問題所在的

重點，例如爲何年資 3 至 5 年同仁的投入度特別低？爲何年資 6 至 10 年同仁對薪資滿意度特別低落？針對這些現象順藤摸瓜，往往能找出眞因，並據以尋求有效對策。

(六)**對標其他企業及年度比較**：員工心聲調查後，除了企業內部人口群組的差異分析，還有一項重要的比較分析，即是與外部企業的對比。這樣的對照比較，有意義的是以員工投入度（或滿意度總體指標）進行比較，這種比較須以問卷題目相同，施測技術具一致性爲前提。比方說，當公司員工投入度得分爲 75 分，究竟值不值得高興或需要警惕？如能對比外部其他公司平均數或常模（norm）就更清晰，精確一些的甚至可以就行業別做對標，行業數據不足時，就退而求其次，以服務業、傳統製造業或高科技製造業做爲比較基礎。員工心聲調查的技術要點當然不限於此，例如數據分析後是否進行焦點群體會談（focus group discussion）？其考量因素、參加對象及進行方式等皆可進一步精進，限於篇幅，此不贅述。

三、**員工心聲調查基本原則**：進行員工心聲調查有些基本態度（mindset）與原則不可不知，不可不遵循，此處提出四點供讀者參考

(一)**調查目的在於管理改善**：企業進行員工心聲調查必先確定是爲企業做一次身體檢查，沒有人身體健康是完美無瑕的，企業又何嘗不然？員工心聲調查好比爲組織進行一次斷層掃描或完整體檢，知道問題在哪裡，然後提出對策，勇於面對並變革就是企業持續進步的保證。

㈡**不可探查個別員工意見**：進行員工心聲調查時，有些企業很希望知道哪些人（尤其高階主管或關鍵員工）對公司有何意見？特別是負面評價或是直率的建議是來自何人？如果這樣的知悉是對自己的警惕尚好，如果因此特別作秋後算帳，則犯了調查的兵家大忌，違反調查倫理。這樣的調查休想以後同仁願意坦誠表達內心意見，可說這家公司員工心聲調查以後就不必做了。

㈢**調查後必須有所行動**：前面已經提到調查的目的在於管理改善，這種改善可能是全面而廣泛，也可能只是局部或個別性，有些結構性調整需要長期努力，有些微調可以立竿見影。對員工而言，他們非常希望看到公司在調查後採取某些行動，讓公司變得更好，或對員工更好。公司需要公布調查結果，重點揭露結果並說明即將進行的短期改善措施或中長期調整方案，對於員工是很實際的反饋。

㈣**調查是週期性管理活動**：誠如前述，員工心聲調查就像個人身體檢查，既然啟動檢查就宜定期追蹤，確保體質、體能持續上升及改善。至於多久需要辦理一次員工心聲調查？建議剛開始可以一年一次，當員工知道這是例行調查且公司重視並有實質改善行動時，就會形成習慣，加以配合與支持，然後可以拉長為二年一次，週期性施測，二年一次甚為適當，不建議再拉長，以免再啟動時遭遺忘或忽略。週期性調查的一個作用是公司可以追蹤員工投入度及各構面成績起伏，對照管理改善措施是否見效？細部評估甚至可以對人口變項（例如某一部門、職種或某一層級）

進行前後年度比較，觀察其變化並提供對策。大衛.麥斯特（David Maister）在其著作《企業文化獲利報告》一書中根據其實證追蹤調查以數據模型指出：當企業尊重員工心聲，可以很快看到員工滿意度提升，顧客滿意度及財務效益跟著提升。作者十分認同該一觀點，當我們以莊重態度面對員工心聲並嚴謹執行調查工作及後續行動，當可看到對於企業的正面影響及作用。

（本項參閱方翊倫《有 fu 的上班日》部落格）

本章重點

及對未來與現在高階人力資源管理者之 啟發

一、溝通與協調在職場上，似為任何工作者必備之職能要件；尤以高階管理者更為其正常工作及推行特定專案之進行減少阻力、建立共識、保持良好人際關係重要能力。

二、溝通與協調雖應以誠意為基礎，在過程中如運用著「政治技能」（politicking）；要玩得高明、適當，否則非但不易為對方接受，反會引起破局的危機。

三、溝通與協調對象可能並非僅有一方，而為多方。事前最好為各方設想其接受度，不要妄求全贏或「通吃」；能讓者則讓，只要能獲得自身所想要的結果，而妥協即為最佳方法。

四、「生意不成仁義在」，即使溝通與協調不成，亦不能強人所難，千萬不要扯破臉；在這千變萬化的社會上請記住：「山不轉路轉，路不轉人轉，人不轉心轉」。只要今天不是（即使是）敵人，明天可能就是朋友。

五、溝通與協調的氛圍很重要；如在笑臉中開始，有一半的機會可在笑臉中結束。

六、與人溝通與協調時，除事前妥為準備溝通與協調之目的、方式、技巧、言詞、底線、折衷要項外，尤應事前思考對方人格特質、雙方溝通與協調可能之盲點，妥為預防。

七、溝通與協調可使用之方式工具甚多；諸如：文件、法令、往事、

道具、影視、媒體、肢體、目光、表情、腔調、音量及大數據等。

八、溝通與協調第一要件為多用耳而少用嘴；在溝通與協調過程中，勝者通常不是說話最多的人，而是冷靜聆聽，必要時開口「命中要害」者。

九、不僅為了溝通與協商，任何與人交談中，請牢記：「先思考後開口」，說出的話亦如潑出去的水。

十、除非立意不願達成共識，溝通與協調永遠不要拂袖而去。

十一、假設您為某公司高階人力資源管理者，意欲規劃一項「人才評鑑計劃」，交由張經理去執行，此時有兩種選擇：

（一）直接告訴張經理規劃要點，顯示您的高超專業。

（二）請張經理口頭申述他的規劃構想要點，在聆聽之後自忖和自己原始構想相似（雖非全同），此時僅須微笑回覆：「很好，就這樣規劃吧！」。

選擇那一種方式？張經理如何感受？

十二、職場工作者，尤以高階人力資源管理工作者，簡報技巧之重要，為他人認同其構思關鍵因素之一。

十三、曹操「禮讓令」中所言「禮讓一寸、得禮一尺」，溝通與協調自有較佳結果。其實溝通與協調是「妥協」較「文雅」的代名詞。

第八章

自我發展

　　自我發展係指一個人的自我發展並不全然在於擁有那些畢業證書（件）、依靠那些物質條件，以及是否具有特質魅力；這些當然有助於未來發長，但最重要者是否確定生命價值、職涯目標、完成目標的能力，以及不畏阻礙全力向前的興趣。凡事不要斤斤計較得到了什麼，而要反思為了你的目標正向做了什麼。

　　當此次對資深高階人力資源管理者、公立頂尖大學學養俱佳人力資源管理教授，及中、大型企業負責人所作「高階人力資源管理者關鍵職能模型調查」統計結果出現時，作者對「自我發展」為十三項中竟能名列第七頗感意外，稍加思索後立即釋然，並對參加調查者之睿智十分認同。因為進入此一職場之人力資源管理工作者應當如是，否則在此專業中似乎將缺乏成長路徑，這也是筆耕此書的本意。

　　所謂自我發展，就是以一個人所具備及可能增進的品德、知識、能力、人際關係等自我價值的提升，亦就是心理學家馬斯洛人生需求最高層次的自我實現，經過努力與奮鬥之後成為事實。本書主要目的即在經過職能模型調查為人力資源各層次專業工作者提供七項努力與奮鬥之素養，以自我所具有之價值經過此一主軸規劃從自我發展到自我實現。

　　根據安候建業（KPMG）會計師事務所對全球 CEO 之企業成長最大危機以 Covid-19 前後作比較調查（參閱圖 040），人才（參閱第 047 頁）危機差異十分驚人，從（2020 年 1-2 月）最少比率 1％，提升到（2020 年 7-8 月）最高比率 21％。本書幾乎各章均觸及人才之重要，企業不可等閒視之外，此項比率之變

化，更明確告訴我們人力資源管理各級工作者在企業內受重視之程度及其扮演角色自必水漲船高，自我發展機會亦將與日俱增。不過，吾人必需自問，我們準備好了沒有？

因此，除本書建議以七項素養規劃自我成長行動方向外，本章現再以自我成長價值認知上作修練，以增強相輔相成效果，形成職場競爭優勢，完成自我實現的需求。

圖 040：安候建業全球 CEO 企業成長危機調查

成長最大危機 （2020 年 7-8 月）	成長最大危機 （2020 年 1-2 月）	成長最大危機 （2019 年）
人才危機 21%	環境氣候改變危機 22%	環境氣候改變危機 21%
供應鏈危機 18%	回歸區域性主義 19%	環境氣候改變危機 19%
回歸區域性主義 14%	網路安全危機 15%	回歸區域性主義 16%
環境氣候改變危機 12%	環境氣候改變危機 11%	網路安全危機 14%
網路安全危機 10%	營運危機 11%	營運危機 14%
新興和顛覆性技術危機 7%	規範性危機 8%	規範性危機 7%
營運危機 5%	形象危機 6%	利率危機 3%
規範性危機 5%	利率危機 3%	形象危機 3%
稅務危機 4%	供應鏈危機 2%	供應鏈危機 2%
利率危機 2%	稅務危機 2%	人才危機 2%
形象危機 2%	內部非道德文化危機 1%	稅務危機 0%
內部非道德文化危機 1%	人才危機 1%	其他危機 0%

資料來源：作者譯自安候建業會計師事務所調查報告

319

社會不會遺棄我們，除非我們先遺棄這個社會

根據哈拉瑞（Yuval Noah Harari，以色列出生）所著，由（天下文化，2018）出版中文版《人類大歷史：從野獸到扮演上帝，2018》（Sapiens[智人]：A Brief History of Humankind），說明250萬年前非洲的人屬開始演化、200萬年前人類由非洲開始傳播到歐亞大陸演化為不同人種、50萬年前尼安德塔（Homo neanderthalensis）人在歐洲和中東演化（1856年發現最早古代人種）；30萬年前開始日常用火。從這段簡單人類早期形成的敘述，吾人可以想像：

一、亞洲人類最早能直立之祖先原來始自非洲，亦如近年來我們一再聽聞者。

二、我們所生存的地球從未停止轉動、人類一直隨著時光飛逝在進化、社會永遠在向前邁步。

三、非洲人進化速度，似乎較歐亞為緩慢，依此推論證明中華智者「不進則退」的勸世成語。

四、依非洲人進化速度緩慢邏輯，我們現代人必須勞記「苟日新，日日新，又日新」（商湯王之箴言），以激勵人們要破舊創新。

五、所謂破舊求新意在求變、創新、求更好；也就是勿忘自我成長、開發自我的未來；否則就會「不進則退」，為社會所棄。

六、人類和個人的發展都是一樣：世界提供一把長梯讓你可以逐步向上，但僅靠別人，永遠原地望梯興嘆。

　　上述各點雖是依據哈拉瑞著作加以推論，但我們必須承認，由於科技的日新月異，在全球產業不分國籍的基礎上，創新發展在 2025 年工業革命 4.0 的目標：5G、大數據、工商互聯網、生物醫學、AI 量子化科學自將取得優勢。目前看來，已有 5G 手機除螢幕外業已代替個人電腦，無人駕駛汽車也已成為事實。舉例而言，三星公司的 AI 已因應老人化社會研發出機器人 Billie，不但可以聲控，且可作為年長者日常伴侶，更能如老伴般照料長者日常生活。

　　五十年前，舟車郵電速度很慢的時代，寄一件國際信函可能需要兩、三個星期才會收到回覆；打一通國際電話需要考慮再三、長話短說，因為費用太高。那時很少人會想到，人可能會登陸到火星；但人類卻抓住社會脈動與向前的步伐，追隨地球的轉動和生存需求，以人類特有的智慧，五十年後的現在，一個按鍵就可在一秒之內和千里之外者溝通，一個日夜就能來回天涯海角，不但到月球太空慢步 45 年前即已發生，現在甚至可以克服距離、燃料、引力等問題到火星也有可能在我們這一代成功。

　　就當下而言，個人在職場上可被替代性已是常態。我們雖可停下　步來喘一口氣，但沒有時間讓我們躲在自己的城堡裡冬眠。《李伯大夢》（Rip Van Winkle）一覺醒來不獨發現四週環境已全然改變，以前的社會早已奔馳超前。身為高階人力資源管理者應該走在社會音符上，千萬不要被時代所拋棄。

　　所以，自我發展、向前邁進，不僅是我們應做的，而且是我們不能不做的，別無選擇。

從自我發展與職涯發展來看

舒伯（D.Super）35 年前，在其《生涯發展理論》（Life Career Development Theory,1986）著作中，將人的一生區分為五個階段：成長期（14 歲前）、探索期（14-24 歲）、建立期（25-44歲）、維持期（45-64 歲）及衰退期（65 歲後），每個階段都扮演及轉換不同的角色：為人子女、在學學生、為人部屬或主管、為人配偶或父母、甚至祖父母……。所謂生涯規劃，就是為未來一生經歷五個階段的歲月，設定階段性規劃及人生終極目標。其實生涯規劃還包括學涯規劃及職涯規劃。前者因個人求學歷程不同大約為期 12-20 年，發生在成長期至探索期，如資源豐富，可能學涯規劃終極目標為頂級學位，甚至持續專業研究，成為人生終極學涯目標。

本項所探討者為生涯規劃中另一項：職涯規劃，發生在建立期及維持期，為時約 40 年，是人生最重要的光輝歲月；如從現時台灣職場檢視，有者甚至延伸其職涯至 50 年歲月仍在辛苦拼鬥，不獨因為衛生及醫療制度完善，台灣同胞壽命增長，亦是由於個人價值觀對健康的選擇。在這漫長職涯規劃中必須依自我發展為中心；以自身所具有的各項資源與條件，與本書第四章策略規劃與管理相似，作 SWOT 分析優勢／劣勢及機會／威脅，透過下述各項，規劃自己職涯未來。

一、自我發展需要妥慎規劃：台灣人的一生壽命長度男性大約80.1 年，女性約為 85 年。前 20 年在長大，後 20 年在變

老；眞正用在自我發展歲月也只有 40-45 年；而每天再除去八小時睡眠、八小時休息和用餐，眞正在求知及工作時間只有八小時；最多十小時，如果有幸享有健康人生，一生有116,800-131,400 小時，所以有人感嘆人生苦短。

在這短短的 40 多年可用歲月中，除去成長期及探索期在學者照表操課外，我們不論從事什麼職涯，最好能從職涯規劃開始；尤其人力資源管理專業工作者負有協助企業員工職涯規劃之責，即使不是爲了邁向高階，亦應該如是而爲探索及規劃自己的職涯。

㈠何謂職涯規劃：本書讀者群大都爲人力資源管理專業工作者，該對其定義應有所了解，不必多做贅言。簡言之，係經由個人與趣、人格特質、知識、能力及技術、職涯目標、該職涯應有之素養，透過自身努力及企業人力規劃的機遇，經由下述各項評估設定職涯規劃的時間、目標與路徑，完成階段性或終身性規劃。其目標可能是什麼時候、運用什麼方式、如何達到某項職位或完成某類興趣。如爲生涯規劃，則目標包括婚姻、作品、置產、學位或公益活動，而後隨著情境變化而隨之評估、修正路徑；但應保持既定生涯主軸，以達馬斯洛所述之各層次人類需求。

㈡對自己興趣的評估：一個人做自己最有興趣之工作方可樂在工作中；只有樂在工作中，工作才可得心應手，勞而不疲，工作才會有較佳的績效。許多朋友在做職涯規劃時，忽視自己興趣之所在，完全依勞動市場或經濟報酬做導向，勉強從事，自無完成工作所需的那份衝勁與鬥志；爲

了報酬而強忍硬撐，導致在工作中度日如年。如此不獨影響工作績效，更是自我折磨，遑論對自我實現的追求。

(三)**對自我利基（niche）的評估**：職涯規劃並非塑造一座空中樓閣，而是要具體可行，其基本方式亦如企業經營之投資分析，先要檢討自己具備的條件在那理，如此所規劃的職涯方有可行性，亦會減少職涯的「投資風險」。自我利基的評估包括自己知識、能力、專業、個性、可動用的資源、以往的經驗等。職涯規劃所需要的利基並不一定自己本身全有，亦如企業經營所需價值鏈（value chain）一樣，不可能樣樣均具備，但應評估職涯規劃中所需而自己缺乏，可動用其他外在的資源，以補不足。

(四)**對職涯規劃與外在環境關聯性的評估**：自我職涯規劃雖然是根據對自我的評估，但一己的職涯難保不受外在環境所影響及衝擊。因為政治環境、經濟環境、職涯機會，都與自我職涯規劃息息相關。在做職涯規劃時，將此種因素與自我職涯規劃的關聯性進行評估，以免造成規劃雖佳，卻執行困難。

(五)**對職涯階梯的時間評估**：職涯規劃有其階梯性目標。每一目標完成，其所需時間應加以妥善區隔，將每一階梯性所需時間成本與其階梯性目標評估是否「值回票價」，以免花費過多時間成本，卻僅換取較低階梯目標。時間資源不僅重要而且無可替代，在做職涯規劃時應審慎評估，否則浪費時間資源後，仍無法達到某一目標，屆時悔之晚矣！

圖 041：職涯規劃最關鍵考量

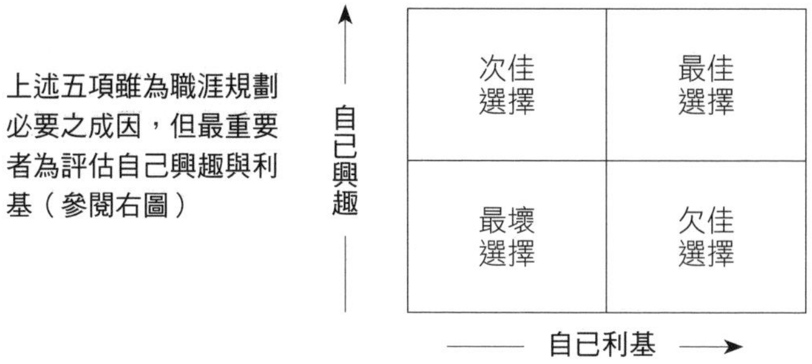

上述五項雖為職涯規劃
必要之成因，但最重要
者為評估自己興趣與利
基（參閱右圖）

	自己興趣↑	
次佳選擇		最佳選擇
最壞選擇		欠佳選擇

自己利基 →

資料來源：作者繪製

二、**瞭解個人價值觀**：在我們所認識的人群當中，有些人汲汲營
營於金錢財富，有些人特別重視家庭，有些人對健康視為人
生神主牌，有些人努力賺取權力地位，有些人「責無旁貸」
地追求生活享受，更有些人無所忌憚地貪得無厭。哪一類型
人的行為比較正確、適當？答案可能見仁見智，因為其本質
即是價值之爭。

　　上述用詞，其實是個人的價值判斷，與自我成長息息相
關，宜謹慎做定論。吳秉恩教授在他的著作《組織行為》中
指出：「所謂價值觀，亦可視為一個人表現意圖和行動之準
繩，將引導一個人之情緒、意圖及反應方向，因此一個人的
價值觀將影響工作態度及管理行為」。

　　由此可知，價值觀對於個人職涯規劃的導引與生活態度
取向，影響既深且遠。因為價值觀主導了生活重心，如健康、
家庭、金錢、事業等的重要性與優先順序，也主導了工作態

度、工作行爲,亦如對誠實、公平、正義、合理等是與非、對與錯的判斷。

價值觀的形成,與個人的成長背景、學習、歷程、社會接觸息息相關。所謂「近朱者赤」就是這個道理;也是自成長期開始、歷經成長歲月「持續強化」個人「社會化」的結果。

既然價值觀影響個人生活態度、工作行爲及左右個人的自我成長,我們就必須瞭解自我價值。讀者可能要問,應當如何瞭解個人價值?大體而言,除心理測驗可供參考,組織行爲、生涯規劃以及價值體系、工作態度的相關書籍及論文,也可找到專業性測驗題或價值清單、生活方式等量表。不過心理學家也表示:各項測驗及量表,僅作參考而非眞理。

三、**職涯步驟和目標**:設定目標應分爲階段性目標和終極目標。所謂階段性目標可分爲短、中、長期目標。短期目標視個人條件不同,常以一至三年、中期目標通常可以五年爲一單位;長期目標在指十年內應完成或達到的目標。不論短、中、長期目標,一旦經由前述評估方式確定後,應努力精進,每年結束時,檢討方向、進展、結果,以便規劃或修訂下年度開始的短中長期目標,週而復始,其最後目的在達成長程或終極目標。關於設定目標及步驟,對白領王國裡朋友們有以下幾點建議:

㈠**與他人諮商**:經由上述評估後所訂之職涯規劃,係根據一己之角度所訂,其可行性並非完全肯定;應與對自己較了解之師長、親友、同學作諮商,以及經由前述之測驗,以增強所規劃之目標具有「最佳可能」。因爲至親好友的冷

眼旁觀，以及科學性心理測驗，畢竟對以「自我爲中心」的你了解更爲透澈，他們所提的意見，應具有相當程度的參考價值。

(二)**排定步驟**：爲了完成每一階段職涯規劃的目標，必須採取某些行動，而每一行動所需的時間、知識、技能、以及其他資源均應依其完成先後、重要程度以確定其所分配步驟，繪製成圖（參閱圖 042），其主要內容爲現在職位之職責（參考工作說明書）、職能項目及職能等級、已任職時間；現在與規劃下一職位之職責、職能項目及等級、職能之差異、所需加強之課目（含能力、知識、人際等）及預定完成日期。再一次之職涯規劃亦依此路徑進行，以便於達成職涯規劃路徑時，能「知其先後，則近道矣！」近年來，由於政府和經濟社會的變遷，不單改變了生產結構和生活方式，更改變了許多人的價值觀。不獨政府與企業必須調整觀念，重新定位；高階人力資源管理者更應體察社會的變遷，對於自己的未來做全新的規劃。不過在進行職涯規劃時，不管在做自我評估，或目標的設定，既不應自我膨脹，亦不可好高騖遠。而應實實在在評估自己，設定目標，然後一步一腳印，自低而高，全力以赴，自會達到自我實現的需求。

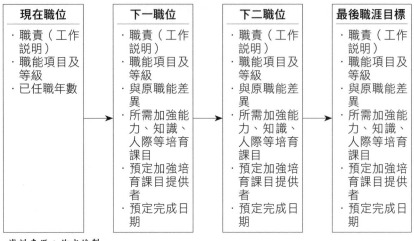

圖 042：職涯規劃路徑要項

現在職位	下一職位	下二職位	最後職涯目標
・職責（工作說明） ・職能項目及等級 ・已任職年數	・職責（工作說明） ・職能項目及等級 ・與原職能差異 ・所需加強能力、知識、人際等培育課目 ・預定加強培育課目提供者 ・預定完成日期	・職責（工作說明） ・職能項目及等級 ・與原職能差異 ・所需加強能力、知識、人際等培育課目 ・預定加強培育課目提供者 ・預定完成日期	・職責（工作說明） ・職能項目及等級 ・與原職能差異 ・所需加強能力、知識、人際等培育課目 ・預定加強培育課目提供者 ・預定完成日期

資料來源：作者繪製

註：1. 本表可由員工自行規劃交與主管認同，送請人資部編制培育課程規劃。

2. 本表宜半年或一年以滾動式檢視及修訂。

3. 此一規劃雖由企業提供協助，列入教育訓練程內容，但員工應主動參與及精進。

㈢**不斷進修**：不斷進修為完成目標的必要條件。我們都知道追求知識是終身事業，永無止境。經常看到許多青年朋友，在離開學校後，整日忙於工作，追求名利，而疏於網路或書本接觸。就長期而言，可說是自我生命與智慧的透支。我們必須了解知識與職涯規劃的不可分割性，即使終日忙碌，仍應抽暇與書本為友，使自我的雙 與知識的脈動走在同一線上不能脫節。就時間而言，白領階級朋友工作壓力和人際關係的需求通常相當繁重，但每週仍應訂定二至三個晚上為讀書日，排除一切誘因，走進書的天地。最近看到一位印度工程師所寫《令人憂慮，不讀書的中國

人》網路文章，他說：在飛機上吃驚地發現，長途不睡覺而玩 iPad 的人大都爲中國人。根據 2016 年美國一家數據研究企業，NOP 世界文化評分指數（NOP World Culture Score Index）調查顯示，全世界閱讀時數最長的國家是印度，次之是泰國，第三名爲中國大陸，而台灣則排名第 28 名，比同爲華文市場的中國、甚至香港（排名第 12）遠遠落後一大截。不過進修並不是博覽群書而是根據職涯規劃的目標排定優先順序，以免時間資源未能充分運用。

至於現職爲人力資源管理工作者之教育背景爲本專業（人力資源管理或發展），意欲更上一層樓入學進修者，如條件允許，可改唸企業管理或者有興趣產業相符之工科研究所，以擴大專業領域，有助於未來在人力資源管理與職涯發展；路徑從此次職能調查結果之七項素養即可看出端倪。

㈣**全力以赴**：職涯規劃之目標一旦設定，應全力以赴勉力完成，不可自我原諒、自我寬容。如此，方可完成預設之目標。如遭遇小的挫折，立即改變生涯規劃，實爲不智。挫折與打擊爲成長過程中必付的代價，不可因之而懷憂喪志。但職涯規劃所設定之目標亦非永不改變，因爲在做中長期規劃時，難以完全預見將來，亦不可能凡事都如預期而發生。小挫折固應咬牙挺胸，昂然而過，但如遭遇較大事故，當時明知不可爲，亦不必過份堅持，以免枉費心力，可將方向稍作調整，俟可爲時再歸原軌。不過何謂小挫折，何謂大事故，當事讀者諸君應自我拿捏，以確定自我走向。

四、員工職涯規劃的三「加」一：職涯規劃是二十世紀七十年代

的產物，但西風東進得並不如衣著服飾流行來的那麼快；受到國內廣泛重視，只不過是最近四十年來的事；後來，不僅出版界的朋友們不斷地推出各種作品，大專院校推出生涯規劃的學分，許多公益或管理顧問公司推出訓練課程，不少企業也開始重視這項對雇主及員工互蒙其利的提升人力資源管理素養的工具。

但是這並不意謂著企業家的「仁慈」與「德政」，而是四十年前勞動市場上所形成的強勢賣方市場，迫使企業界不得不對一些白領族所關心的事做些回應。根據許多媒體所做的調查結果顯示，「給予員工在職訓練、職涯規劃」在員工最關心的福利事項中，僅次於「待遇優渥」。

不過，企業雖然早已重視員工的職涯規劃，但此項人力資源開發程序，絕不是任何單一方面或個人所能完成的，必須透過三「加」一的「結合」，方可收到預期的效果。所謂三「加」一，係指企業負責人、單位主管、參加職涯規劃的員工，再「加」上高階人力資源管理者。

㈠從企業負責人談起：

1. **具有開闊的胸懷**：許多企業負責人對員工的職涯規劃有兩個誤區，其一為員工職涯規劃對員工是「利多長紅」，但對雇主卻「只有投入，鮮見產出」；另一種看法認為，員工職涯規劃是一種「奶媽抱孩子」的做法，等員工「長大成人」後，「孩子」是別人的。其實對員工的職涯規劃，雇主與員工能否互蒙其利，端視其員工職涯規劃的作業與執行過程是否專業；企業內其他管理工具及組織

氣候是否配合？即使對員工職涯規劃的結果確是「奶媽抱孩子」－最後是別人的，也應自我檢討企業內的缺失，以開闊而坦然的氣度，體認「為他人種樹」本來就是企業倫理中社會責任的一部分。

2. **要言行一致、持之以恆**：正如前文所提，近幾年來許多企業負責人不獨知道什麼是員工職涯規劃，而且「願意」為企業內員工做職涯規劃，但僅停留在「願意」階段，說得多，做得少；員工仍停留在「期待」當中，對企業本身不獨難以獲致實質的效果，反而使員工因期待而形成失望，以致對企業體失去信任。所以，不獨企業負責人、主管們，對部屬凡事一定言行一致，持之以恆。因為身為主管，一旦失去員工的信任，將來付出雙倍的代價也難以換回原有的敬重。

3. **應全力以赴、始終支持**：許多已實施員工職涯規劃的企業，不僅負責人，即連其他各級主管，始終認為這是人力資源部門的工作，「干我何事？」。其實，為員工做職涯規劃，為企業培育人才，是整個企業各級主管的共同責任；人力資源部是這項業務的規劃與推動者。其執行責任應落在各級主管的肩膀上。因此，企業負責人對員工職涯規劃這份「為企業種樹」的工作，應透過其自身的影響力，表現其全力以赴、支持到底的決心。如此，方能帶動整個企業主管共同努力，為企業奠定人力資源規劃功能性基礎。

4. **視為企業長期投資的一部分，容忍及消除可能缺失**：

在為員工做職涯規劃過程初期，可能發生以下現象：

(1)工作時間損失，增加成本。

(2)因執行障礙，管理階層產生挫折。

(3)在勞資不和諧組織中，訓練與發展場合成為部分資深員工抱怨機會。

(4)企業內如無發展機會，員工自會走為上策。

(5)對缺乏自我提升認知主管，將面臨挑戰。

(6)人力資源管理部門工作加重，專業知識需求增加。

(7)企業內如各單位過份本位，因規劃所需之員工工作輪調不易，規劃難以執行。

在面對執行中的缺失，企業負責人應當負起人才投資過程初期應付的代價，千萬不可遷怒於此一制度，而忽略長期目標。應秉持堅毅不拔的精神，勇於承擔初期的過渡性挫折，以換取企業長治久安的根基。

(二)從各級主管來看：

1. **應體認員工職涯規劃是各級主管的重要職責之一：**不可把這份責任「送還」給企業負責人，更不可全委於人力資源管理部門。因為企業內員工職涯規劃主要執行者就是各級主管。如果主管們不能全力配合，眞心執行，企業內員工職涯規劃不可能成功。因此，各級主管依據企業透過溝通而訂定的員工職涯規劃制度，與員工作自我評估、分析發展機會、擬定發展目標、訂定與企業發展一致的員工發展計劃，而後協助員工執行、檢討、評估、並做修訂，期使整個員工職涯規

劃能適時及順利進行，為企業培育菁英人才。

2. **應體認有好的部屬才有好的主管**：企業內有些主管因其個人發展潛力所限，對部屬之職涯規劃不是缺乏概念，就是對員工職涯規劃視為自身將來的潛在威脅。因此，在對企業此項制度的配合與執行上顯現保守與冷漠的心態。其實，主管應瞭解，真正的人才是難以拒擋，不如透過職涯規劃協助部屬成長，不獨員工因感激而愈發尊敬，且因有好的部屬驅使自己更上層樓；更因好的部屬所形成單位績效的提昇，雖主管不一定水漲船高，亦可因部屬的成就而喜悅分享。

3. **各級主管應透過參與、溝通、激勵來執行員工職涯規劃制度**：企業及員工職涯規劃制度與員工雙方的未來均息息相關。因此，主管雖然在執行過程中，應與企業的人力資源規劃、人力資源需求、繼承人計劃、員工工作評估及薪資管理制度相配合，但員工職涯規劃制度亦如前項所述與員工個人價值觀、興趣、個性、利基、生涯選擇、可動員之資源、以及投入程度相結合。各級主管在將員工作職涯規劃與上述資訊結合時，必須與員工溝通，鼓勵其投入，再透過激勵性功能，以增強其個別成功機率。

㈢**從員工立場看：**

1. **積極參與、主動投入**：員工應認清，一個企業對員工的職涯規劃固然有利於企業長期發展，但直接及長期獲益者仍屬員工。因此，當企業為員工做職涯規劃時，應表

現其主動參與、積極投入，與主管之間毫無保留之配合；此種配合，對主管而言也是一種無形的鼓舞與成就感，以激勵主管與企業負責人做更多努力與投入。

2. **自我成長、捨我其誰**：員工職涯規劃固然有賴企業的協助與支持，但員工應瞭解，此項規劃仍為雇主對員工自我成長的投資。因此員工應建立基本捨我其誰的理念，凡事不可依賴主管與企業，因為關心自己未來及決定自己未來的人仍是「自己」。

3. **殷切期待，但理性面對挫折**：任何構想都有其難以實現的一面，任何規劃都不可能一帆風順，都有其挫折與失望的時刻。在職涯規劃進行過程中，員工固然要參與、投入、全力以赴，但有時內外在環境的變化及無預期事件的發生，均可能影響到最初的規劃。此時，員工應以隨機應變代替落寞感；要以修訂規劃代替失望，期使職涯規劃修訂後更具有可行性。

(四)**從高階人力資源管理主管看**：談到企業負責人、主管、及員工本人後，不能不談的是高階人力資源管理者；否則「三缺一」不可能成為一個成功的「牌局」。

1. **具備專業知識，吸收專業經驗**：員工職涯規劃不獨影響企業長期發展既深且鉅，對企業的信任度，以及員工未來的成長有其重大影響。因此，高階人力資源管理者在規劃及執行此一員工發展活動之前，應自我評估，確定不獨具有專業知識，而且汲取足夠的經驗，不然亦應借重他人的 know-how，否則喪失員工對自己專業的信賴固

然可惜，使企業遭致長期發展負面影響，則罪不可赦。

2. **擬定施行辦法，不可閉門造車**：現代的管理，就是參與式管理，員工職涯規劃施行辦法，在擬定計劃過程中，應多讓各層次管理者參與，提供意見，使此項計劃成為各級管理者共有的計劃，增加其未來執行意願，強化成功機率。除去各級主管外，在開始執行前與員工之溝通、訓練亦不可缺；應由人力資源部的專業人員妥為講解及說明，以擴大其對此一計劃的認同及接受度，增加將來實施時的順利性。

3. **提供充分資訊，避免親自下海**：人力資源管理部是一幕僚群，基本的功能在於透過溝通以擬定計劃、訂定制度，經由直線主管加以執行。在執行過程中，以其專業知識及經驗對各主管提供充分之資訊，使員工職涯規劃及職涯管理均能進行順利；但除扮演諮詢者角色外，除非必要，應設法避免親自下海操作。因為透過員工職涯規劃以培育員工為直線主管的職責，高階人力資源管理者沒有必要越俎代庖。

從知識面來看

一、**主管豈能不自修**：當今世上有些人的確比其他人具有知識。不過，知識素養高者卻不見得具有擔任主管的條件；知識僅為擔任主管條件之一，而具有所需相關職能知識者方有較佳機會。舉列來說，曾經有一位新上任的進出口部主管，無法

表現出對所屬員工敏銳的觀察，也不擅於學習新的資訊及管理知識。某天中午，在參加公司的所謂「午餐會報」時，雖然他本來頗為外向，但是當談及海外投資及國際事務時，他卻沉默不語。後來發現他很少閱讀書報雜誌，其所獲得之片面知識是來自電視報導。

幸好，其主管事後坦然建議。於是，他開始定期訂閱一些投資、管理及經濟相關刊物，一年後，其轉變相當令人訝異，明顯地他的財經與國際知識使其他主管刮目相看。

由於資訊的迅速流通，快捷縮短了全球距離。促使世界上發生轉變的各種訊息，幾乎可以馬上對管理者的決策模式造成極大的影響。例如美元、日圓、馬克及其他貨幣的貶值或增值，幾乎能即刻影響到台灣進出口貿易市場；幾千里以外原料科技的新發明，能夠迅速影響到本地的產品設計所用材料之代替；某一國家新的貸款方式，也能促成該地區新市場的開發。

至少有三個理由，可以告訴專業經理人，為什麼應該勤學自修、熟知天下事：

㈠可以從同僚的口中來考量他是否有良好的形象；比如說：某人很風趣而值得交談，因其所知十分多元。

㈡熟知國際情勢的專業者，可能較他人具優勢成為主管；因為他能洞悉國際性的相關演變，以致影響該職位的功能而採取適時、適當的行動。

㈢通曉世事的人才通常頗堪造就，因為大部分人都認同：「唯有視野寬廣，才能放眼天下」，這就是所謂國際觀。

　　專業經理人必須及早掌握世事轉變的確實性，準備好預期對策。隨著職位的升高和權力的增加，更應具備多元性資訊和知識，方可遇事即時因應。因此，只有自修好學，唯恐落人之後的專業經理人，才會成為現代企業的中流砥柱。《組織再進化》（時報出版）作者亞倫‧迪格南（Aaron Dignan）特別在其著作中提醒我們：「在真正充滿變動的市場，所有致勝策略有一個共通之處：渴求迅速。或者更具體來說是，渴求迅速學習」。

二、**人人皆為我師，處處均是教室**：「三人行必有我師」不應僅是一句成語，而是過去、現在及未來進行式的事實。甚多專業經理人花費許多時間參加一些公益性社團；除去擔任志工外，亦樂於參加各項聚會。參加這些社團，固然是對這個社會一些回饋及奉獻。但真正從社團中所得到的，遠超過其付出。

　　一個人從學校習得的知識，其實僅為自我發展必須基礎；真正實用的知識來源是我們的社會機制、工作歷練以及與他人互動。在社會化的過程中，從他人的言行習得他們的智慧與知識，從他人得失中吸取經驗，以便在自己未來的道路上趨吉避凶，成為自己的「後進優勢」。

　　就廣義而言，社會確實是一個大學，在這個大學裡，不必支付「有形」的學費，且沒有特定界限、沒有固定上課時間、沒有特定教授，人人都是我們的老師；他們的舉止、言行、能力與表現，就是我們的學分與學位。不過，人人皆為我師僅是一個概念，對「人人」仍應有所取捨。

(一)雖「人人皆為我師」，也應擇優而隨：近朱者赤，交友及

參與社團仍應選擇，雖不必「異性」相斥，仍應擇優而隨。最佳的選擇，是能與自己職涯規劃與學習需求相結合。

㈡雖「人人皆為我師」，但學習深度與廣度有賴自我開拓：與友相聚、參加社團，汲取某一概念，或聆聽某一新知，當時可能形成震憾或衝擊，但是否能對自己形成延伸性效果，仍有待自我持續研習及進一步探索。

㈢雖「人人皆為我師」，但應勤作筆記，以利未來運作：與人互動、朋友打混，雖當時耳聽目視頗覺有金玉良言、獲益良多之感，但可能事過即忘，次日即煙消雲散。如能隨手登錄、事後整理與歸納，當不致今知明忘。

㈣雖「人人皆為我師」，處處亦是教室：我們常常坐捷運高鐵及逛街，還記得「請不要倚門而立」、「請讓座給老弱婦孺」、「在本站可轉紅線從淡水到象山」、「本車將於08：11到台北08：19到達板橋……」、「本車開往左營」、「臨時接送區」、「自動售票區」、「回數票」、「台灣高鐵」、「寒舍艾麗酒店」、「台北六福萬怡酒店」、「台北小巨蛋」這些我們乘過、經過無數次的交通工具和建築物，它們都有英文顯現在看板、字幕及物體上。在這自我國際化的時代裡，我們還記得多少？所以作者建議當我們走在這間「大無邊際」的課堂裡，隨時記在手機裡或筆記中。

「人人皆為我師」認知的人雖多，真正身體力行這句話的人甚少。要想使自己成為一個《做個高附加價值的現代人》（借用高希均教授書名），要具備三個基本條件：其一，成為書香社會的一份子；其二，成為人人皆為我師的

力行者；其三，擁有知識不算知識，運用知識才算知識。

三、學習沒有時空限制：很多人在完成某一教育階段代表畢業生致詞時常說：「明天，是我們終身學習另一天階段的開始」。所指的學習不一定是再唸一個學位，而是指處處學習、時時學習的個人學習習慣。一個人自我學習的方式很多；進入正式學校，獲取正式或非正式學位，固為學習的路徑之一，其他很多方法亦為學習媒介，尤以現在 e-learning 非常普及的情況下，學習確實是沒有時空限制的。

2000 年，天下文化曾出版《知識管理》，葉匡時教授在其評論中特別提到「開卷有益，企業有才」，強調「企業與員工應及時學習、相互學習、共同創造一個學習型組織」。員工應有自我學習的意願，企業方能提供一個讓員工學習的氣氛，才可以讓員工在企業內成長。

企業能從「開卷有益，企業有才」的角度，對員工提供一份助力固然很好，但學習是自己的事，不該亦不必「依賴」任何人提供機會或壓力。

多年前，作者在軍中位於東引島服務時，有兩位預備軍官，一任輔導幹事，一為排長。他們倆位每晚必定在碉堡內自行發電的微弱燈光下，以一個小時相互討論及修改對方英文日記，以另一個小時練習英文會話。一年服役期滿後，二人托福考試當時都在 650 分以上，申請美國名校華頓（Wharton）商學院雙雙錄取。

家住新營好友黃君，年輕時家境並不富有，每日下班後自隆田（原番子田）乘火車遠赴嘉義商專就讀夜校。畢業後自

感學歷仍不如人，轉業不易，立志參考會計師。前五年未能如願，但第六年終獲金榜題名。現在不獨在高雄及新營分設兩個會計事務所，月入近百萬，子女亦均有所成。

一位高中輟學朋友，自覺英文欠佳，到英文補習班進修。每次下課利用乘坐公車機會陪送老師回家路上，請教老師及練習會話。現已為台北及紐約兩地某大珠寶公司負責人。

許多朋友都去過日本。在乘坐大眾交通工具時，令觀光客印象最深刻的是許多上班族大都人手一冊，書本大小與外衣口袋相容。反觀我們大眾交通工具的乘客，不是滑手機就是閉目養神者眾，開卷閱讀者少。

這些似乎平常、卻又令人頗為動容小故事俯拾即是。學習，真是天下無難事，只怕有心人。

四、高階人力資源管理者不能僅擁有侷限於本職功能的知識：許多高階人力資源管理者，對擁有自身功能性的專業知識大都付出甚多心力與時間，以其在企業內的層次及對內外施行其功能性職責而言知能仍嫌不足；宜對其他平行功能部門之知識設法吸收，以便使其人力資源管理功能對企業體提升更多及更深度的貢獻。但除去本書第三章企業核心體系及第四章之企業管理知識與能力外，對產品的主要功能及製造流程、行銷通路及訂價、資訊系統之基本結構及大數據之重點內容，以及研發之未來性及可能產品區隔等知識均少涉獵。以財務管理及資訊知識而言，企業高階人力資源管理者大都欠缺。以其職位層次應能參與企業之策略規劃及管理決策，不管是否與策略性人力資源管理相關，但具備此等知識自有

助於參贊企業之策略規劃、該功能部門年度行動規劃及預算之編製。故而選擇性提出有關財務管理數項較重要活動及資訊管理中之大數據作讀者參考。

(一)財務管理

1. **財務槓桿（Financial Leverage）**：指企業利用負債或優先股籌集營運所需資金之程度。財務槓桿能使普通股報酬率發生變動，當總資產報酬大於舉債成本時，普通股報酬率將增加；反之，當總資產報酬小於舉債成本時，普通股報酬率則會減少。

2. **財務預測（Financial Forecasting）**：企業本身資金需求所做的預先估計。財務預測主要由銷售預測、資金需求預測、預估財務報表編製等工作構成。所以，財務預測最重要之變數是企業的預期銷售額，依據企業可從事先預估銷售成長目標，可以讓管理當局事先知道為達到預期銷售成長目標，到底需要預籌募多少資金，以做支援。

3. **資產負債表（Balance Sheet）**：亦稱企業財務狀況表，為會計、商業會計或簿記實務上的財務報表之一，與損益表、現金流量表、股東權益變動表並列企業四大重要財務報表。在財務會計中，為企業財務狀況的摘要，以會計收與支平衡原則，以資產、負債及股東權益，經過細項分錄後，以特定日期為基準，登錄於一份報表，使股東或相關人員或機構以最短時間了解企業經營績效。

4. **損益表（P & L Account）**：這是眾多企業所重視的一份財務報表，其主要內容為營業收入、營業成本、營業費用及營業外收支。從表中看出這家企業在某一時間點的盈虧狀況，亦說明這家企業經營績效如何，不僅瞭解賺了多少，而且知道這些錢是來自本業或業外，以及是否合理。不過，損益表的功能不僅顯現企業的損益，從此表上數據的分析，諸如營業收入之比較、營業毛利之比較、營業費用之比較、營業外收支之比較，可看出企業營運的優缺點。表上數字分析營運結果。如果盈餘來自營業外的收入，而本業則虧損，企業就要小心是否需要進行變革。

5. **現金流量表（Statement of Cash Flows）**：係在某一時間點，一家企業當時能掌握的現金增或減的流動情形。現金流量表的存在，主要目的根據現況在目前經營、計劃、投資，是否需要及何時需要向金融機構進行借貸。簡單而言，現金流量表即在提醒一家企業在每日、每週、每月之短期內，現在能掌握之現金是否能 因應該一時間點上的支付，萬一不足時如何方可彌補此一缺口。

6. **股東權益變化表（Statement of Stockholders Equity）**：很多企業在對股東通常有意或無意忽略此表之提供，但對股東而言卻相當重要，因為此表，股東可以瞭解企業每年或歷年的盈餘狀況，進而清楚發放了多少股利、多少資本公積、法定保留盈餘公積、特別盈餘公積、未分配盈餘的變動狀態，以及企業是否

有新的投資或減資。

7. **財務狀況分析（Financial Statement Analysis）**：應用分析工具與方法，從財務報表中整理一些對決策有用的衡量或關係，幫助決策的一種過程，以評估企業管理階層的經營績效，預測未來的財務狀況及營運結果，從而幫助投資或授信之決策。

8. **流動資產（Current Asset）**：現金及其他預期能在一年或一營運週期內（比較長者為準）轉換成現金、出售、消耗之資產。流動資產通常除現金外，尚包括有價證　（短期投資）、應收票據、應收帳款、存貨，及預付費用等，通常按流動性大小排列。

9. **流動負債（Current Liability）**：將於一年或一營業週期內（以較長者為準）以流動負債償還之負債。流動負債通常包括：

(1)因進貨或購買勞務而發生之債務，如應付帳務、應付薪資、應付房租等。

(2)預收收益而須於將來提供貨物或勞務者，如預收貸款、預收租金等。

(3)其他須於下一年度或營業週期內償付之債務，如應付票據、預收股利、長期負債下一年度到期部分。

10. **流動比率（Current Ratio）**：一種變現力比率，其價值等於流動資產除以流動負債。該財務比率所顯示的是短期債權人的求償權受流動資產保障的程度，為衡量短期償債能力之最佳指標。流動比率越高，代表企

業的短期償債能力越高。

(二)資訊管理

1. **大數據**：所謂大數據（Big Data）其概念就是企業內部資料分析、商業智慧和統計應用之統稱，不只是在作資料處理，更是一種企業思維及商業模式。根據分析可協助組織利用其資訊來辨識新的商業機會。換句話說，所謂新的商業機會即是導致更明智的商業行為通路、更有效的商業運作、更好的商業利潤，以及更滿意的顧客。美國麻州巴布森學院（Babson College）教授戴文波特（Thomas Davenport）在其《大企業中的大數據》報告中訪問了五十多家公司，獲致運用大數據將可得到三項重要益處（參閱圖 043）：

   (1)**降低成本**：諸如 Hadoop（一個能儲存並管理大量資料的雲端平台）和基本雲端分析的大數據技術，在存儲大量數據上帶來明顯的成本優勢；此外，還可據此以更有效的方式展開商業行動。

   (2)**更快、更好的決策**：借助 Hadoop 和其內存分析的速度，再加上分析新進數據來源的能力，企業能夠立即獲得分析信息，再依專業判斷做出決策（參閱圖 044）。幾年前，企業可能收集相關訊息，然後取得統計、分析需要相當時間，現在可即時獲得結果，爭取時效，提供前所未有競爭優勢。

   (3)**新產品和服務**：通過分析來衡量客戶需求和滿意度能力，可以為客戶提供所需產品或服務。因此，由

於借助大數據的分析，越來越多的企業正在開發新
產品（含服務）以配合客戶的需求。

圖 043：大數據三項重要益處

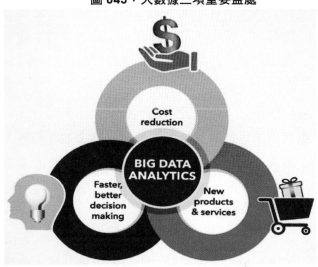

資料來源：SAS 網站

圖 044：決策關鍵因素在大數據分析

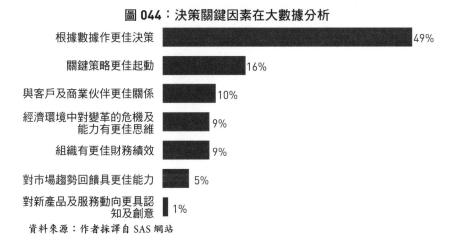

根據數據作更佳決策	49%
關鍵策略更佳起動	16%
與客戶及商業伙伴更佳關係	10%
經濟環境中對變革的危機及能力有更佳思維	9%
組織有更佳財務績效	9%
對市場趨勢回饋具更佳能力	5%
對新產品及服務動向更具認知及創意	1%

資料來源：作者採譯自 SAS 網站

⑷**大數據在人資管理上運用**：依據美國管理協會
（AMA）與生產力研究所（Institute for Corporate
Productivity）於 2013 年共同研究報告顯示，人力資
源管理人員在企業各功能部門中運用大數據分析能
力最弱。但次年《2014 德勤全球人力資本趨勢》報
告中提及，越來越多人力資源管理部門（約 70%）
在使用大數據作較明智人才決策、預測員工績效、
提前做好人力資源規劃。該文認爲大部分人力資源
管理團隊都認爲找到一位統計專家並非難事，但要
招募到對企業問題瞭解並能作資料分析的專案人員
卻十分不易，尤其要把問題變成解決方案並施行到
企業，更是艱鉅任務。

　　從上述所引用之資料中，得知 2013 年及 2014 年
美國業已對大數據在人力資源管理功能上應用之研
究及統計，企業人力資源管理運作模式，已從 Excel
操作進化爲數據趨動作決策。但七年之後的現在，
台灣的狀況如何？人資界，尤以高階人力資源管理
者似可自省而後自習，以便運用此一有效快速分析
與管控科技，加速及明智選才、預測員工行爲及績
效、薪酬合理化、提前做好人力資源規劃、降低員
工流動、提升員工培育效能。

2. **數位轉型**：由於「工業 4.0」的推力，使得資訊化與工
業發展不但更密切結合在一起，而且像化學分子一樣
融合。前段談到之大數據，爲當前驅動產業數位轉型

的重要引擎，但面對難以計算的**數據**資料在運用之前，必須對這些源頭**數據**加以整理及清理。大數據的精神在於「利於多方來源的**數據**去混合（mix）起來，做出最準確的分析」；大，不一定有用。在（圖045）中，技術**轉型**時大數據仍為其導入數位化資訊之一份子。

數位轉型（Digital Transformation）自 2011 年開始就有人以數位化（Digitalization）開始探討起，迄今已近九年。到目前為止，根據麥肯錫（McKinsay Global）管理顧問公司之調查，如原來帶數位基因的企業成功機率不超過 26％，傳統產業成功傳型的企業僅占 4-11％。雖然成功率如此之低，並不代表數位轉型並無必要性，更不代表尚未進行數位轉型企業可以冷眼旁觀，靜待其變。因為 21 世紀的企業，數位轉型不是選擇，答案只有一個，那就是勢在必行。隨著國際性大多數企業均已上線，結合數位科技提高工作與企業流程、增強與客戶服務之快速體驗、思考商品在市場上之定位等均與企業生存息息相關。

所謂數位轉型是一種統合系統科技與企業營運的變革過程，因為每家企業的資源、專業人才層次、經營策略由於企業之差異，在數位轉型的案例中沒有所謂「標竿模組」及「成功典範」。由詹文男等四位所著《數位轉型力》認為：「其基礎是數位化，類比的資訊（如聲音、圖像、文字等）經過數位化轉換，便能簡單、快速且低成本地進入儲存、複製、傳輸和再處理。而透過數

位化及各項新興科技（如機器人、雲端運算、人工智慧的組合使用，將會轉型為新的應用模式與價值，大幅提高產業與整體社會效率。其轉型循環參閱圖 045。

圖 045：數位轉型循環

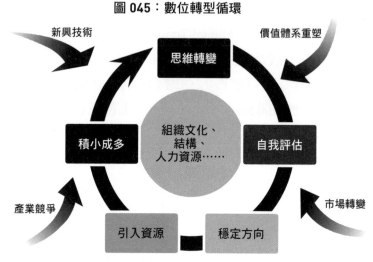

資料來源：資策會產業情報研究所（MIC）

我們都知道，二十多年前，電動車即已設計成型並試駕，但當時世人大都嗤之以鼻，直到特斯拉（Tesla）正式侵占汽車市場，數位轉型亦是如此。根據德國思愛普軟體公司（SAP）和牛津經濟研究院（Oxford Economics）研究結果指出，企業數位轉型得以成功，下述四大因素為關鍵：

⑴跨功能之協同合作全心全力進行數位轉型

⑵以客戶的營業部門為優先首要目標

⑶雙模 IT（註）架構，全力投入資源於雲端行動科技

⑷堅持以人才爲優先策略

　　註：雙模 IT 係指兩種不同的 IT 工作模式，其一是專注可預測性，目標是可靠者；其二是探索性的工作需求，在開始階段並不明確。

　　數位轉型與人力資源管理有什麼關係？這是許多朋友希望了解，除去前述四大成功因素之一「人才爲優先策略」之外，參閱圖 046 就可知道企業數位轉型階層，在其轉型程度上多麼需要依靠人力資源管理制度之轉型，以創造數位化友善環境，否則數位化難以成功。

　　此外，人力資源管理自己部門本身也應快速學習各種數位能力，根據 2019《DQ Global Standard Report》，對 8 項數位能力，（digital identity, digital right, digital literacy, digital communication, digital EQ, digital security, digital safety, digital use）至少有基礎性的瞭解，並與各功能單位密切合作，引進選對人才及規劃各種數位能力培育方式或課程，協助提升員工數位能力。

　　然而，重中之重，是協助整體文化的變革！在多個全球知名顧問公司的實務經驗或調查中顯示，數位轉型的成功與否，首要挑戰即是文化及行爲的轉換。全員上下均須有成長心態（growth mindset）對改變無論是擁抱、敏捷、調適、順應……，必須認知不變是不行的，能力的學習與成長，更是一名數位時代工作

者必備的工作條件。整體文化的改變及重新形塑，正是人力資源管理的專長及責任。另外，結構上組織型態更是不能僵化或太階層化；領導心態上，不能固化（fixed mindset），否則官僚式的文化，絕對難以成事。

圖 046：企業數位轉型階層

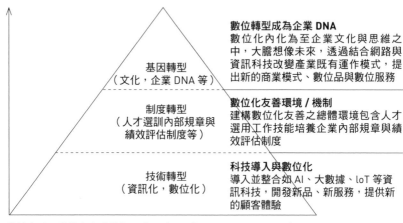

基因轉型
（文化，企業 DNA 等）

數位轉型成為企業 DNA
數位化內化為至企業文化與思維之中，大膽想像未來，透過結合網路與資訊科技改變產業既有運作模式，提出新的商業模式、數位品與數位服務

制度轉型
（人才選訓內部規章與績效評估制度等）

數位化友善環境／機制
建構數位化友善之總體環境包含人才選用工作技能培養企業內部規章與績效評估制度

技術轉型
（資訊化，數位化）

科技導入與數位化
導入並整合如 AI、大數據、IoT 等資訊科技，開發新品、新服務，提供新的顧客體驗

資料來源：資策會產業情報研究所（MIC）

　　數位轉型非一蹴可幾，很多專家都強調，不只在「數位」能力，更在「轉型」能力。最後簡述幾個可行方式：建立「專責團隊」推動轉型策略、重塑企業文化、培育數位混種人才、小規模驗證及加快效益產出。（數位轉型後段取材自李瑋《數位轉型中人力資源的角色與任務》）

　　在數位轉型過程中，固然需要人力資源管理功能之技術專業參與，在數位轉型成功後，人力資源管理功

能亦將成為其受益者，所謂付出必有收獲：

(1)企業文化之疏理與強化

(2)組織變革之資訊與轉型

(3)人力資源規劃員額配置是否適當及合理

(4)人力資源招募更具對比性及便捷

(5)績效數據更精確、更即時

(6)員工職涯規劃、培育、評鑑更能與員工發展連接

(7)必要時員工去留更容易抉擇

(8)員工溝通增加另一項更具品質之通路

　　除了財會和資訊管理知識外，如何方能對其他功能單位之知識進行了解，除去自我進修外，較簡易的方法，為每年邀請其他各功能部門主管或其指定之專業人員為人力資源部各級主管或員工分別排定講習；頻率則視其功能部門之大小，以每季、半年、或一年，以一天時間分別進行。如此。不獨高階人資主管自身受惠，且亦有助於其他人資主管及員工之成長。

五、**知識管理其實很簡單**：自 1993 年 IBM 推行知識管理開始，近三十年來台灣不管個人或企業都曾相當重視知識管理。有關知識管理的議題，可說是「百家爭鳴」，讓許多企業及職場朋友急於著手知識管理，卻又不知從何著手起。

　　㈠**何以要作知識管理**：知識管理不是在探討知識的本質，也不是尋找「知」的技能。知識管理是專注於達成企業（個人）目標的知識管理流程。因此，知識管理的確實執行步驟，以及所使用的工具，由於個人或企業目標及特性的不

同，很難一體適用。

　　不過我們不必把知識管理看得那麼困難，其實知識管理很簡單，只要依據企業的目標與需求，或者個人自我發展目標、工作對知識的需求，把所獲得的資訊或知識分類加以系統性儲存，放在雲端不致流失，方便於未來找尋及運用即可。如有足夠財力固然可以買一套知識管理軟體，否則即使用文字及資料處理檔，也可達到處理知識建檔、尋找及運用目的。

　　談到知識管理重要議題，除了認知什麼是知識管理外，首先要瞭解什麼事情需要知識管理。就企業來說，知識管理的重點在於自身職能知識、消費者的知識、市場的知識、競爭對手的知識、產品與服務的知識，以及內外在環境的知識，因為這些知識不獨可強化目前績效，也可作為未來企業策略規劃之參考或增強個人職場競爭優勢。

　　就個人來說，知識管理的議題大致可分為兩大類，其一是現在工作所需，以及未來自我發展所賴。以往個人進行知識管理時常用的方式，就像圖書館管理圖書一樣，將知識作分類（如文學類、管理類、生活類……）；如文學類可進一步分項（如小說類、傳記類……），再依作者姓名、書名加以細分子題。

　　現代個人知識管理，因有電腦作為工具，也可依此方式分類、分項、分子題進行，只要自己建檔、找尋及運用方便即可。知識管理方法可以很簡單，重要的是確定知識管理的目的，然後依此蒐集、建檔、運用。運用尤其重要，

因為擁有知識不算知識，運用知識才算知識。

(二)**個人與企業知識管理**：前面所提企業與個人知識管理看來似乎彼此並不相干。其實，除去企業核心知識，企業與個人知識管理在某種層次及方法上彼此可相互結合。某一家上市公司，二十年前即訂定知識管理辦法，規範公司管理與專業同仁每月依其專業職能撰寫工作心得一篇或工作上的一些解決方案，字數約 1,000 字左右，然後放在公司網站上，接受其他同仁的點評或建議，最後由原作者進行修訂。

經過一定時程後，公司將此等心得分類、分項，進入雲端知識管理檔案，未來同仁都可依規定進入網站，找尋及運用在工作上。初期同仁對此項要求頗不習慣，經過一段時間習慣後，可進行實施過程檢討。這種集體性的知識開發及管理，不獨對公司知識彙集甚有助益，對同仁個人寫作能力，以及知識的成長、分享及運用也深具效益，使得公司及同仁互蒙其利。

(三)**讓知識管理成為動詞**：上班族朋友都應聽過知識管理這個「名詞」；其實是這些朋友對知識管理認知的第一步，因為它應該是「動詞」。所謂名詞，就是在媒體、書籍、或口中常常看到、提到，但未能見諸行動的知識管理；就因為未能讓知識管理成為動詞，許多上班族朋友甚至於企業，雖亦都知道知識管理的重要性，但大都到此為此，未能探討及採取下一步行動：如何作知識管理。如果這一步未能邁出，則知識管理只不過停留在「概念」階段；概念

雖能對我們提供啟發，卻必須透過行動獲致具體價值與利益。

首先，要有取捨。我們這個時代不僅僅是一個知識爆炸的時代，也是一個十倍速的時代。我們的時間、資源與精力均非無限，無法獲取、吸收、及運用週遭所有的知識，必須有所取捨。不僅要取捨正面並摒棄污染性知識資訊，而要將吸收知識的範疇限定在自己人生價值及職涯規劃取向上。

如果我們的人生價值所重視的是健康、事業、家庭，則我們就該從這些角度匯集、管理，及運用這些知識。舉例而言，如果我們的職涯目標係以人力資源管理為定位的終身事業，就要以此為高階專業經理人應具備的素養，作為吸收知識的範疇。當然，如心有餘力，此一範疇越廣越好。

其次，要進行管理。既然這是一個知識爆炸的時代，每天我們所能看到、談到、聽到有關述健康、事業、家庭的資訊及知識不知凡幾，在取捨之後就如前述，依自己知識管理的方式或系統予以歸類、分項、分目。所謂分類，係指屬於健康、事業、家庭……；所謂分項，係指在分類之後，依其內容予以歸項。如上班族朋友的職涯或未來事業發展為人力資源管理，則可依選、用、育、留等分項。所謂分目，係指在分項之下再行分目。諸如「留」，就依對員工的激勵、員工溝通、對員工領導統御等予以歸目建檔。

由於資訊科技的發達，此等識管理似可不必再依傳統，

像圖書管理方法以卡片、資料夾、檔案櫃方式管理，可借助資訊系統及數據管理；且知識管理軟體系統早已開發、使用。上班族雖因經濟能力無法購買，仍可以簡易方法請朋友，或自己熟習方式以文書檔進行管理，自行設定關鍵字以便搜尋。

再者，應予運用。知識管理雖然重要，但不是目的，運用這些知識才是目的。一些朋友認為這些知識可在需要時再進入這些知識庫去搜尋，其實這是運用知識較保守的方法；更積極的方法，是經常進入此一知識系統瀏覽，以便了解系統中有那些資訊，透過瀏覽溫故而知新；經由再次瀏覽，發現並刪除無用或不當資訊及了解那些知識或資訊有待強化。

知識管理這個名詞，大家都耳熟能詳，我們現在該做的是把它變成動詞。與其坐而言，不如起而行，朋友，從今天開始吧！

㈣**知識管理「也」真不簡單**：真的，知識管理其實很簡單，比較不簡單的是我們是否有決心及行動，利用網路及雲端電腦，立即開始著手。

值得重視者，為自 2001 年開始，現為高德納麥塔集團（Meta Growp）分析員道格・萊尼（Douglas Laney）認為企業經營所需的資料日漸趨向於量大（volume）、速度快（velocity）、多樣性（variety）、以及後人增加真實性（veracity）。Big Data 一詞最早由 IBM 於 2010 年提出，但直到 2012 年《紐約時報》方以專欄宣告最大數據時代

來臨。巨量資料應由資料系統進行統計、對比、解析方能具有客觀性結果，便於使用，因而美國政府及民間企業起動開發及使用大數據（Big data）。近年來政府及大型企業均在巨量資料處理（MPP）資料庫、資料探勘、分散式檔案系統、分散式資料庫、雲端運算平台、網際網路和可以延伸的儲存系統等功能上以大數據為工具（取材自維基百科）。因此，就大數據所需專業而言，並非「簡單」。

從管理角度來看

一、做個前瞻管理人：

  ㈠**前瞻管理人的特徵**：所謂前瞻管理人，可以不受當時面對情境阻力的制約，而以不屈不撓的意志，主動而理性採取必要而先行因應措施，以預防性或變革性管理行動改變其企業內及外部環境變遷的人格特質，使可能為負向發展者改變為正向結果。

    康貝爾（J.Campball,2000）認為具有前瞻性人格特質的個體，具有五個核心特徵（取材自 MBA 智庫）：

  1. 能夠勝任自己的工作，展現出高水平的專業技能、問題解決能力及卓越的績效

  2. 具有人際能力、領導能力和可信賴性

  3. 表現出高水平的組織目標承諾和對企業成功的責任感

  4. 擁有積極進取的品質，如主動性、獨立判斷、高水平的工作投入、勇於說出自己想法

5. 展現正直誠信的特質，並具有更高的價值追求

就人力資源理管而言，提出以下具體認知，以呼應康貝爾對前瞻性管理人的特徵。

(二)前瞻管理人的應有認知：

1. **確認「所有管理者都是人力資源管理者」的觀念**：近三十年來「人力資源管理」在國內雖然稍受企業的重視，但對各級管理者與人力資源管理者之間的互相關係，仍然十分模糊。大多數管理者都認為，凡與「人」有關的事，都是人力資源部門的事，自己不願、更懶得管理這種「閒事」。其實，人力資源部門的職掌，係在制定有關政策與制度及投入策略性人力資源管理前瞻性的活動，而部門主管應是這些政策制定的參與者與執行者。如此，方可使企業的人力資源政策，透過各級管理者貫徹到每一位員工身上。

2. 人力資源是企業珍貴「資源」，主管必須珍惜運用：許多管理者對有形的物料與經濟資產十分重視，但忽略了選才、育才及留才。我們必須了解，企業經營，「賺人」與「賺錢」同等重要，甚至前者比後者更重要，因為沒有前者，何能有後者。不過如果各級管理者不能在招募員工時想到為明天企業的需要與成長而招募、如果不能將適合的員工安置在適合的職位上、如果不能透過對員工的培育，增強人力資源生產力，則身為管理者即未能善盡職責，浪費了企業內珍貴的「資源」。

3. **相信員工的離職，可能是企業或主管的過錯**：當新進員工就職未久而辭職時，許多主管可能痛晰員工敬業精神不夠，就業倫理不佳。其實，大部分新就職的員工總希望能在工作上一展抱負，有一番作為，鮮有就職之初即計劃兩、三個月辭職者。因此，管理者應該了解，員工的離職大多因為企業組織氣候不良、主管領導統御欠佳、薪資與福利不理想、管理制度不具公平性，或企業內欠缺培育與發展機會，使員工缺乏幸福感而辭職，主管及企業應深自檢討。

4. **管理制度應具有一致性，但對員工管理應有差異性**：企業體在制度上應保持其公平與一致性，但對個別員工的管理方式與技巧卻不可一視同仁，應依個別差異性，諸如教育背景、個性、價值觀、成長歷程、工作性質等不同，而以不同方式與技巧加以管理與運用。（參閱下頁三、員工管理差異化）

5. **肯定員工，以發展其潛能**：談到激勵員工，許多人立即想到經濟報酬。其實，適時、適地、適量的讚賞員工，應是最有效的激勵；因為「人」都希望自己被賞識、肯定、希望掌聲；因此對那些圓滿達成任務的員工說一聲：「謝謝！幹得好！」的主管，應是最聰明的主管。彼得・杜拉克說：「管理就是透過他人把事情辦妥」。「他」既然把事情辦妥了，我們怎能不心存感謝。

6. **視員工的抱怨與牢騷為免費經營診斷，應妥為珍惜**：現任台北經營管理學院院長陳明璋教授指出，企業內

「牢騷到處存在，企業主管若能虛心接納牢騷者，等於
聘請無數經營診斷顧問……」。此話深具前瞻性並令
人認同。不過並不是每一項牢騷都對企業體有益，除
非這些抱怨與牢騷是：有事實根據的、透過正常管道、
對事不對人地表達。

7. **在與員工溝通時，「聽」往往比講更重要**：前文提過
之兩位著名的意見溝通學家艾伯提洛與畢斯爵伯在一
項研究報告中提出，一位管理者通常要花掉他 70％的
工作時間與人溝通，在這溝通時間當中，有 5％用在書
寫，10％用在閱讀，35％用在談話，而剩下的 50％用
在傾聽。可見聽的能力與技巧對一位主管多麼重要，
因爲「聽得清楚」而後才能「講得明白」，況且「聽」
員工講話的本身就是意見的匯集以及對員工的尊敬。
（參閱第 285 頁）

二、**「管理」污染好多管理者**：很多管理者，可能因爲管理這兩
個字想當然爾；或者久爲他人部屬，一旦升任管理者，終於
熬成婆，因而「管理者」的表情、「管理者」的語氣、甚至
於「管理者」情緒，都在言行舉止間顯現出來，對以前同事
的尊重，對部屬應有的疼惜，以及對他人的寬容，都拋諸腦
後，因爲「管理者當如是也！」即使我們不該把這種行爲稱
之爲「官架子」，最起碼也把他歸之於「官樣子」。就因爲
這種以上位角度出發的認知與行爲，使得與部屬間的關係難
以坦誠、彼此溝通難以對等、夥伴關係難以建立；工作績效
亦難以在互敬、互助、與互補的團隊精神下發揮。這就是爲

什麼有些職場的朋友，擔任基層工作時可以成為一位耀眼的績效貢獻者，一旦升為管理者之後，績效與貢獻反而乏善可陳，形成所謂「彼得原理」（The Peter Principle），意指在企業內層級制度中，人會因某種特殊技能或工作績效被提升到難以勝任之高階職位，使企業悔不當初。這種情形之所以發生，其主要原因是這些管理者並不瞭解其主要職責除「管理」外，對部屬尚附有「輔導」的責任，如以百分比來衡量，對管理者而言，管理與輔導應各占一半。所以，許多學者建議管理者應自許為「領導者」。

一位管理者固然要管理員工工作的行為與績效，亦應盡到輔導的責任，對部屬提供協助、教導、與關懷。前者為作之君，後者為作之師及作之友；如果僅重視對部屬之管理，因而使其形成高高在上、使部屬望而生畏，此種作之君的結果，很可能使部屬離心離德而難以收攬民心、同心力；只有以輔導的方法及技巧，與部屬建立亦師亦友的關係，方可使管理者與部屬間不僅可以坦然溝通、相互規勸，形成真誠相待、共享榮辱，亦可使彼此建立兄友弟恭、長幼有序的工作倫理。

由於職場上很多人並不瞭解管理者除了對部屬進行工作上、行為上的管理，還須在工作上、行為上，以及部屬的自我成長上盡到輔導的責任，因而使許多管理者在不知不覺中被「管理」這兩個字污染了。

至於管理者如何方可成為領導者，美國著名心理學家及哈佛大學教授戈爾曼（D.Goleman）博士在其《高績效領導力》

（Leadership Gets Results,2000, 哈佛商業評論）一書中認為管理者要因應情境，重視領導風格，因而他提出六類模式：

(一)高壓強勢（coercive）：[照我說的做]，立即服從

(二)權威式（authorization）：[追隨我]，帶向同一願景

(三)協調式（affiliative）：[以人為先]，創造情感連結與和諧

(四)民主式（democrative）：[你認為呢]，在參與過程中建立共識

(五)超級上司（pacesetting）：[跟隨我做，你行的]，建立高績效標準

(六)教練式 coaching）：[試試這個]，循循善誘培育人才

三、**員工管理差異化**：我們經常聽到一些管理者理直氣壯地抱怨：「我對我的員工一向都是一視同仁，不知道為什麼他們還會批評我不會帶人？」

　　對待部屬應「一視同仁」對嗎？這是一個值得思考的問題，因為除去性別與教育背景不談，一位員工的社會化歷程、價值觀、人格特質、經驗、思考與邏輯模式、做事方法、表達技巧、成熟度、對事物的反應均不盡相同，如何能以大小一樣的「管理制服」加穿在每一位員工身上？

至於員工管理差異化的一些基本理念，提供以下一些看法給管理者參考：

(一)**員工管理雖應差異化，但管理制度應一元化**：所謂員工管理差異化，係對員工個人而言；視員工個人的個別差異，以不同的方法與技巧與其溝通，作工作分配、激勵、及進行訓練與教育。譬如某一位員工個性相當率直，與其溝通

時大可單刀直入，不必拐彎 角；而另一位則較含蓄，如以率直方法與其溝通，則可能形成「敏感性」的不良後果。不過，就管理制度來說，應具有一致性與一元化，否則「一國兩制」，或是「一國多制」，在企業內會使員工形成「差別待遇」，實非以建立團隊精神為管理目標的管理者所樂見。

㈡**員工管理差異化，有賴管理技巧的多元化**：管理者本身是人而不是神；凡是人，就如上述有其業已形成的管理模式，而此一與他人不同的個人屬性，亦如其他員工一樣具有一定的差異性。有的來自遺傳，有的來自後天不同的社會環境所自然形成。就因為如此，通常一位管理者有其特殊的領導模式或風格，而且這種領導風格在短期內難以改變。不過，身為管理者雖然不易改變其領導風格，但在領導技巧上仍應具有其可變性與彈性。波諾瑪（T.V.Bonoma）在其《實用管理心理學》（Psychology for Management,1989，遠流出版社）認為：「一個沒有彈性的管理者，可以說就是最沒有效率的管理者」個人十分同意。

㈢**員工管理差異化，管理者應先瞭解員工成長歷程**：由於我們快速經濟發展所形成的人際關係，似已從感情的互動漸漸轉變成利益的互動、使人與人之間的接觸，慢慢從友誼而質變到較多的工作面。這種趨勢，在企業內尤為明顯。四十多年前，作者剛到企業界工作時，主管與部屬之間仍然有許多工作之餘的交往，諸如一同郊遊、一同游泳、一

同打球、一同欣賞電影。但而今，「冷眼旁觀」或「靜耳旁聽」，很少看到主管與部屬間有類似活動。主管與部屬間的關係不獨「工作化」，且惡質到「公事化」，這對員工管理差異化是一種負面的趨勢；因為管理者瞭解員工的差異點，是員工管理差異化的必要條件，因此建議管理者最少可運用下述方法來瞭解員工的差異點：

1. 在不觸及隱私情形下，設法瞭解員工個人的成長歷程，其內容包括興趣、學術背景、工作經驗、個人優缺點、成長目標、社會關係、可動用之資源等項目。

2. 檢閱員工當初之求職信函中個人資料及與員工工作績效，如此更可清楚員工個人及家庭背景。

3. 利用專業性心理、性向測驗及設計一些群體活動，將測驗及活動的結果作為對員工差異性的瞭解。

4. 擴大與員工之間的關係，從嚴肅性工作面到適當距離的友誼面；不獨從這種關係的轉換建立與員工的情誼，更瞭解員工的差異點。

㈣**員工差異與人格特質息息相關**：前項提及員工管理差異化原因之一為員工人格特質之不同。所謂人格特質是指個人的氣質、個性、智力、感情及體能，在面對人、事、物及環境所顯現與他人不同的獨特行為。此一行為與人力資源管理功能之招募、溝通及員工管理有密切關係。管理者宜深入探討，以作差異性相待。在討論此一議題時，雖有不同學派及論述，通常以柯斯塔及麥克瑞所謂「五大性格特質」為導向。2018年開始更以新版「五大人格測驗」（Big5

Test）以瞭解員工性格特質、在日常工作中善用其優勢、在培育時強化其弱勢，或招募員工時作為與其所任工作符合性之參考。

1. **經驗開放型**：心胸寬廣、性情大膽、頗愛冒險、對已熟習及例行事務缺乏興趣。

2. **盡責型**：行為謹慎、凡事小心、思考周到、勤奮負責、事前計劃、舉止有制、成就導向。

3. **外向型**：善於人際關係、愛群體活動、樂於表現、舉止活躍。

4. **親和型**：為人彬彬有禮、值得信任、和藹可親、值得合作、寬於待人、人慈心軟。

5. **神經質型**：缺乏自尊、易於緊張、少安全感、情緒憂鬱、常覺挫折、具罪惡感、有非理性想法、不擅控制情緒。

（資料來源：中央大學李誠教授）

㈤**員工管理差異化，應不超越常模及工作紀律為前題**：常模係指員工被期望符合稱為「群體常模」的行為標準。這些預期或標準與個人行為有各種不同的吻合程度。一個人的行為愈與這些標準與預期一致，那麼這個人就稱為愈「服從」群體常模。一位管理者，雖應對不同的員工運用不同領導技巧及方式作差異性管理。

最近幾年來，有好幾本有關管理技巧及領導統御的暢銷書，強調對員工寬容的重要，這與員工管理差異化可能有所混淆；這裡所探討的員工管理差異化，係指管理者應針對不同的員工，運用不同的管理技巧及方法予以領導，而非從

「寬容」的角度，對員工的行為或工作態度超越負向常模後所給予紀律性的差別待遇。

四、**少有問題員工，可能有問題主管**：由於經常應邀至企業內演講，多次聽眾問我一個問題：「企業內問題員工是如何造成的？」通常的答覆是：部門主管應該做的一件事，是好好自我檢視，看看自己到底在管理上有什麼缺失，才造成問題員工。

同時，也曾以舉手方式做意見調查，除去少數聽眾有所質疑外，對問題員工可能是問題主管過錯造成的整體性結論大都表示同意；當然，舉手者亦有「故意」而為者。

這個結論聽起來似乎不可思議，不過如果仔細探討，確實有其原因。因為我們都以可確定的是，很少有員工到一家企業任職，在報到的第一天就為自己訂定目標：要做一個問題員工。既然如此，最初下定決心要在新的工作崗位一展抱負，好好做一番成績的員工，在任職不久之後何以會「改變初衷」，從「沒有問題，變成問題」的員工？身為管理者真應好好自我檢討，千萬不可把員工的這種轉變責任，都加諸在員工身上。根據經濟日報 2020 年 6 月 4 日報導，中國大陸格力電器董事長董明珠曾說：「如果要開除十位不合格員工，那麼要先開除他們背後不合格的經理。」既然如此，「問題主管」的問題又在那裡？大致上可歸納以下幾點：

(一)**主管只知道企業所賦予他的「權力」，而忽略了員工是否接受他的「權力」**：一位好的主管固然應妥善、公平、合理地運用企業內所給予的強治權與賞罰權，更應該以專家

權與歸屬權，以及領導統御技巧、行政處理能力，培養員工對他的尊敬，進而心悅誠服地接受他的權責，這就是巴納德（Chester Barnard）所謂權責接受理論（acceptance theory of authority）。遺憾的是許多主管只重視到企業所給予他的權力，而忽略了一個管理者真正該重視的是員工對他這份權力的接受度。

(二)**主管只重視任務與目標的達成，而忽略溝通、參與、激勵的重要**：任務與目標的達成是企業生存與發展的不二條件，亦是管理者功能性的責任。不過，管理者在賦予任務與目標時，不可只知道向員工賦予任務及訂定目標，而不重視賦予任務及訂定目標時管理技巧的運用，那就是以聆聽的方式與員工溝通，使員工主動提供執行任務與達成目標的構想，進而不斷地對員工提供應有、適時、誠摯的資源、協助與激勵，使員工深深感受到自己被尊重、被賞識。

(三)**主管只重視表面貢獻，而忽略說實話、做實事的員工**：一個企業體通常是由多種員工所組成，有些員工相當慣於討好賣乖；而有些人不愛於光做表面工作，只求　踏實地埋頭苦幹。如果前者常會受到管理者的肯定，而後者卻因做老實事、說老實話而受到傷害，而真正績效貢獻者無法受到彰顯，這些員工不成為問題員工才令人奇怪！

(四)**主管只重視什麼對自己有利，而忽略保護與支持員工的責任**：一些管理者見到功勞與私利時，一定全力以赴，一切光榮一身挑，爭功的步伐絕對比他做事步代來得快；但一旦部屬工作上有所失誤或需要主管支持時，推諉與躲閃的

速度及技巧比誰都要高明。如果一位員工「不幸」身爲這種主管的部屬，可能的結果大致有三：

1. 一怒而去，鳥擇良木而棲。
2. 忍辱負重，冷眼旁觀，接受這位主管的「磨練」，視爲自我訓練及警惕的良好機會，將來自己成爲管理者後，方不致重蹈覆轍。
3. 漸漸變成問題員工，以便與主管取得心理上「報復性平衡」。

自我發展的盲點

在自我發展的過程中，我們都曾遇到一些似是而非的價值取向。由於這些認知上的不妥，也削弱了大家追求自我成長的力道。

一、**文憑無用**：在台灣，大學教育十分普及，幾乎是只要有經濟能力就可進入大學就讀。許多勵志專家經常鼓勵失學的朋友們，不要太在意自己有沒有大學文憑，並舉王永慶、高清愿等前輩等爲例；甚至以當年「拒絕聯考小子」現任某選舉公關公司董事長的故事，來鼓勵這些朋友不要因沒有那紙文憑而懷憂喪志。

如果這種鼓勵是針對那些成長過程中雖具升學能力，想升學而無法升學的朋友，深表同意，但若針對那些有機會升學而「拒絕聯考小子」的人，則不敢苟同。因爲前者是這些朋

友雖有志升學，但為情境所迫，非不為也，而不能也；後者為非不能也，乃不為也。

因此我們不希望把「文憑無用論」做為青年朋友不想升學的藉口，以致在年輕歲月中蹉跎寶貴的時光，造成「少小不讀書，老大徒傷悲」的遺憾。

前面所列舉沒有「文憑」的成功案例，是少數中之少數幸運者。根據一項調查顯示，那些沒有良好學校教育背景而能出人頭地的幸運者，除了奮鬥的歷程加倍辛酸與艱難外，能有超越良好學校教育背景者機遇的人大約只有千分之一，並非人人都可以與幸運之神同在。

朋友當中，許多由於家庭因素，未能有機會接受高等教育，言談之下確也不勝唏噓。因此，不論現在或未來，如機會存在，應盡一切可能繼續設法升學。部分失學上班族朋友常以工作繁忙、家庭負擔，或者年屆中年為由，而缺乏那份進修的意志與熱情。雖言之似亦有理，但總令人覺得似理而非理，只要我們認為該做的事，應可克服困難，否則凡事先找藉口，乃自我寬容。

記得多年以前，陪同內人赴空大參加畢業典禮。當時日正當中，萬頭鑽動。環顧四週，年輕畢業生固然不少，但與內人一樣年已半百，須較年輕人花費更多時間、精神與毅力始完成學業之中年者為數更多。置身其中，對鄰坐那些兒孫繞膝的「方帽生」由衷敬佩。

追求知識為終身志業，雖然不一定志在方帽，但如在追求知識時，亦能兼獲文憑何樂不為？大專院校四十年前已大幅

增加，近二十年來國內出生率卻逐年降低，而升學機會俯拾皆是。

不過，在中年期求知，千萬不要本末倒置將文憑當作唯一目的，而要真正追求知識及自我肯定。如果志在文憑，「人在教室心在外」，以「時間換取文憑」而非知識，對未來工作與事業將無任何助益，真正成為「文憑無用」！

二、**擇優而讀**：自小我們就一直被老師或長輩灌輸一個觀念，那就是「開卷有益」。大體來說，這句話並無不對，但仔細推敲亦有值得探討之處。首先談到開卷有益，那要看什麼卷。有些「讀」物可能產生「毒」的效果，這也就是為什麼有不良圖書的原因。

其次，即使開的卷有益，仍要看讀者投入的時間與產出的「有益」是否具有投資報酬率。一個人的可用時間有限，就資源運用來說，時間應運用在真正有益的讀物上，如此，方有其正面或附加價值。上班族朋友也許要問，到底開什麼卷方可真正有益？可從下面幾個方向來探討：

㈠**與專業主軸相結合**：基本上，每個人在成長歷程中大致有其專業主軸，如資訊、工業工程、圖書管理、人力資源管理等。如能在閱讀時依此取捨，自能發揮時間價值，有益於未來職涯的開創。

㈡**與生（職）涯發展階段相結合**：根據「生涯發展理論」代表人物舒伯的主張，每個人在生涯彩虹圖中，都有階段性發展任務。如成長期、探索期、建立期、維持期、衰退期。這些發展階段大致與年齡相結合。諸如探索期（15-24歲）

以學涯為重心；建立期（25-44 歲）以追求事業、努力經營職涯為主軸；維持期（45-64 歲）以守住工作，繼續做好任務等。

㈢**與修身養性相結合**：近年來許多亂倫、自殺、他殺、強暴等不幸及有違常理事件層出不窮，其背後原因可能為社會快速變遷、壓力增多，人際與家庭支持逐漸淡薄，而公眾人物的不當舉止，亦可能形成負面影響。

由於現時社會、部分企業、部分學校或政府缺乏專業心理輔導機制，面對此種社會及環境的惡質化，自處之道雖然多元，但如能從閱讀上尋求壓力上的紓解、宗教上的慰藉、心理上的衛生以及人際上的平衡，可達到黑德勒博士（B.Hettler,1976）所謂感情、社交、智性、職業、生理、精神六個健康模型的均衡。

㈣**與娛樂休閒相結合**：有的人追求名利，有的人淡泊平安。不論其價值取向如何，仍須娛樂與休閒；不僅可紓解壓力，亦可在此類行為與讀物中吸取常識與資訊、豐富生活與增加生命樂趣，因為「書中自有顏如玉」。人生何其短，擇優而活之前，先擇優而讀；因為擇優而讀，才有優質生存與生活品質的驅動力。

㈤**與現在及未來所需知識相結合**：近一年來，我們一直生活在新型冠狀病毒侵犯恐懼中，就人力資源管理專業工作者，尤以高階管理者，我們從中學到了些什麼教訓或經驗，未來如何持續在不幸發生類似事件時，做更好因應。諸如員工工作型態、薪酬給付方式、病毒如何預防、員工

關係變形、感染隔離與治療、後疫情時代人力資源管理策略、大數據人力資源管理，以及　向溝通方式等都是珍貴的知識。

再以 Google 台灣董事總經理馬大康先生曾以《打造台灣全球智慧製造重鎮》為題，於 2020 年 9 月 13 日在〈聯合報〉提出「近期在疫情、中美貿易戰影響下……智慧製造議題再度受到重視……。根據一家以科技及數位轉型為專業之諮詢公司凱捷研究院（Capgemini Research Institute）智慧工廠報告：2019 年全球企業投入智慧製造比率為六成八，比 2017 年的四成三高出許多，預計到 2023 年每年可為全球經濟貢獻一‧五兆至二‧二兆美元產值。例如遠傳、台達電及台灣微軟聯合打造第一座 5G 智慧型工廠……，導入無人搬運車、瑕疵檢測設備、數位分身與混合實境等四大應用，展現工業 4.0 的跨境綜效……。有些業者有個迷思，認為智慧製造等於自動化，其實自動化只是智慧製造的一環，自動化往往只能解決單一、獨立的流程，智慧製造還涵蓋數位平台、生產作業、供應鏈管理等環節……。其實數位轉型失敗關鍵，往往非技巧本身，而是『人』及『企業文化』問題。公司不能僅追求最新設備與技術，也要同時關注員工是否具備工業 4.0 或智慧製造的新技能，還有企業文化是否同步到位。」這些疫情經驗、智慧製造、員工及企業文化等知識交錯如何交集及相容，正是高階人力資源管者不可忽略的現在經驗及前瞻性未來的知識。

三、**知識的真正價值**：有人說：知識就是力量。也有人說：知識就是財富。更有人說：知識就是智慧。在現今社會，許多人以為追求知識是為了換取財富，無疑扭曲知識的真正價值。當我們把知識和一些名詞劃上等號時，不僅讓我們忽略知識必須經由運用才能發揮價值，窄化了知識功能，更把知識世俗化，運用知識來解釋個人的論點，或者運用知識作為達到特定目的的證詞。

就以「知識就是財富」來說，如不考量正義、是非與尊嚴，固然可以透過知識的運用換取財富，但知識存在的價值則遠遠超越財富。如果僅僅以換取財富來定位知識，那就污名化了知識；因為以知識作為工具去追求財富的過程，經常會誤導生命價值，迷失生活方向，以為追求知識就是追求財富。知識追求與運用過程，可能得到財富的回饋，但那不是追求知識的目的，而是運用知識的附加價值。追求知識的目的，因為每個人的價值取向不同，可能有不同的結論，很難有一個普世認定。其實：

(一)**知識在創造人類新的文明**：個人的生命有限，且個人在知識上的貢獻只不過是數十億個體的一份子，但在人類數十億年的恆河裡，不僅累積人類每一份子的知識，也創造及匯集人類的文明，才有今日的生活、文明與科技。

(二)**知識在實現生存價值**：大多數人都有追求的終身目標。有的人願為牧師善化人類靈魂、有的人願為護士照顧病患、有者願為保護國民的軍人。但欲完成這些終身目標，則有賴知識的吸收與知識的創新，否則所追求的目標難以實現，

因為牧師、護士或軍人均有其專業知識，各行各業皆然！

(三)**知識在豐富共同的生活品質**：有些人喜歡說別人沒有知識，因為被說的人並未受過什麼教育，但知識與教育不能亦不該被劃上等號。即使從未接受過現代教育的人也具有特定的知識，而接受過良好教育者並不表示對特定事物具有充足的知識。知識並不全然來自學校與書本，在我們年幼尚未就學之前就知道，太陽會使我們熱，下雪使我們冷，就是這個道理。所以對任何知識均應予以肯定，那就是知識使我們生活更安全、更健康及更多元。我們所具有的知識，不該獨為其身，而要運用所擁有的知識廣及他人，豐富其生活品質。

(四)**知識在提高生活效率**：不會運用電腦的人要花費很多人工去計算某一項數據，不懂得上網的人只好去圖書館，知道何處搭何種交通工具可更快到達目的地，知道如何防治新冠肺炎的人可能避免失去生命，知道運用自動器具的人，更可提高工作效率。

所以，知識不只是力量、財富、智慧，而是綜合體；它不該只是利己，也該利他。只有知道知識利己又利他的人，才不會將運用知識所產生的「知識力量」成為「知識暴力」，進而變成自負或自狂；才不會因擁有財富，而為富不仁；才不會因擁有智慧而自驕，令人反感。

真正擁有和運用知識的人，不會自滿因知識而創造財富生活於上流社會，因為自滿於上流社會的人，不易創造人類新文明、實現生存的價值。豐富自身的生活，卻難以了解民間

疾苦與社會大眾的桔抗。我們寧願做一個平凡而具有知識的人，而不是自滿於上流社會的人；我們寧願做一個平凡而具有知識的人，不要做一個空有財富的人。王安石說得好：「貧者因書而富，富者因書而貴」。

四、**思考是一所沒有文憑的大學**：早期 IBM 專業經理人的桌上都放有一個長約 20 公分的深藍色牌子，僅寫著一個英文字「Think」，是希望專業經理人凡事重視思考，因為思考提升決策品質、思考訓練人的邏輯能力、思考寬廣知識的領域、思考的過程降低了情緒，增加了理性。到了 1992 年，他們更將 Think 放在商用產品 ThinkPad 上，使 Think 與「創新」劃上等號；2005 年，聯想收購 IBM PC 事業部，此一商標便歸聯想所有並沿用。

在政大「企研所企業家管理進修班」（企家班）就讀時，一位教授在聽完一位同學的簡報，說了一句具有導正性的話，至今仍記憶猶新：「有些人先說話後思考，有些人是先思考後說話」，前者是為了說話而說話，後者是經過思考後說出具有某項意義的表達。這句話一直是作者意見溝通時的座右銘。

由於這一句話在公司裡，常以不同的方式養成同仁思考的習慣。與同仁討論問題時，從不立即告訴他們自己的想法，更不會立即提出答案。每當同仁說明某一問題或事件需要處理時，作者通常的回應是：「你的看法如何？」或者「你認為如何處理比較好？」

所以這樣做，主要是希望同仁能面對問題，首先思考解決

之道，讓他們自己透過思考成為解決問題的主導者，而非聽命行事。經由多年以這種方式與同仁溝通的習慣，後來已形成公司的一種文化，那就是大家在溝通時，不僅僅提問題，而是在提出問題之後，隨之把自己的看法、建議，或解決問題之道表達出來。歸納而言，這樣做的原因有三：

㈠同仁養成習慣，在面對問題時，先行探討解決問題之道，而非將問題轉嫁他人。

㈡上級主管個人對問題的瞭解，通常不會比擔任那項工作的同仁更清礎，由他們提出的建議，一定可作為主管思考決策時的主要資訊或參考。

㈢訓練同仁思考能力。人的腦力是無限的，思考越多，決策能力越強。其實人的一生一直在思考中成長，在這「思考」校園裡學習、茁壯。運用思考的人不僅僅會將學校所學、工作上的經驗、以往的挫折等，做為較佳處理問題方式的標竿，使歷史不再重演、錯誤不會再犯，更可使我們的所學、經驗、挫折做為未來處理問題綜合性的投資。

　　一個人得到什麼學位雖然重要，但是如未能凡事運用思考，那個學位價值將會與日遞減。所以，思考是一所沒有文憑的大學，在那裡，你會得到一個無形但價值連城的學位。

自我發展的題外認知

一、生命的目的在創造自我價值：不管人生七十古來稀，或者人

生七十才開始，不可否認的是人生其實很短暫。但，不同的人對人生苦短可能有不同的解釋，因而產生不同的行為。有人認為，既然人生苦短，何不及時行樂；有人認為，人生如此短暫，何不珍惜有用時光，自我創造生命價值。這兩種不同的人生觀，沒有對或錯，完全是個人價值的取捨，也是自我概念（self-concept），對個人價值觀與生活方式的評價。針對前述兩種截然不同生活方式，提出個人看法。在人生的漫漫旅途中，往往被一些表面看來極其美好的事物所吸引，而忘了生命的終極目的：創造自我價值。

一個人如欲獲得成功，最重要的便是替自己塑造一個正向、肯定的自我概念，為自己的生涯規劃設定可以實現的夢想，不斷的自我奮發與努力，再加上他人的支持與鼓勵，從而達到自我預言的實現（self-fulfilling prophecy）。

依馬斯洛的人性需求理論，基本上人類低層次生理需求滿足後，自然會追求更高層次的需求，直到「自我實現」，甚至「自我超越」。雖然「成就動機」因每個人而有不同，但企求正向成就卻十分明顯。因此，有些朋友傾向「把酒當歌」可能有兩個原因，其一為生活上的挫折或工作壓力，形成逃避行為；當這些因素消失後，可能「及時 車」。其二為家庭十分富有，不必為五斗米折腰，有能力「及時行樂」；否則「無酒」，如何「當歌」。

在追求人生的終極目標的過程中，我們不免遭受到生活上的壓力或工作上的挫折，一時之間生命似乎顯得枯燥無味與勞碌無比。因此有些朋友認為，人生何必如此自尋煩惱？其

實壓力與挑戰更會使生活與生命多彩多姿，強化未來生存能力及端視從哪種角度視之。

　　人生既然苦短，何必以「及時行樂」或「把酒當歌」方式度過；在珍貴的十多萬小時中，不要斤斤計較得到些什麼，而要重視做了些什麼，捫心自問爲自己或他人創造了什麼價值，是否爲人間添上眞善美的色彩，而使他人永遠懷念。生命短暫而美麗，留下許多永恆篇章的人生鬥士周大觀小朋友，雖然在這個世界上短暫停留了九年，但到下個世紀仍會有人珍惜對他行爲的記載。而你、我呢?!

二、**解凍「高處不勝寒」**：位居企業高層者常如蘇軾喻「高處不勝寒」，其原因並非全然由於位高權重而自傲；而是因爲高位而使其他人「以爲」其「高不可攀」。如同《鏡花緣》中所引述：「此樹高不可攀，何能摘它？」以至高階人力資源管理者友人漸少，頗有孤獨之感。此一現象雖與成長並無直接關聯，但與其個人心理、行爲及工作所需之人際關係卻有連帶影響。如何方能使寒解凍？

　　㈠**走入群眾**：高階人力資源管理者其職能模型雖有多項，但大體而言其關鍵工作仍以「人」爲中心。所以，走向員工應爲其工作技巧之一；而畢德士及華特曼在《追求卓越》一書中所提「走動管理」（Management by Walking Around）卻是最佳方式，不獨在日理萬機之餘經常至各部門及各單位走動，且應和一般員工在不影響工作情形下閒話家常；以不干涉員工主管之行爲下親近員工，即使聽到對主管有所報怨，亦應視爲值得珍惜之建言，心存感

激。高階人資管理者可視與員工接觸是一種樂趣，不是一項負擔。

(二)**面帶笑容**：上帝給予人類最佳建立人際關係的「柔情」，和最佳建立情誼的「營養」即是笑容；既無需付費，亦具高度投資報酬率。不獨可使對方感到易於接近的感受，更可使對有些許成見的主管或員工因親和的笑容而「解凍」。不過，展現此一笑容時要笑得誠懇、笑得真切、笑得適當、笑得燦爛、笑得使對方溫暖。

(三)**平心靜氣**：與人相處本應平心靜氣，以免損及對方尊嚴，傷及他人感受；而高階人力資源管理者尤應如此，即使部屬、其他主管及員工有所錯失，不必、不該聲嚴色厲指責，更不應當眾如是。任何人都有自尊，亦有羞愧之心，高階者不獨了解「規過於私室」之名言，且要記著「尊重他人就是尊重自己」。

(四)**設法解寒**：不僅僅高階人力資源管理者，所有位居上位者，都可能因面對此一困境或因身居高職而感受孤獨；如真有此種感受，除自己檢討個人言行及人格特質是否有須省思外，似可學學美國第三位太空人凱利（Scott Kelly）。他於 2015 年第四次，也是最後一次從事太空任務，在太空國際站停留 340 天之久。在這悠悠漫長時光中，他完全與世隔離，其孤獨寂寞及恐懼之感受，吾人應可以想像，但他除正常工作外，卻享受攝影、太空漫步、自我對話、沉醉書本、彈奏樂器、撰寫日記及透過太空平台與親友聯絡；終在返航後經由體檢，身心狀況漸復正常。對有些人

而言，是否視孤獨爲人生另一種難得境遇，端視其如何自處、自娛、自解。

(五)**參與社團**：近三十年來，我國人力資源管理及相關社團如雨後春筍般成立。一般及高階人力資源管理者應以聯誼及學習雙重心態撥冗參與此等法人機構，不獨會使自己與人相交，且使自己習得多元知識，以此種自我社會化的方式走在社會的動脈上，更使自己不至於在社會落單。

三、**別忘了組織的政治行爲**：讀者諸君也許奇怪，爲何把政治行爲（political behavior）這一頗受議論的題目放在自我發展這一章裡；其實這一課題對自我發展來說十分重要，至於重要到什麼程度，難以找到數據性的文獻，但較前面幾項卻更爲顯要是肯定的。各位也許知道，任何政府、組織、企業、家庭、學校，只要是二個人或以上的群體，都有所謂政治行爲的存在。

(一)**政治行爲的意義**：所謂政治行爲，簡言之，是利用有形或無形的權力、語言、文字、身體舉止、影響力或手段去改善（變）個人在組織內利益的各種活動。政治技能高的人，往往可以得到其利益或權力，其中包括刻意管理好個人情緒、壓力；運用一切以非常手段或權力建立關係，減少工作阻力，忽視企業、部門、單位及他人利益作代價，以成全自己目的（含權力、名譽、資源），均可稱之爲政治活動（politicking）。如想例舉，以電視劇「瑯琊榜」及「三國」中的人物所表現的那種爾虞我詐，以眞做假，以假亂眞，雖稍嫌過份，但頗爲貼切。

㈡**政治行為與權力**：魯森斯教授在其第七版《組織行為》中認為「權力與政治行為是非常緊密相關的概念。一般人普遍認為，組織政治是一個人能夠在該組織內實際步步高升的關鍵原因。」他進而引用《未來衝擊》、《第三波》、《權力轉換》（時報出版，1990）作者托佛勒（A.Toffler,1981）的看法：「公司中始終從事於內部政治鬥爭、內部敵對」可見政治行為在人類社會，尤其企業內到處存在，職場的朋友必須了解此一既有之政治行為，進而具備政治技能，其目的不在於侵犯別人，而在於自保。

㈢**組織政治行為並非全然負面**：早期學者如鮑恩司（J.Burns,1961）、 葛文斯和麥瑞（J.Grandz & W. Murray,1980）等人對組織內的政治行為均持負面看法；然而近期諸多學者如費瑞（G.Ferris,1995）、菲夫（J.Pfeffer,2015）有見於政治行為在組織行為中之日漸重要，經由其研究結果，將政治行為重新定位並非全然如此。

菲夫（J.Pfeffer,2015）、 羅賓司（S.Robbins,1992）、賀爾（R.Hall,1987）在他們《組織中的權力》、《組織行為》及《組織：結構、程序及產出》（Organization：Structures、Proess and Outcomes, 7th /E）著作中提出了政治技能（political skill）的概念，認為任何個體如想在就業的組織中有所成就，必須具備此一技能，以順利遂行其工作或任務（參閱圖 047）；所以他們肯定在組織中政治技能是成功的必要條件之一，並確認對主管而言政治技能

是預測工作績效的強項因子。

㈣高階人力資源管理者位於「政治遍野」企業如何自處？

1. **不參與任何拉黨結派**：這裡所提的「拉黨結派」自然
   與政府的政治和黨與黨政治無任何關聯；而係指企業
   內的派別與群組；如總經理派、董事長派、李常董派、
   劉副總派。如果某派擁有實權（假設劉副總是企業實
   際負責人長公子），則該派自然擁有掌權優勢；萬一
   某天李常董為企業大股東，則其追隨者可能會雞犬升
   天；則劉副總派自然變成下市股票。

2. **不要以情代替公理**：企業內政治遍地情況下，在掌權
   者異動無遠弗界之際，層次越高受到震波衝擊越大；任
   何企業內，尤以層次較高者如想完全「公事公辦」並
   非易事，必要時應可用另一種政治技術：交換（trade-
   off）方式處理。諸如，上次資訊部經理晉升時，因未
   曾擔任過副理與企業人力資源管理制度不符，但其績
   效五年連續優等，高階人力資源管理者可以其績效為
   由，以例外管理方式放其一馬，該功能部主管自會銘
   記在心。現在人資部需要從資訊部徵調某一工程師，
   該部負責人從銘記在心轉化為樂觀其成。此種交換行
   為，在企業內每日發生，但看似以私人感情作為前題，
   而仍然未以公理作代價，因為高階管理者本來即擁有
   例外管理權責，唯應行之有理，行之非情，仍可接受。
   但有者純以個人或部門利益為前題，卻以企業利益為
   代價應受非議。

3. 凡事並非全然以企業利益為決策重點：此一決策重點
原為各級主管必備的決策要件，但各功能部門之事件
及活動千頭萬緒，即使功能部門既有見諸文字之制度，
亦有不成文案例，但仍有一些事件難依兩者作決策。
此時高階人力資源管理者可以下圖中間有利之政治行
為作衡量，而非僅以企業利益為唯一決策考量，以免
有損員工權益。

圖 047：政治行為關係

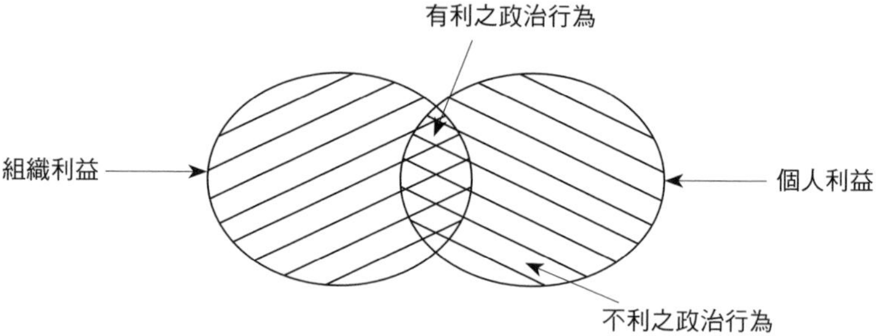

資料來源：吳秉恩教授《組織行為學》

四、請記得培養人際關係：上班族在職場上，不可避免與其他成
員間形成互動關係，這種互動關係可分為工作關係與人際關
係。所謂工作關係，係指因工作而產生之互動，或因職務所
需而形成的關係。所謂人際關係，係非工作為導向的與人互
動關係。

在一個職場上工作關係固不可無、不可免，人際關係亦不
可缺。僅靠工作關係來遂行其職務上互動，雖有完成其任務
目的的機會，但能以人際關係來協助工作關係，其完成任務

的機率自必增加。

最近在台灣經常引用台商在大陸投資時的口頭禪：「有關係就沒有關係，沒有關係就有關係」就是這個道理。所以，人際關係有助於工作關係，而工作關係亦可培養人際關係。不過值得我們注意的是不要以人際關係置於工作關係之上。

我們看到很多十分優秀的青年朋友，剛剛進入就業職場的時候，能力與品德都是一時之選，但在與人互動上較欠工作關係與人際關係，以致於工作推動常遇阻礙，與人溝通協調常有挫折；久而久之，使得一位優秀的青年朋友悶悶不樂，在工作上漸漸喪失熱誠。因此，劉焜輝認為：「如何由自我瞭解→自我接納→自我改變→自我突破，為人際關係行為自我調適重要心路歷程」（《成人問題與諮商，2001》空大）。將自我價值強加在他人身上，以及僅以自身的經驗斷然決定是與非，為建立人際關係最大的「石頭」。

審視一些在仕途上、在事業上具有成就的人，他們的成功不全然依靠其才能與智慧，其中一部分源自讓人樂於與其親近、喜歡與其交往，甚至高興對其提供必要的協助，原由大都來自「關係」。

因此，上班族的朋友們，在創造自我被利用價值的同時，別忘了建立、培養自己人際關係能力，其中包含表達、溝通、協調、談判、說服、激勵與衝突管理能力。不過，在運用人際關係時要妥為拿捏分寸，以免人際關係主導工作關係，形成所謂以私害公的結果。所以人際關係雖不是主導生命延續的正餐，卻是創造自我被利用價值的維他命。

本章重點

及對未來與現在高階人力資源管理者之 啟發

一、社會不會遺棄我們，除非我們先遺棄了這個社會。我們要隨著地球轉動的速度同步踏在社會每一個音符上。

二、自己的職涯不要自己一人閉門構思，而要請教專業親友妥為規劃，隨著週邊之變化而調整，進而全力以赴，以達成階段性及終極職涯目標。

三、自我追求發展者，千萬不要因缺少某一學位而懷憂喪志；人人均為我師，處處皆為教室；行、走、坐（不是開）車環顧四週、用心吸取，均可增進知識，豐富自己的人生。

四、學位與自我發展僅有相對關係，並無絕對關係。知識亦如海綿體，只要努力汲取知識，水源遍地皆是。

五、自我發展不應以求學及汲取知識為生涯發展唯二投入；人際關係、認清人生的終極目的、創造生命價值才是「我們」在這一世界存在的真正核心。

六、「思考」是自我發展最具成效的學習方式。「不用大腦」是一般人的通病。

七、知識的真正價值不是全然在換取經濟報酬；而在創造自己豐滿的人生及社會的文明，即使微不足道。

八、擁有知識不算知識，運用知識方算知識；就如同千萬富翁存款於銀行，財富僅是數字而已。

九、重視自我成長者，通常都會感恩但不依賴企業的培育。企業培育資源有限，自我認真尋求成長潛能無限。

十、人生平均僅有短短 80、90 年（內政部民 108 年公布）；自我成長不應是僅限於追求「生理、安全、社會、尊重需求」，亦不全然在追求生活的優渥，而應在「自我實現」（馬斯洛—人類需求層次）。

十一、自我成長的過程在不斷「創造自我被利用的價值」。「被利用」雖十分刺耳；就因為刺耳，方能常常自我提醒，增強職場競爭力。

十二、自我成長的過程中，初期的「助力」，是在失敗中仍然保有樂觀向前的動力；「阻力」則是新進職場短暫成功時面對眾多掌聲的「忘形」。

十三、唱一下高調：一個人存在的價值，不在於他能得到些什麼，而在於能貢獻些什麼！

十四、企業內政治行為俯拾皆是；可能為動力，亦可為阻力，端視其是否以對各方均有利為前題。

十五、世界上沒有解決不了的問題，只缺少解決問題的知識、能力及人才。

十六、從他人的失敗或成功的經驗中，可形成自己的「後進優勢」。

後記

這一本書讀起來容易，寫起來卻非如此。

從構思、蒐集資料、請教專業人力資源管理教授、高階人力資源管理者、進行關鍵職能調查及交到時報文化出版共花費了近兩年時間。

真正問題不是時間，而是資料來源的可用性及可確認性，因為它是對讀者影響深遠的一條路徑，更怕導致對一些青年朋友們「誤入岐途」。

幸好在幾位好友腦中儲存的專業智慧；手中握有「指南針」，使本書內容仍具專業方向，並未偏離原訂主題。這幾位好友除冠軍外，還有傳非、翊倫、元立、李瑋。他們的專業才讓本書具有現在的模樣，他們的用心才使本書有現在的「形態」。

麻煩了近六十餘位學術界、產業界（當然含人力資源管理界）好友，這本與作者終身職志全然相關的拙作終於完成，鬆了一口氣，放下了心頭重擔；對自己算是有了一份交代，對社會算是盡了一份心力，對人力資源管理界算是提供了一份「心得報告」。

至於這本拙作價值是正向、是負值，就有待讀者諸君來決定、人力資源管理界做評判、相關專家學者來做結論。

內容應該可以符合作者的原意：協助人力資源管理專業工

作者在七個關鍵素養中成長；如果與原意有所差距，應歸責於作者之專業及近四十年在本業內經驗仍然不足；如果有諸多文字運作欠佳，亦應歸責於作者筆耕力有未逮，二者均請讀者諸君提出建議，作者均將欣然而誠摯接納，以作再版修正，期使人力資源管理界專業工作者樂於在本業內快速成長。本書一再強調企業界的「人才」能以配合台灣經濟成長，使社會各階層同袍均進一步能分享知識富裕的果實。

在拙作進行中，作者對其他各界好友所提供「高階人力資源管理者關鍵職能模型」調查之協助，雖無法一一當面致意，但自將永銘心際。現在讓作者輕聲但認眞地說聲：感恩！

在如此眾多的友人中，特別感謝中原大學張校長光正及中華人力資源管理協會薛理事長光揚，在百忙中爲文作推薦序、中央大學人力資源管理研究所林教授文政撰寫導讀。

另外十分感謝者爲時報文化出版趙董事長政岷兄爲本書寫出版緣起及敦促、鼓勵，使作者從幾至停置中重新執筆完成此書。

最後，亦爲作者所感動者爲內人趙碧珍女士，在此書撰寫過程中默默提供之後勤支援，以及完稿後之輸入與校正，在她的辛勞與汗水中使本書得以順利出版。

財團法人周祖孝文教基金會

《台北縣政府中華民國八十九年四月十八日北府教社字第一三八六○一號函核准》

　　這個基金會是一個感人的故事，希望您能參與，一同幫助真正需要協助的弱勢青年朋友。

　　基金會起源於一個終身奉獻於國家的老兵，周祖孝先生。他捐獻畢生積蓄新台幣伍佰萬元於民國八十九年四月所成立。

　　周老先生年少從軍，戎馬一生，省吃儉用，很少計較個人享受；例如：放假外出時常以牛肉「湯」麵而非牛肉麵果腹，這伍佰萬元為其數十年微薄薪資中點滴累積而來。對富有者而言，何其微少。

　　作者有幸自軍校畢業後與他朝夕共事近七年，相知甚深。周老先生從未接受任何正式教育、難以執筆、表達能力亦弱，且湖北鄉音甚濃，常使人不知所云；但大愛常存心中，且能推己及人；不會唱「助人為快樂之本」高調，但畢生樂於助人，盡忠職守，於六十五歲時自軍中退伍。

　　周老先生於民國九十二年以八十七歲高齡辭世，辭世前二年將其畢生積蓄，懇託作者把錢用在「幫助需要幫助的人身上」。有感於周老先生之感人故事，基金會成立時特敦請《福報》社長柴松林教授擔任董事長，元智大學許士軍名譽講座教授、賴士葆

立法委員、原管科會理事長劉水深教授、益實實業公司丁永詳創辦人、精恭公司林金淵董事長、早安健康有限公司林文玲創辦人、禾伸堂（上海）國際貿易公司申時勻董事長，及作者擔任董事，益實實業公司總經理丁原璞爲董事兼執行長，直至民國一〇八年基金會改組，新聘益實實業執行副總廖國棟、東莞永大電子公司副董事長丁原璽及國家教育研究院生命科學名詞委員廖達珊女士爲董事。

　　基金會秉持周老先生「幫助他人」的理念，曾舉辦甚多活動，諸如：「博、碩士論文獎助金甄選」、「就業系列博覽會」、「國軍中、上校退伍軍官對退輔會服務品質調查」、與相關單位合辦「新貧時代的來臨研討會」、「湖北省宜昌市教育學會（周老先生胞弟組成）來台參訪」、「上海復旦大學教授團來台參訪」、「新世紀人力資源工作者的挑戰研討會」，及偏鄉（花蓮）小學英語教學設備贊助等。而重點工作則爲每年提供陽明大學邊遠地區同學、貧戶、軍方遺眷子女獎學金及資助「原聲國際學院」原住民青年學子成長。周老先生不會高唱愛台灣，卻是一位以實際行動愛國家、愛台灣者。同仁等能有機會義務參與本會，亦有榮焉。

　　周老先生逝世時，其胞弟來台參加喪禮，提及因長江三峽大壩的建造，人民被迫遷移，其故鄉宜昌枝江市移入者多爲窮苦無專長而又不願離開原籍遠赴他鄉之農民，生活極爲困苦，子女就學環境十分惡劣。九十六年基金會訪問該市，在了解實際狀況後，本會決定自當年開始資助極爲邊遠山區之平湖小學和董氏小學二校，依具體計劃，改善其設備及學習環境。原計劃動用部分

　　周老先生遺留之新台幣伍佰萬元基金，但依政府基金會管理辦法，基金不能動用，僅能使用每年所孳生之利息。是以，所需之資金，乃由基金會部分利息，及社會諸多熱心人士之捐助勉強支應。

　　近年來利率頗低，本會所生之利息每年僅約新台幣五萬元左右。此項利息收入自嫌不足，有賴社會之援手，一則扶助力求向上貧苦青年學子，二則作為我們對周老先生善行之回響。

　　作者除將本書銷售所得全部捐獻該會外；希望藉由大家的力量，協助極為弱勢的青年學子，使其能有機會勵學向上，將來為社會所用。所有捐款自將依法開立收據，憑以節稅。

董事長：王遐昌

董事：丁永詳、丁原璽、丁原璞、林金淵、林文玲、申時勻、廖達珊、廖國棟

董事兼執行長：丁原璞

通訊地址：中華民國（台灣）新北市汐止區大同路二段一三一號

戶名：財團法人周祖孝文教基金會

銀行別：彰化銀行台北世貿中心分行（銀行代碼：009）

帳號：5265-01-0014-0700

電話：886-2-86926600 Ext.154

e-mail：Sunnyshih@elka.com.tw

附表

附圖

國內參考文獻

（姓名 / 書名 / 出版社 / 公元）

- 王力行（原著：T.E.Deal/A.K.Kennedy）/ 塑造企業文化 - 序 / 天下文化 /1984
- 毛治國 / 管理 / 交通大學 /2003
- 方翊倫 / 有 fu 的上班日 / 部落格 /2020
- 丹尼爾•貝爾（Bell,Danial）/ 後工業化社社會的來臨 / 江西人民出版社 /2018
- 司徒 賢等 / 企業概論 / 空大出版 /1995
- 司徒 賢 / 策略管理新論—觀念架構與分析方法 / 智勝出版 /2019
- 司徒 賢 / 策略管理新論 3/E/ 元照出版 /2019
- 司徒 賢 / 聽 – 聆聽的意義與潛在問題 / 天下文化 /2015
- 朱寶青、邱耀隆 / 從組織學習觀點論組織變革—以漢聲廣播電台為例 / 大葉大學人力資源暨公共關係碩士論文 /2004
- 托佛勒（Toffler,A.）/ 未來衝擊、第三波、權力轉移 / 時報出版社 /1990
- 李美玉 / 西藥業務人員核心職能研究 / 國立中央大學人力資源管理研究所碩士論文 / 1999
- 宋雲、陳超 / 企業策略管理 / 首都經濟貿易大學出版社 /2003
- 李誠、吳政哲 / 高科技產業工程專業人員職能需求分析—以半導體公司為例 / 中央大學人力資源管理研究所碩士論文 /2000
- 李誠、黃同圳、房美玉、蔡維奇、林文政、連雅慧、劉念琪、鄭 昌 / 五大人格定義及表徵—人力資源管理 12 堂課 , 二版 / 天下遠見 /2000
- 李瑋 / 數位轉型中人力資源的角色與任務 / 提供作者 /2020
- 林文政 / 台灣製造業人力資源專業職能之研究 / 中山管理評論期刊 / 2001
- 林燦螢、尤品琇 / 人力資源策略夥伴職能之研究 / 中國文化大學勞研所碩士論文 /2014
- 吳秉恩等六位教授合著 / 人力資源管理：理論與實務 ,4/E/ 華泰書局 /2017
- 吳秉恩 / 組織行為學 / 華泰書局 /1993
- 吳秉恩 / 台北市政府人力資源規劃之研究 / 台北市政府 /1990
- 吳定 / 組織發展：理論與技術 / 台北順 /1994
- 吳思華 / 策略九說 / 臉譜 /2000
- 奈思比（Naisbitt,J.）/Mind set 奈思比 11 個未來定見 / 天下文化 /2006
- 亞倫•噠格南（Aaron Dignan）/ 組織再進化（Brave New Work）/ 時報出版

/2020
- 波諾瑪（Bonoma,T.V.）/ 實用管理心理學（Dsychology for Management）/ 遠流出版 /1989
- 柯文哲 / 台北市公務人員培訓中心 / 講詞 /2018
- 柯特爾（Kotter,J）、科恩（Cohen,D.）/ 改爆變革之心（The Heart of Change）/ 天下文化 /2002
- 泰勒 (Taylor F.W.)/ 科學管理原則（Scientific Management）/ 教育大辭書 /1996
- 洪明洲、許淑華 / 企業併購之整合管理策略及其對組織基因影響之研究 / 台灣大學管理學院碩士論文 /2015
- 范薏美 / 人力資源規劃理論之研究 / 台灣大學政治研究所碩士論文 /1992
- 哈拉瑞（Harari, Yuval Noah）/ 人類大歷史（A Brief History of Human Kind）/ 天下文化 /2018
- 殷允芃、王力行（原著：J.Peters/R.H.Waterman Jr.）/ 追求卓越 - 序 / 天下文化 /1983
- 徐聯恩 / 眞正的組織變革 / 管理雜誌 /2005
- 徐聯恩 / 企業變革研究系列 / 華泰出版 /1996
- 高希均 / 做個高附加價值的現代人 / 經濟與生活出版事業股份有限公司 /1986
- 許士軍導讀杜拉克 / 杜拉克精選 - 管理篇 / 天下文化 /2001
- 許士軍 / 管理辭典 / 華泰出版 /2003
- 黃英忠 / 現代人力資源管理 / 華泰出版 /1993
- 盛治仁 / 如何做領導 VS 爲何做領導 / 聯合報 /2020
- 郭崑謨 / 人力資源規劃 / 大中國公司 /1990
- 陶尊芷 / 經理人月　 / 訪談 /2010
- 陳柏同 / 組織變革中員工態度之研究—以中油公司民營化變革爲例 / 國立中興大學企管系碩士論文 /1996
- 麥斯特（Maister,D.）/ 企業文化獲利報告 / 經濟新潮社 /2003
- 康貝爾（Campball,J.）/ 五個核心特徵 /MBA 智庫 /2000
- 傅高義（Ezra F.Vogel）/ 日本第一、再論日本第一、日本還是第一 / 上海譯文出版社 /1979、1985、2000
- 彭台臨 / 人力發展理論與實施 / 三民出版 /1989
- 張火燦 / 策略性人力資源管理 / 揚智出版 /1998
- 張美燕、貝嘉寶 / 探討人力資源專業職能與人力資源管理及策略性人力資管理之間關係：以台灣造紙業爲例 / 逢甲大學企研所碩士論文 /2012

- 張容雪 / 學校教師會運作情形之研究—以台北縣市學校爲例 / 國立台灣師範大學教育研究所碩士論文 /1999
- 渡邊淳一 / 鈍感力 / 上海人民出版社 /2007
- 菲夫（Pfeffer,J）/ 權力：爲什麼只爲某些人所擁有 / 浙江人民出版社 /2015
- 楊平遠 / 人力資源管理核心特質與人力資源管理人員核心能力 / 國立中央大學人資所碩士論文 /1997
- 楊崇德 / 組織變革對銀行經營績效之影響—以新竹商銀爲例 / 東海大學管理碩士論文 / 2003
- 葛斯納（Louis Gestner）/ 誰使大象不會跳舞 / 時報出版 /2003
- 費堯 (Fayol, Henri)/ 一般管理及工業工程（Administration Industrielle et Generale）/ 三民輔考 /1949
- 載文波（Davenport,T.）/ 大企業中的大數據 / 天下文化 /2014
- 詹文男等 / 數位轉型力 / 商周出版 /2020
- 葉匡時評論 / 知識管理 / 天下文化 /2001
- 趙必孝、莊雅玲 / 人力資源專業人員之專業職能、勤勉正直性人格特質與工作績效之研究 / 國立中山大學企研所碩士論文 / 2014
- 趙怡導讀 , 原著：Philip E. Bozek, 文林譯 / 溝通要領 / 麥田出版 /1992
- 劉焜輝 / 成人問題與諮商 / 空大出版 /2001
- 尾忠 / 人生唯一不變就是變 / 時報出版 /2018
- 謝安田 / 企共管理 / 五南圖書 /1992
- 魯森斯（Luthans,F.）/ 組織行爲學 12/E/ 人民郵電出版 /2013
- 蕭方雯 / 學校教師會組織變革、組織變革策略 / 國立師範大學教育政策與行政研究所碩士論文 /2006

國外參考文獻

（姓名／書名／出版社／公元）

- Abbatillo,A.A.& Bidstrup,R.T./Listening & Understanding/Personnel Journal/1969
- Ansoff,H.I./Corporate Strategy/McGraw Hill/1988
- Ash Maurya/Running Lean：Iterate from Plan A to a Plan that Works/O'Reilly Media/ 2012
- Barnard C./Acceptance Theory of Authority/HRD Press/1991
- Beer,M.J./Human Resources Management/Free Press/1985
- Bell,Danial/The Coming Post Industrial Society/Basic Books/1960
- Bowen,Marvin/The will to Manage/McGraw-Hill/1966
- Branson, Richard/Why you should listen more than you talk/Linkedin/2015
- Brigham,C.C./A study of American Intelligence/Princeton University Press/ 1923
- Burns,J./Micro-politics: Mechanism of Institutional Change/Administrative Science Quarterly /1961
- Chandler,Alfred/Strategy and Structure/MIT Press/1962
- Clark,Tim & Osterwalder,Alexander & Yves Pigneur/Business Model You/John Wiley & Sons Inc.(US)/2012
- Coloquitt,J.A. & LePine,A. & Wesson,M.J./ Organizational Behavior/McGraw Hill/2019
- Devana,M.A. & Fornbrum,C.& Ticky,N.M./Stratigic Human Resources Management/ Wiley/1984
- Drucker,P./Managing in A Great Time of Change/Harvard Business Review Press/ 2009
- Ferries,G. & Harrell-Cook,G. & Dulebohn,J.H./Organizational Politics: The Nature of Relationship between Politics Perceptions and Political Behavior/ CT:JAI Press/1995
- French,W. & Bell, C./Organization Development & Transformation/Prentice Hall /1995
- Goleman,D./Leadership Gets Results/Harvard Business Review/2000
- Grandz,J. & Murray,W./The Experience of Workplace Politics/Academy of

Management Journal/1980

- Hall,R./Organization：Structures Process and Outcomes/Prentice-Hall/1999
- Hamel,G. & Prahalad,C.K./Competing for the Future/Harvard Business Review/ 1994
- Hesselbein, Frances/My Life in Leadership/Jossey-Bass/2011
- Hettler B./Wellness Promotion on a University Campus：Family and Community Health/Journal of Health Promotion and Maintenance/1980
- Jackson,S. & Schuler,R./Managing Human Resources–Through Strategic Partnerships, 9/E/South-Western College publishing/2005
- Kirpatrick,Donald/Transferring Learning to Behavior and Implementing the Four Levels/Creates-pace/2004
- Kotter,John/Leading Change/Harvard Business Review/1996
- Lawson,T.E. & Limbrick,V./Senior level HR Competency Model/Economics, Business, Management Journal/2017
- Lewin,K./Principles of Topological Psychology/McGraw Hill, N.Y./1936
- Luthans,Fred/Organizational Behavior,7th/E /McGraw Hill/1995
- Maslow A./Motivation and personality./New York, NY:Harper/1954
- Mathis,R.L. & Jackson,J.H./Human Resources Management/West Public/ 1991
- McClelland,David/Testing for Competency Rather than for Intelligence/ American Psychologist/1973
- McClelland,David/Job Competency Assessment Methods/American Psychologist /1973
- Mello,Jeffrey A./Strategic Human Resources Management 5th/E, International Edition/Cengage South- Western/2018
- Mercer,M./Turning Your Human Resources Department Into a Profit Center/ AMACOM,AMA/1989
- Mintzberg,Henry & Water,James A./Strategic Management/Strategic Management Journal/1985
- Noe,R.A. & Hollenbeck, J.R. & Gerhart, B. & Wright, P.M./Fundamentals of Human Resources Management, 7th/E/McGraw Hill/2018
- Osterwalder,Alexander/Business Model Generation/Wiley/2010
- Parry,S.B./Just what is Competency？/Human Resources Development Press/1997
- Pfeffer,J./Managing With Power/Harvard Business Review/1992

- Porter, Michael E./Competitive Strategy：Techniques for Analyzing Industries and Competitors/N.Y.Free Press/1980
- Porter, Michael E./How Competitive Five Forces Shape Strategy/Harvard Business Review/1979
- Porter,Michael E./Five Forces Analysis/Harvard Business Review/1979
- Robbins,S.P./Organizational Behavior/ Prentice Hall,N.Y./1992
- Robbins,S. & Judge,T./Organization Behavior International 12/E/Pearson Education/2007
- Rothwell,W.J. & Kazanas,H.C./Planning and Managing Human Resources /HRD Press /2002
- Seymour Epstein/Cognitive—experience Self—theory：An Integrative Theory of Personality/NY：Guilford/1991
- SHRM/5 Competency Clusters for HR Executives/Economics, Business, Management Journal/2017
- Spencer, L.M. & Spencer, S.M./Competence at work：Models for Superior Performance /John Wiley & Sons,Inc./1993
- Stoner,J. & Freeman,R./Management, 5th/E/Prentice Hall Inc./1992
- Super,D./Life Career Development Theory/San Francisco：Jossey Bass/1986
- Thompson,A.A.Jr. & Strickland,A.J. III /Strategic Management–Concepts and cases, 4th/E /Business Publications,Inc./1987
- Ulrich,D./Human Resources Competency/SHRM/2016
- Ulrich,D./Human Resources Champion/Harvard Business School Press/1997
- Walker,James/Human Resources Planning/McGraw Hill Inc./1980
- Walter Mischel/Personality and Assessment/Journal of Research in Personality/ 2009

BIG 359

前瞻人才素養：
從組織功能到人才資本，高階人力資源管理者都在修的七大關鍵職能

作者	王遐昌
審校	王冠軍
圖表提供	王遐昌
主編	謝翠鈺
封面設計	陳文德
美術編輯	趙小芳

董事長	趙政岷
出版者	時報文化出版企業股份有限公司
	108019 台北市和平西路三段二四〇號七樓
	發行專線｜(〇二)二三〇六六八四二
	讀者服務專線｜〇八〇〇二三一七〇五｜(〇二)二三〇四七一〇三
	讀者服務傳真｜(〇二)二三〇四六八五八
	郵撥｜一九三四四七二四時報文化出版公司
	信箱｜一〇八九九　台北華江橋郵局第九九信箱
時報悅讀網	http://www.readingtimes.com.tw
法律顧問	理律法律事務所｜陳長文律師、李念祖律師
印刷	勁達印刷有限公司
初版一刷	二〇二一年四月九日
定價	新台幣四八〇元

（缺頁或破損的書，請寄回更換）

時報文化出版公司成立於一九七五年，
並於一九九九年股票上櫃公開發行，於二〇〇八年脫離中時集團非屬旺中，
以「尊重智慧與創意的文化事業」為信念。

前瞻人才素養：從組織功能到人才資本，高階人力資
源管理者都在修的七大關鍵職能/王遐昌作. -- 一版. --
臺北市：時報文化, 2021.04
　面；　公分. -- (Big；359)
ISBN 978-957-13-8857-1(平裝)

1.人力資源管理
494.3　　　　　　　　　　110004631

ISBN 978-957-13-8857-1
Printed in Taiwan